결혼과 가족

이성희 · 한희선 지음

도서출판 피란미음

머리말

결혼과 가족생활이 우리의 삶에 미치는 영향은 상당하다. 또한 이로 인한 사회적 비용도 점차 증가하고 있다. 그러나 그것이 미치는 중요성만큼 이에 대한 개인적, 사회적 준비는 부족한 실정이라 하겠다.

인류 역사상 가장 오래된 사회제도로서 그리고 비교적 누구에게나 경험되는 가족의 친숙성, 결혼이 가지는 낭만성 지향 등은 우리로 하여금 결혼과 가족에 대한 진지한 고려를 간과하게 만든다.

현대사회와 같이 불확실성이 증대되는 사회에서 미래학자들은 자발적인 정서적 유대관계를 핵심으로 하는 결혼과 가족생활 양식이 더더욱 필요로 할 것임을 예견하고 있으며, 실제 결혼과 가족의 불안정성에도 불구하고 대부분의 사람들은 여전히 결혼을 하고 가족을 형성하면서 살아가고 있다.

결혼과 가족생활은 두 사람이 만나 출발하는 그때부터 시작되는 것이 아닌 이전 단계의 원가족 경험과 해결되지 못한 갈등의 찌꺼기 등을 안고 출발하는 것이다. 그 어느 주제보다도 개인의 성장에 영향을 미치게 되는 가족의 경험에 대한 성찰 없이는 새롭게 시작되는 발달 단계로서의 결혼은 온전하게 구성될 수 없다. 이를 위해 결혼과 가족이 지니는 의미들과 기초적 지식, 두 사람이 만나 관계를 형성하는 데 필요한 여러 가지 방법론들, 건강한 결혼과 가족을 만들기 위해 필요한 개인적, 사회적 노력들에 대한 개괄적 파악은 상당히 유용한 작업이라 하겠다.

이 책은 총 13장으로 구성하였다. 제1장, 제2장에서는 결혼과 가족에 대한 이해를 위한 기초적 개념을 살펴보았으며, 제3장부터 제7장까지는 성에 대한 기본적 개념과 친밀감 형성, 배우자 선택 과정 및 건강한 성과 사랑에 대한 지식의 습득을 다루었다. 제8장, 제9장에서는 결혼 이후의 부부관계에 초점을 맞추어 그들의 적응의 측면, 의사소통과 갈등을 다루었으며 제10장에서는 관계향상을 위한 구체적인 개입기술을 다루었다. 이는 부부관계에서 뿐만 아니라 다양한 인간관계에서도 적용해 볼 수 있다 하겠다. 제11장에서는 결혼과 가족의 다양한 모습을 살펴보기 위하여, 결혼과 가족의 전형적인 기준이 되는 배우자의 존재, 이성의 결합, 동일문화의 구성이라는 것에서 벗어난 양식을 검토해 보았다. 제12장에서는 가족의 위기로 인구학적 측면에서의 저출산, 구조적 측면에서의 이혼, 기능상의 측면으로 가정폭력을 다루어 보았다. 마지막으로 제13장에서는 결혼과 가족향상을 위해 필요한 지원들과 미래가족의 전망에 대하여 간략하게 살펴보았다. 제1장, 제2장, 제8장, 제9장, 제10장은 이성희가 맡아서 집필하였으며, 제3장, 제4장, 제5장, 제6장, 제7장은 한희선이 맡아서 집필하였으며, 제11장, 제12장, 제13장은 공동으로 집필하였다. 이 책의 일정 부분은 본 저자들이 2009년 발간한 『여성과 가족』의 내용을 기초로 하였으며, 또한 많은 관련도서들이 이 책을 구성하는 데 도움이 되었음을 밝혀두며 앞서 간 연구진들의 수고로움에 감사함을 전한다.

이 책에서는 주로 결혼과 가족생활을 위한 준비교육에 역점을 두면서, 거시적, 제도적인 논의보다는 미시적 수준에서의 상호작용적 측면과 가족발달적 측면에 초점을 맞추었다. 본서를 통하여 결혼을 준비하는 이들과 결혼과 가족생활을 하고 있는 이들에게 조금이나마 결혼과 가족에 대한 성숙한 생각의 발달과 관계에서의 적응과 향상능력이 키워지기를 기대해 본다.

끝으로 나의 관점을 그대로 수용하며, 공동의 집필 과정을 유쾌한 경험으로 또 한 번의 성장의 과정으로써 동참해 준 한희선 선생과 이 책을 출판하는 결정을 하게 해 주시고 적극적으로 지원을 해 주시는 도서출판 파란마음 황호철 대표님에게 감사함을 전한다.

2011년 2월

저자 이성희

차례

4 성역할

5 사랑과 애착

6 이성교제

7 배우자 선택

8 부부간의 적응과 역할

9 부부간의 갈등과 의사소통

10 부부관계 향상을 위한 개입기술

11 결혼과 가족의 다양한 모습

12 가족의 위기

13 결혼과 가족의 지원과 전망

01 Chapter

결혼의 이해

1. 결혼의 의미와 특성
2. 결혼의 전반적인 경향
3. 결혼의 동기와 통념

"당신이 좋은 결혼을 했다면 당신은 이 세상에서 최상의 것을 얻은 것이다."

이는 결혼이 제공해 주는 정서적 지지와 동료애를 잘 표현한 말이라 하겠다. 결혼과 가족생활이 누구에게나 다 비슷하리라는 막연한 기대에서 벗어나 점차 결혼이 개인에게 중요한 삶의 선택의 문제로 부각되고 있음은 사실이다. 대인관계-특히 결혼과 가족에 관한-에 있어서의 선택은 인생에서 내리게 될 가장 중요한 결정이고 또한 인생의 기쁨과 슬픔에 큰 영향을 미친다. 불확실한 삶의 모습에 당황하면서도 대부분의 사람들은 결혼을 하고 아이를 낳고 살아가며, 그리고 많은 사람들은 결혼의 친밀감을 즐긴다.

한편, 결혼이 개인적 선택의 측면이 강하다고 하더라도 사회적 맥락의 공백 속에서 이루어지는 사건은 아니다. 따라서 결혼이 가지고 있는 사회적 의미와 특성들을 살펴볼 필요가 있다. 이와 함께 현대사회에서 나타나는 결혼의 전반적인 경향과 결혼에 대하여 가지고 있는 동기와 통념들을 살펴봄으로써 결혼에 대하여 보다 적절한 관점을 가지도록 한다.

01 결혼의 의미와 특성

1) 결혼의 의미

결혼이란 정서적, 신체적 친밀감, 다양한 가치관 그리고 경제적 자원을 서로 공유하는 두 남녀의 정서적, 법적 관계로 정의한다. 한편, 버거와 켈러(Berger & Kellner, 1964)는 결혼의 이념형으로 두 이방인이 함께 만나 자신들을 재정의하는 극적인 행위로서 규정하였다. 그들은 예전에는 이미 현존하는 사회적 세계에 새로운 결혼이 단지 복잡성을 첨가하는 것이었으나, 오늘날 결혼하는 당사자들은 그들이 살아갈 작은 세계를 구성하고 실재를 지탱하는 과정이 원초적으로 가족 내에서 일어나며 그 과정의 중심축은 부모자녀 간이나 형제자매 간이 아니라 남편과 아내 사이의 '결혼의 의사소통' 으로써 결혼당사자들이 해석하는 현실에 초점을 맞추고 있다.

결혼이 가지고 있는 의미는 다음의 4가지 관점에 따라 다르게 제기될 수 있다.

먼저, 결혼이 내포하고 있는 상호작용적 특성이 무엇이냐에 따라 결혼의 틀이 달라질 수 있을 것이다. 즉, 결혼은 남녀 간의 관계를 기초로 성립되지만 그것은 두 사람만의 관계가 아닌 지위와 역할체계이며 독특한 상호작용의 특성을 지닌 사회집단으로 결혼을 어떻게 보는가에 관하여 4가지 접근 모델이 있다(Skolnick, 1983; 이성희 외, 2009 재인용).

첫째, 적응 모델은 부부관계의 적응적이고 화합적인 측면을 강조하는 시각으로 행복, 조화, 안정을 결혼성공의 징표로 본다. 이 접근 모델은 성공적인 부부관계는 화합이 잘 되어서 갈등이 없어야 한다는 가치판단을 전제하는 것으로 성공적으로 적응하면 좋은 관계, 건강한 관계, 그렇지 않으면 불행하고 병적인 관계로 보게 된다.

둘째, 정신분석적 모델에서는 적응의 개념을 피상적이라고 거부하고 오히려 친밀감의 성취와 인격의 성장을 최상의 목표로 강조한다. 이렇게 결혼의 긍정적인 면을 강조하는 모델들과는 달리 부부관계의 경쟁적이고 갈등적인 측면에 초점을 맞추는 시각도 있다.

셋째, 교환이론의 결혼 모델에서는 결혼을 각자가 자기 자신의 위치를 극대화하기 위한 합리적 투쟁이라고 본다. 모든 인간관계에서 그러하듯이 부부간에도 각자가 보상을 극대화하고 부담이나 비용을 최소화 하려는 교환의 관계로서 설명될 수 있다는 것이다.

넷째, 의사소통 접근 모델에서는 갈등의 근원으로서 이중속박과 역설적인 의사소통을 강조하면서 상호작용을 강조하게 된다.

두번째, 이처럼 주로 미시적인 수준에서 접근하여 결혼의 의미를 파악하고 있는 것과는 달리 결혼을 사회적 맥락과 함께 고려하게 되는 관점이 있다.

즉, 결혼은 과거의 제도적 결혼에서 20세기에 와서 우애적 결혼으로 변천하고 있다는 것이다(Burgess, 1963). 결혼은 시대와 사회에 따라 그 의무를 달리하게 되는 것으로서 과거에는 결혼이 경제적 안정, 사회적 지위의 획득, 자녀출산 등 실용적 필요성을 우선시하고 도덕률과 사회규범을 강조하는 제도적 결혼의 성격이 강하였으나, 오늘날에는 배우자 간의 동료감, 애정, 자아성장 등 개인의 정서적 만족을 추구하는 우애적 결혼의 경향이 강해지고 있다는 것이다. 반면, 푸코(M. Foucault, 1978)는 점차 결혼의 원리는 현대사회에서 추구되는 우애적 원리에서 더 나아가 '성징이 추구되는 사회(deployment of sexuality)'로 이전되고 있음을 논하고 있다. 즉, 새로운 사회는 부부간의 협동과 우애에 바탕을 둔 우애적 원리가 아닌 성징원리로서 이는 개인성(individuality)이 강조되는 상태로 개개인의 삶의 주관적 가치를 존중하는 사회가치관과 맞물려 있다고 하겠다. 우리 사회에서 부부간의 성격 차이로 인한 이혼, 즉 부부간에 성격 차이가 발견되면 조화, 협동을 이루려는 시도보다는 부부간의 개성 차이로 받아들여 이혼으로 재구성하는 현대사회의 경향은 이러한 시각에서 해석해 볼 수 있다.

세 번째, 성별에 따라 결혼의 의미가 달라진다는 관점이 있다. 여권론적 입장에서는 남성과 여성이 경험하는 결혼의 의미가 동일한 것이 아니라는 것이다. 버나드(Bernard)는 기혼남자가 독신남자보다 더 심리적으로 건강을 누림에 비해 기혼여성은 미혼여성보다 더 낮은 자존심을 보인 것을 근거로 결혼은 남자에게 있어서 좋은 만큼 여자에게 좋지 않는 것으로 '그의 결혼'과 '그녀의 결혼'이라는 두 개의 결혼이 존재하고 있음을 강조한다.

네 번째, 결혼을 지탱하는 기반을 무엇으로 보느냐이다. 즉 결혼의 기반이 낭만적 사랑인가 아니면 일상성인가와 관련된 측면이다. 루쥐몽(Rougemont)은 낭만적 사랑은 서로를 떼어 놓는 장애물들이 있을 때 번창하게 자라므로 끊임없고 단조로운 현재로의 근접성을 토대로 한 결혼에서는 시들 수밖에 없다는 것이다. 그에 따르면 어떤 사람은 단지 비실재적인 사람만을 진정으로 사랑한다고 한다. 이와는 달리 현대 도시생활의 익명성은 사적인 애착관계를 더욱 절실하게 만들며 낭만적 사랑이야말로 산업화된 사회에서 좌절감을 주는 경험에 대한 적응에 도움을 주고 일부일처혼이 해체되는 것을 막는다고 보는 견해도 있다. 사랑의 정의에 있어서 비현실성과 무책임성을 강조하는 이들은 사랑을 결혼의 부정적인 근거로 생각하는 반면 현실성과 성숙함, 상호성을 강조하는 이들은 사랑을 결혼의 좋은 근거로 보게 되는 것이다.

각자 개인이 가지고 있는 결혼의 의미를 위의 4가지 관점에 따라 재규정해 보는 작업은 결혼에 대한 진지한 고민의 시작이라 할 수 있다.

2) 결혼의 특성

결혼은 두 사람이 맺고 있는 여러 사회적 관계 중의 하나이다. 결혼에는 사회적으로 규정된 권리와 의무를 따르겠다는 것에 동의한 법적 결혼(legal marriage), 법적 구속력이 적은 동거나 사실혼 같은 사회적 결혼(social marriage)이 있다. 일반적으로 말하는 결혼이란 법적 결혼을 의미하는 것이다. 이러한 개념적 정의에 비추어 적용되는 결혼의 기준은 다음과 같다.

첫째, 사회적 관계의 기초로서 혹은 상징으로서 성적(性的)인 접촉을 하고 있으며 또한 기대되어지는 사람들의 관계이다. 만약 이러한 일반화된 특성에서 벗어났다면 그것은 사회적 규정이 아니라 개인적인 독특성으로 간주되어진다.

둘째, 경제적 공유를 하는 사람들의 관계이다.

셋째, 상호 간의 정서적 감정 충족에 어떠한 방식으로든지 기여하게 되는 상호의 존적이며 상호지지적인 관계이다.

넷째, 이러한 특성들이 기간이 지속됨에 따라 안정화되는 경향이 있는 관계이다.

이에 대한 기준은 비교 문화적인 관점에서 보면 부족한 개념이지만 보편적으로 우리 사회에서 적용되는 기준이라 할 수 있다.

이러한 결혼관계의 기본적인 사회적 기준과 더불어 우리 사회에서 통용되는 결혼의 개념으로 규정짓게 되는 7가지의 특성이 있다.

첫째, 이성성적(heterosexual)인 특성을 갖는다. 동성(同性)으로 형성된 관계를 대부분의 사람들이 합법적인 결혼체계로 받아들이는 것을 거부한다.

둘째, 일처일부제의 특성을 갖는다. 현재 우리 사회에서는 중복되는 배우자를 인정하고 있지 않다.

셋째, 결혼을 통해서 가족을 형성한다. 이는 특히 자녀를 생산하거나 입양을 통해서 이루어진다. 이의 개념은 현재 우리 사회에서 변화되고 있는 것이지만 여전히 일반적인 양상으로 나타나고 있다.

넷째, 특정한 방법으로 조직화된 과업 분담이 있다. 일반적으로 문화적으로 규정된 역할을 할당받게 된다.

다섯째, 서로 '사랑'이라는 관계에 있다. 적어도 상대를 배우자로 선택할 때 사랑이 한 요인으로 작용하고 있는 것이 일반적이다.

여섯째, 결혼으로 결합된 사람들은 공동의 거주지를 갖는다. 즉 '가정'이라는 이름으로 공동의 동거 장소를 형성한다. 최근 증가하고 있는 주말부부, 기러기 가족 등의 분거가족으로 인한 다(多)거주지의 형성은 이러한 측면을 약화시키지만 여전히 중심지가 되는 공동거주지의 개념은 존재하고 있다고 볼 수 있다.

일곱째, 어떤 특정한 친족관계에 있는 사람들은 결혼의 상대로서 선택될 수 없다. 우리 사회의 법제도는 '근친상간' 금지 규정을 두고 있다.

이러한 특성들은 결혼을 더욱 독특한 상황으로 만들며 동시에 사람들이 점차 사회적으로 '결혼한' 상태가 되는 것을 거부하도록 하는 특성이기도 하다.

3) 정보사회와 결혼의 특성

가족의 일과 유대를 중시하는 가족주의가 강조되는 농경사회, 전통적인 관습과 부모의 영향력이 서서히 줄어들면서 남녀 간의 낭만적 사랑을 강조하게 되는 산업사회를 거쳐 시간과 공간의 제약을 극복한 오늘날의 정보사회에서는 결혼과 가족의 모습도 그 모습을 달리하게 된다. 정보사회에서 가지게 되는 결혼의 특징은 다음과 같다(조정문, 1997; 조은, 1999; 김태현 외, 2002; 이기숙 외, 2010).

(1) 서로가 얽매인 관계에서 자율성을 존중하는 개방적인 관계 강조

정보사회에서는 개인의 자율성을 최대한 확보하는 방향으로 나아가며 개인의 성장과 만족을 중요시하게 된다. 이에 따라 개인은 전통적인 가족제도에 얽매이기보다는 자율성을 추구하며 결혼은 부부 상호 간을 존중하는 성격을 띤다. 부부간의 프라이버시를 존중하고 융통성있는 결혼분담을 실시하고 책임, 권위 등을 공평하게 분배하며 상호 신뢰하는 가운데에서 대화하고 부부 각자의 일의 영역을 인정하고 자율권을 누리는 형태이다.

(2) 다양한 결혼형태의 등장

정보사회에는 '다양한 결혼형태'가 나타난다. 개성과 창의성을 강조하는 정보사회에서의 다양한 가족형태의 출현은 당연한 결과로 보여진다. 산업사회에서부터 출현하기 시작한 자발적 무자녀가족, 개방결혼, 동거, 동성부부, 재혼가족, 한부모가족 등은 대안적 결혼유형으로서뿐 만이 아닌 정상적이고 보편적인 결혼유형으로 자연스럽게 받아들여질 것이다. 동거는 결혼에 대한 하나의 대안으로 유럽에서는 이미 많은 젊은이들이 행하고 있고 현대사회에서 이혼율이 증가함에 따라서 재혼가족과 한부모가족이 급속도로 늘어나고 있는 것도 현실이다. 정보사회는 더욱더 개인주의적 의식과 생활방식을 취하는 특성을 지니는 것으로 이러한 개인주의는 구체적으로 남에게 피해를 주지 않는 한 다양한 개인의 생활양식을 인정하는 방향으로 나타나고 있다. 결혼과 가족생활의 다양한 개념의 수용은 주류가족이 무엇인가에 대한 개념을 약화시킬 것이며, 동거나 재혼, 그리고 동성애 부부 등에 대한 사회의 부정적인 편견도 약화될 것이다.

(3) 사이버를 통한 친밀한 관계의 형성

정보사회의 기술혁명은 시간과 공간의 제약을 덜 받게 하여 다양한 경험을 확장해준다. 가상공간과 인터넷을 이용하여 직접 만나지 않고도 서로 대화를 나누고 친밀한 관계를 형성할 수 있게 되었다. 지리적으로 멀리 떨어진 가족구성원들도 인터넷을 이용하여 서로 얼굴을 마주 보면서 대화를 나눌 수 있게 되었고, 남녀 간의 만남에 있어서도 가상공간을 통해서 얼마든지 이루어질 수 있으므로 많은 사람들과 사귈 수 있게 된다. 따라서 친밀한 인간관계의 성립은 서로 간의 헌신과 노력, 만남과 접촉 등을 통해 이루어진다는 지금까지의 개념에 변화가 일어나게 되었다.

(4) 네트워크형 가족

앞에서 언급한 정보사회에서 나타나는 세 가지 특징은 다분히 '네트워크형 가족'의 등장 가능성을 보여준다. 이 형태에서의 구성원들은 개인매체(인터넷, 가상공간)를 적절하게 사용하면서 개인의 자유를 즐기고 긴급 시에는 가족구성원들과 일시적 지지를 주고받는 가족이다. 네트워크형 가족은 하나의 응집된 집단이 아니라 개인 간의 연결망으로서의 가족을 의미하는 것으로써, 전통적 부계혈연가족보다는 삶의 양식을 함께 누리는 문화적 공동체로서의 가족의 의미가 더 중요해진다. 네트워크 가족에서는 가족구성원 개인의 개성, 자유 그리고 자율을 억압하는 가족생활이 더 이상 기능하지 않는다는 것이 긍정적 측면이다. 그러나 이 형태는 구성원 간의 응집과 감정적 교류가 약화되어서 서로가 고립되고 원자화된 생활을 하게 되는 문제점을 가지게 된다. 이 가족이 공동체로서의 기능을 잘 유지하려면 독립과 의존의 적절한 조화, 개인의 자율성과 독립적인 일의 추진능력, 그리고 감정적인 절제와 통제를 할 수 있는 인성과 자질이 요구된다.

02 결혼의 전반적인 경향

최근 급격한 사회변화로 결혼관에도 많은 변화가 있다. 이러한 결혼관의 변화는 혼인건수나 혼인형태, 혼인연령의 차이 및 외국인과의 혼인에 대한 통계치(통계청, 2010)에서 잘 드러나고 있다.

1) 혼인건수

2010년 통계청에서 발표한 2009년도 우리나라의 혼인건수는 31만 건으로 나타났다. 이는 전년보다 1만 8천 건 감소한 수로 최저수준을 기록하였다. 1996년 이후 지속적으로 감소해 오던 혼인건수는 2003년도에 30만 49천 건으로 최저수준을 보이다가 점차 증가하였으나 2007년 이후 다시 감소하는 추세이다.

2) 혼인연령

2009년 초혼남녀의 평균연령은 전년도에 비해 남자는 0.2세 높아진 31.6세, 여자는 0.4세 높아진 28.7세로 조사되었다. 이는 20대 후반 결혼비중은 감소한 반면, 30대 이상 연령층의 결혼비중이 증가하는 만혼화 현상이 반영된 것으로 통계청은 발표하였다. 재혼남녀의 평균연령은 남자는 45.7세 여자는 41.1세로 조사되었다. 흥미로운 것은 초혼남녀의 평균연령이 매년 높아지는 것과 마찬가지로 재혼남녀의 평균연령 또한 매년 증가하고 있다는 것이다. 지난해 남녀의 연령대별 혼인건수를 살펴보면 남자의 경우 30~34세가 전체 34.3%로 가장 높았으며, 25~29세가 31.6%, 35~39세가 14.6%의 순이었다. 전체 혼인건수가 감소한 것과 마찬가지로 대부분의 연령대에서 전년보다 혼인건수가 감소하였으며, 특히 25~29세의 혼인건수가 가장 크게 감소하였다. 반면 여자의 연령대별 혼인건수는 25~29세가 전체 46.5%로 가장 높았으며 그 다음으로는 30~34세가 22.8%로 나타났다. 남자와 마찬가지로 전년보다 25~29세의 혼인건수가 가장 크게 감소하였으나 30~34세의 혼인건수는 오히려 증가했다.

3) 혼인형태

2009년 혼인한 남녀의 초혼 및 재혼은 2008년보다 모두 감소하였으며, 남자의 경우 82.6%인 25만 6천 건이 초혼이었고 17.4%인 5만 4천 건이 재혼인 것으로 나타났다. 여자의 경우에도 80.9%인 25만 1천 건이 초혼이었으며 19.1%인 5만 9천 건이 재혼으로 나타나 남자의 재혼비율보다 여자의 재혼비율이 더 높았다. 1993년 재혼구성비에서는 남자 8.9%, 여자 8.6%로 여자가 낮았으나 1995년을 기점으로 반전되어 점차 여자의 재혼이 남자보다 높은 비율을 차지하여 초혼남자와 재혼여자의 결합이 많아지고 있다.

4) 혼인연령의 차이

남녀 간 혼인연령의 차이를 보면, 연상연하 부부 비율이 증가한다는 것이 특징적이다. 2009년 초혼부부의 구성비는 남자 연상이 69.7%, 동갑이 16.1%, 여자 연상이 14.3%로 나타났으며, 남자 연상 부부가 전체의 약 3분의 2로 많은 부분을 차지하고 있다. 흥미로운 것은 2000년 76.5%였던 남자 연상의 비율은 해마다 줄어 10년 사이 7.2% 감소한 반면, 2000년 각각 10.7%, 12.8%였던 여자 연상, 동갑의 비율은 지속적으로 증가하여 10년 사이 3.6%, 3.3% 증가한 것으로 나타났다

5) 외국인과의 혼인

2009년 외국인과의 혼인은 3만 3,300건으로 총 혼인건수의 10.8%이었다. 이는 2007년 3만 8,491건(총 혼인건수의 11.1%)보다 약간 감소하였으며, 외국인과의 혼인 비율은 2005년 13.5%를 기록한 이후, 10~11% 수준을 꾸준히 유지하고 있는 것으로 볼 수 있다.

03 결혼의 동기와 통념

1) 결혼의 동기

결혼의 동기는 결혼에서의 적응에 영향을 미치는 기본적인 요인 가운데 하나이다. 어떤 동기로 결혼하였는가에 따라 결혼에서의 적응은 달라질 수밖에 없으며, 특히 부정적인 결혼의 동기가 작용한 경우 문제가 심각하다.

대부분의 사람들이 결혼을 하는 동기는 다음과 같다.

첫째, 사랑의 실현이다. 결혼을 하려는 사람들에게 "왜 결혼하는가?"라는 질문에 대해 가장 많은 답은 "사랑하니까"이다. 이처럼 결혼욕구 중 가장 강한 동기는 사랑하는 사람과 함께 살고 지내고 싶기 때문이다. 특히 오늘날의 결혼은 친밀감과 동반자적 감정에 대한 욕구가 강해서 배우자에 대해 더 이상 사랑을 느낄 수 없거나 대화가 불가능해지면 이혼을 감행할 정도로 사랑한다는 감정은 중요한 결혼의 동기로 작용한다.

둘째, 성적 욕구의 충족이다. 결혼을 통해 남녀는 성적 욕구를 표현하게 되는데, 사회가 합법적인 부부로 인정하고 성관계를 허용하는 제도가 결혼이다. 물론 결혼

이외의 관계에서도 성적 욕구는 충족될 수 있지만 이러한 관계에서의 성적 욕구충족은 법적이나 사회적으로 인정을 받지 못한다. 결혼을 통해 두 사람은 서로 간의 성적 배타성과 독점성을 하나의 권리로 인정받을 수 있다.

셋째, 정서적 · 경제적 안정이다. 사람들은 결혼을 통해 정서적 안정과 경제적 안정을 획득하게 된다. 결혼한 남녀는 애정으로 결합하여 정서적 지지와 보호를 받음으로써 심리적 안정을 찾는다. 즉 생의 동반자인 배우자로부터 자신에 대한 이해와 정서적인 뒷받침을 얻게 되며, 또한 자신이 가장 중요한 사람이라는 정서적 안정감을 얻을 수 있다. 경제적 안정도 결혼의 중요한 동기가 된다. 전통사회에서의 성역할은 남편이 경제적 부양을 하고 부인은 자녀양육과 가사노동을 담당하였으나 최근 맞벌이 가족이 증가하면서 직업을 가진 여성을 배우자로 선호하는 현상 등은 경제적 안정이 결혼의 중요한 동기임을 반영한다.

넷째, 부모됨의 습득이다. 자녀를 가진다는 것은 많은 사람들에게 중요한 인생의 목표가 된다. 결혼을 하지 않고 자녀를 가지는 사람도 있고, 의학상의 발달로 인해 남성 없는 출산이 가능해진 현대에도 많은 사람들은 결혼이라는 울타리 속에서 자녀를 갖고 양육하기를 원한다. 자녀출산은 결혼의 개인적인 동기이기도 하지만 사회구성원을 충원한다는 사회적인 의미도 가지고 있다.

다섯째, 성인으로서의 신분 획득이다. 결혼을 한다는 것은 어느 사회에서나 성인이 되는 신분을 부여한다. 결혼을 통해 사회적으로 성인으로 인정을 받을 수 있고, 부모로부터 독립된 생활을 영위할 수 있다.

여섯째, 사회적 기대의 부합이다. 우리 사회의 사회적 규범이나 가치는 성인이 되면 결혼을 하는 것이 정상적인 것으로 간주한다. 특히 가족주의가 강한 우리나라에서는 적절한 시기에 결혼을 하지 않으면 주위 사람이나 사회로부터 압력을 받게 된다. 따라서 결혼하는 것 자체가 그런 압력으로부터 해방됨을 의미하기도 한다.

한편 바람직하지 않은 결혼의 동기로써, 첫째 혼전임신을 이유로 불행한 가정 환경으로부터의 탈피를 위한 결혼, 둘째 악의 또는 복수심, 동정심, 고독감으로부터의 도피를 위한 결혼, 셋째 낭만적 사랑만이 작용하거나 비현실적 기대에의 결혼, 넷째 사회적 · 경제적 지위의 상승을 위한 결혼, 다섯째 성격문제, 폭력문제 등을 간과한 결혼 등이다.

무엇보다 원만한 결혼생활을 위해서는 결혼 전에 자신이 왜 결혼하려고 하는지, 자신의 가장 중요한 욕구가 무엇이며 어떤 유형의 상대자가 자신에게 적합한가, 결혼하기에 부적합한 동기가 없는지 결혼에 대한 비현실적인 기대나 환상을 가지고 있지 않은지 점검하는 것이 중요하다. 결혼 과정에서 외적, 물질적 준비와 병행하여 이와 같은 준비를 갖추는 것은 중요한 조건이라 하겠다.

표 1-1 결혼준비도 평가 영역

구분	세부 영역	구체적 상태
개인적 준비	성숙	• 자기조절능력, 타인 배려, 자기정체감 확립
	부모로부터 독립	• 경제독립, 정서적 독립, 자율적
	건강	• 정신적 · 신체적 건강
관계적 준비	애정도	• 애정표현 정도, 사랑의 요소 균형, 사랑에 대한 확신
	상대방에 대한 이해	• 상대방의 과거, 현재에 대한 현실적 파악, 미래에 대한 정확한 인식과 이해
	의사소통능력, 갈등해결능력	• 자기표현기술, 공감능력, 이성적인 갈등해결기술
	자율성	• 배우자와의 자율성
결혼생활 준비	성	• 성에 대한 현실적 지식과 기대, 태도
	결혼관	• 결혼에 대한 현실적 기대, 결혼 적응 의지
	결혼생활정보	• 자녀출산, 양육방식에 대한 합의, 역할수행 의지
	역할분담	• 역할분담에 관한 합의 및 역할수행 의지
	자녀출산과 양육	• 자녀출산, 양육방식에 대한 합의, 역할수행 의지
	금전관리	• 가정경제에 대한 구체적 계획과 합의
	양가가족에 대한 이해	• 양가가족에 대한 정확한 파악 및 이해, 관계유지 방법에 대한 합의

| 출처 | 김혜선 · 신수아(2002); 최규련(2007). p. 109. 재인용.

2) 결혼의 통념

많은 사람들이 결혼생활을 오래도록 유지하기를 원하지만 그 방법은 잘 모른 채, 막연한 통념만을 가지고 결혼을 인식한다. 우리는 질적인 면에서 만족스럽고 깊이 있는 부부관계를 만들도록 이끌 역할 모델을 어디서 찾는가? 청소년은 결혼을 고려할 만한 나이가 되기도 전에 좋은 결혼생활이란 어떠해야 한다는 여러 가지 잘못된 통념에 노출된다. 영화, 텔레비전, 대중음악 등에서는 대중문화에 열광하는 십대에게 잘못된 통념을 심어줌으로써, 십대는 통념을 확실히 이해하기도 전에 그것이 전하는 메시지를 흡수한다.

일반적으로 사람들이 통념을 믿는 것은 결혼생활이 변화무쌍한 두 사람 사이에 일어나는 늘 변화하는 관계임을 알지 못하기 때문이다. 통념은 시간이 흐르면서 어쩔 수 없이 나타나는 변화는 고려하지 않은 채 결혼생활을 극단적으로 단순화시켜 이해하도록 조장한다. 통념이 진실이라고 믿는 사람은 비현실적인 기대를 안고 결혼생활을 시작한다. 질 높은 결혼생활의 지속을 위해서는 두 사람의 관계를 지속시키기 위한 사실에 바탕을 둔 청사진을 가져야 한다. 이러한 사실에 기초한 청사진이야말로 적응과 변화에 유연하고 여러 가지 삶의 문제와 위기를 이겨낼 수 있게 됨으로써 결혼생활은 폭풍우 속의 따뜻한 은신처처럼 안전하게 된다. 반대로 사회의 일반적인 통념을 토대로 한 결혼생활은 지속성과 회복할 힘이 없는 관계가 되어 폭풍우 속으로 버려질 것이다.

다음은 데이비드 올슨(David Olson et al., 신희천 외 역, 2009)이 제시하고 있는 통념이다. 우선 각자에게 해당되는 통념이 있는지 스스로에게 물어보며, 이 통념이 결혼생활에 어떤 해와 상처를 줄 수 있는지 혹은 주고 있는지 생각해 볼 수 있겠다.

(1) 통념 1: 관계를 개선시키려면 부부 둘 다 변화해야 한다

이에 대한 진실은 당신이 변화시킬 수 있는 사람은 상대방이 아니라 오직 당신뿐이라는 것이다. 부부관계의 변화를 위해서 관계의 변화가 필요하다고 느낀 많은 사람들이 먼저 하는 노력이 배우자에게 변화 동기를 일으키는 데 많은 시간을 할애한다는 것이다. "당신이 이 책을 당장 읽었으면, 나와 더 많은 대화를 나누었으면, 친구를 만나러 외출하지 않았으면, 나와 취미를 공유했으면, 시댁에 덜 갔으면, …."

요구사항은 끝이 없다. 이런 목록은 결국 상대방을 변화시키려는 시도로 '해야 할 일' 목록이 된다. 그리고 더 열심히 노력해 보지만 관계는 점점 악화된다. 또 어떤 사람은 관계개선을 위해 자신이 결정한 대로 배우자가 똑같이 노력할 때까지 결혼생활에 파업을 선언하고 자신은 전혀 노력하지 않기도 한다. 그들은 배우자가 최소한 똑같은 노력을 기울이지 않는다면 자신도 노력할 필요가 없다는 입장을 취한다. 이에 결혼생활은 이전보다 더욱 고통스러워지고 궁지에 몰린다.

두 사람의 관계에서는 일단 한 사람이 어떻게 변하느냐에 따라 둘의 관계는 더 나아지거나 더 악화될 수 있다. 가족체계이론에서는 관계의 합은 부분보다 더 크다고 가르친다. 즉 결혼생활에서는 '1+1=2'가 아니다. '남편 + 아내'는 관계라는 제3의 실체를 만들어 낸다. 두 사람의 관계에서 한 사람이 변화해서 전과 다르게 행동한다면 결국 그들의 관계도 변화하게 된다는 것이다.

(2) 통념 2: 내가 더 열심히 노력하면 배우자를 바꿀 수 있다

많은 사람들이 이 두 번째 통념을 은밀히 마음에 품고 있다. 그것은 자신이 더 노력한다면 더 창조적이라면 혹은 새로운 전략을 짠다면 배우자를 변화시킬 수 있다는 믿음이다. 대부분의 부부가 속으로는 배우자가 변화하도록 설득시킬 수 있다면 결혼생활이 바뀔 것이고 행복해질 것이라고 믿는다. 이 때문에 그들은 배우자를 변화시키기 위해 더욱 열심히 노력한다. 이 통념을 가지고 있는 사람들은 배우자가 '깨닫기'를 희망하고 기원한다. 자신이 그토록 갈망해 오던 이상적인 짝이 될 날을 기다리며 배우자가 환상적인 짝으로 변화하기를 고대하는 것이다. 상대방을 변화시키려고 애쓰면 애쓸수록 더 좌절감을 경험하면서 관계는 더욱더 악화된다. 이보다는 먼저 자신의 상호작용 방식을 변화시켜 배우자와 결혼에 대한 기대를 적절하게 맞추는 데 초점을 맞추는 것이 유일하며 현명한 선택이다.

(3) 통념 3: 배우자는 내 인생의 전부이다

우리는 흔히 낭만적인 배우자를 고를 때 자기 인생의 전부가 될 배우자를 선택한다는 사실을 내포한다. 대체로 결혼을 앞두고 연애 중인 커플은 상대방에게 강한 성적 에너지를 느끼고 완전히 홀린 상태에서 배우자가 자기 삶의 전부(성적 파트너, 가장 좋은 친구, 자녀들의 양육자, 가족부양자, 재정지원자, 살림꾼, 아플 때 극진한 간병인의 역할 등)가 될 인생의 동반자이기를 기대한다. 물론 이것은 한 사람에게 엄청난 주문이다. 보통 평범한 결혼생활은 높은 기대에서 출발하여 이상에 대한 환상에서 깨어나면서 건강한 결혼생활인 경우 마침내 서로를 수용하게 된다. 이 통념에 집착하는 사람은 환멸을 느끼게 되고, 그에 집착하면 할수록 더욱더 좌절하게 된다. 또한 근심과 실망감을 느낄수록 한층 더 배우자를 변화시키려고 할 것이다. 결국 그들은 삶의 모든 행동을 배우자와 함께 하길 원하며, 또 그렇게 되기 위해 힘쓴다. 그들은 힘들게 애쓸수록 환멸을 느끼게 되고 실망도 점점 커져 간다.

(4) 통념 4: 배우자는 내 모든 욕구를 충족시켜 주어야 한다

이는 세 번째 통념과 유사하지만 사실 더 깊은 내용을 담고 있다. 우리는 관계에서 바라는 것이 매우 간단하다고 생각한다. 우리는 동료애, 성, 대화, 역할분담, 조화를 원한다. 그러나 관계 내에서 이런 욕구를 충족하기란 굉장히 어렵다.

그리고 어떤 욕구는 확실치 않다. 우리가 어린 시절에 긍정적인 말이나 인정을 거의 받지 못했다면 우리는 거의 의식하지 못하는 깊은 수준에서 어릴 적 받지 못했던 긍정적인 말을 배우자가 해 주길 바랄지도 모른다. 우리가 어릴 적 학대가정에서 성장했다면 정서적 · 신체적으로 안전함을 느끼고 싶은 강한 욕구를 갖게 될 수 있다. 마음속 깊은 곳에서 자신이 아직도 아이인 것처럼 모든 욕구를 충족시켜 주는 양육관계를 원할지도 모른다. 또한 사소한 부부갈등조차도 안전하지 않은 것으로 해석할 수 있다. 그 결과 배우자와 정서적으로 멀어질지도 모른다. 그러나 문제는 우리가 이러한 욕구를 자각하지 못하거나 혹은 배우자가 그것을 채워 주기를 무의식적으로 기대한다는 것을 알지 못한다는 것이다.

(5) 통념 5: 사랑이 있다면 결혼생활은 많은 노력이 필요하지 않다

흔히 부부들은 강렬한 낭만적인 느낌과 대단한 이상을 품고 사랑에 빠진 채 결혼생활을 시작한다. 많은 부부가 결혼생활에 어느 정도는 문제가 있을 것이라 예상하지만 그런 문제는 대부분 쉽게 풀릴 것이라고 생각한다. 그들은 사랑으로 모든 것을 극복할 수 있을 것이라고 믿는다. 별개의 가족에서 자라나 다른 직업을 가지고 있으며 거기다 결혼에 대한 훈련조차 안 된 두 사람이 관계를 이루는 것이 어려운 일이라는 것을 거의 의식하지 못한 채 결혼생활에 들어간다. 인생의 동반자를 선택하는 것이 매우 복잡하다는 것을 이해하는 사람은 드물다.

감성형 부부가 좀비형 부부로 전락!

2011년 1월 16일 방송된 SBS 스페셜 '나는 한국인이다, 짝 3부-미워도 다시 한 번'에서는 한국의 부부생활 유형에 대해 다뤘다. 이날 방송에서는 한국인의 부부생활 유형을 집안에서 짝을 정해준 패밀리형, 조건을 보고 짝을 찾는 맞춤형, 사랑을 인생의 가장 중요한 것으로 여기며 감정적인 교감을 중시하는 감성형 부부로 분류하였다. 그런데 이 중 놀라운 사실은 감성형 부부들이 불 같은 사랑 끝에 결혼했지만, 이후 형식적인 결혼생활을 이어가는 '좀비형 부부'로 전락하는 것으로 보고됐다. 방송에는 남편의 적극적인 구애로 결혼에 골인한 부부가 결혼 5년 만에 거의 대화를 하지 않는 관계로 변한 사례를 들었다. 감정의 이끌림에 의해 결혼했지만 남편은 자신이 돈 벌어 주는 기계로 전락한 것 같은 회의감에 시달렸고, 아내는 육아와 살림을 병행하며 느낀 현실의 벽에 부부 사이는 균열이 가기 시작했다는 것이다.

(6) 통념 6: 부부간의 역할은 지속되고 결혼생활에 변화는 없다

많은 부부가 부부관계는 영원히 그대로 지속된다는 통념을 가지고 움직인다. 일단 결혼하고 나면 문젯거리와 논쟁이 잘 풀릴 것이고 모든 일이 비교적 순조로울 것이라고 생각한다. 그러나 현실에서 결혼생활과 부부간의 역할은 계속해서 변한다. 연로해 가는 부모님, 성장하는 아이들과 관련된 문제, 직업의 변화와 문제, 건강문제, 상실문제를 겪으며 나아간다. 가족생활주기마다 수행해야 하는 많은 과업들에 적응해야 한다. 결혼이 불변이라는 통념을 믿는 사람들은 무지한 상태에 있는 것이다. 건강한 결혼생활을 위해서는 이 통념의 정체를 바로 알고 결혼생활에 대한 적응과 변화가 있어야 한다는 것을 인식해야 한다.

(7) 통념 7: 사랑은 느낌이다

사랑은 오직 느낌일 뿐이라고 믿는다면 '사랑이 식으면 부부가 할 수 있는 것은 거의 없다' 는 결론이 나온다. 이것은 커플들이 믿기 쉬운 가장 파괴적인 통념들 중의 하나다. 대체로 연인들이 초기에 사랑에 빠졌을 때 진정으로 상대방을 알고 사랑에 빠지는 것이 아니다. 사랑에 빠져 있는 감정과 사랑을 하는 것이다. 그들은 만나서 성적 에너지와 낭만에 깊게 심취한다. 실제 성숙한 사랑이란 수년, 심지어 수십 년이 걸리는 법이다. 현실에서 사랑은 느낌이면서 동시에 의지로 행하는 것이다. 사랑의 감정을 되살리기 위해 수동적으로 기다리는 것은 관계를 오히려 더 멀어지게 할 뿐 사랑을 지탱해 주지도 깊어지게도 하지 못한다. 비록 사랑이 경이로운 감정이더라도 사랑에는 또한 의지가 작용한다. 인생에서 가치 있는 것들이 그렇듯이 결혼생활에 만족하려면 시간과 에너지 그리고 노력이 필요하다. 프로 야구선수의 자연스럽고 부드러운 스윙, 발레의 우아하고 유연한 동작들이 수많은 훈련과 노력의 결과로 나타났듯이 사랑에 빠진 감정이 아름답고 자연스럽기 위해서는 수많은 노력이 필요한 것이다. 발전적인 변화는 결혼생활의 일부이고 중요한 변화들이 필연적으로 발생함을 가정해 볼 때, '사랑에 빠져 있는' 느낌이 지속될 것이라고 생각하는 것은 비현실적이다. 사랑하는 감정을 유지하기 위한 비결은 필요에 따라 자신을 변화시키는 데 초점을 두고 적응하려는 사랑에 대한 자신의 의지인 것이다.

(8) 통념 8: 이상적인 연인은 결혼생활 밖에 있다

대개 이상적인 연인에 관한 통념은 '사랑이 식었다' 라고 느꼈을 때 생긴다. 이 통념은 "어딘가에 내 이상적인 연인이 있을 거야. 그 사람을 찾아야 해. 나는 미친 듯이 사랑에 빠질 테고 언제나 행복할 거야."라고 말한다. 이 통념을 믿는다면 현재 배우자와 자신을 변화시키기 위해 할 수 있는 일이나 어떤 행동이 두 사람 간의 관계를 어렵게 만드는지에 초점을 두는 대신 완벽한 연인을 찾는 일에 집중하게 된다. 이는 곧 당신의 행복이 외부의 누군가에 의해서 정해진다는 통념이다.

(9) 통념 9: 부모의 결혼생활이 원만했다면 내 결혼생활도 그럴 것이다

어릴 적 부모의 결혼생활은 분명히 결혼생활에 대한 자신의 모델을 내면화하는 데 중요한 역할을 하게 된다. 따라서 어릴 적 부모님의 결혼생활이 원만했다면 상당히 많은 부분 지금의 결혼생활의 좋은 모델이 될 수 있다. 그러나 결혼생활의 모델은 나의 것만 작용하는 것이 아니라 배우자의 모델과 뒤섞일 수도 있다는 사실이다. 둘 사이가 좋더라도 어느 쪽 부모의 결혼생활을 얼마만큼 따라야 하는지의 결정으로 의식적, 무의식적인 다툼과 경쟁이 일어날 수 있다. 반대로 부모의 결혼생활 중에 피하고 싶은 것도 꽤 많을 것이다. 따라서 부모와 양쪽 부모의 결혼생활을 본받거나 혹은 정반대로 살려고 시도하는 것의 어느 하나를 결정하기란 쉬운 일이 아니다. 나의 결혼생활에 맞는 청사진을 그리기 위해서는 이에 대한 통찰이 있어야 할 것이다.

(10) 통념 10: 큰 변화가 있어야 결혼생활을 바꿀 수 있다

결혼생활에 활기가 없어지거나 갈등이 몹시 심해지면, 부부는 이 열 번째 통념이 사실이라고 생각하기 시작한다. 즉 오직 기적이 일어나야만 결혼생활을 바꿀 수 있다고 여긴다. 관계가 통째로 변해야만 건강한 결혼생활을 할 수 있다고 믿는다. 그 결과 전체적인 변화를 기대하고 노력한다. 그러나 이 과정은 점점 더 실망을 안겨 줄 뿐이다. 우리는 때론 작은 것부터 시작해야 한다는 것을 잊어버리고 우리의 바람대로 큰 변화가 일어나기만을 원한다.

작은 변화가 큰 변화를 이끌고 작은 성공이 더 큰 성공을 가져온다. 결혼생활을 변화시키기 위한 최선의 방법은 한 번에 한 걸음씩 가는 것이다. 결혼생활에서도 작은 일에 초점을 둠으로써 점진적인 변화가 이루어지고 그것이 더 나아가 근본적인 대변화를 가능하게 하는 밑거름이 되는 것이다. 한 번에 큰 변화를 이룰 수는 없다.

이의 열 가지 통념에는 결혼생활에 대한 거대한 사회적 · 문화적 변화를 무시하고 있음이 내포되고 있다. 성공적인 결혼을 위해 이 통념을 지침으로 삼는 것은 마치 오래된 지도를 보고 운전하면서 원하는 목적지에 도착하기를 바라는 것과 같다. 결혼생활에서는 부단한 노력이 필요하고 인생은 문제와 도전의 연속이며 변화는 항상 계속된다는 현실을 수용해야 한다. 결혼생활에 성공하기 위해서는 일상에서 부딪히는 변화, 즉 사회적 · 문화적 변화, 생활주기에 따르는 도전 등을 인식해야 하며, 건강 또는 직업상의 위기 등에도 적응해 나가야 하는 것이다.

02

Chapter

가족의 이해

1 가족에 대한 이론적 관점

2 가족의 정의 및 기능

3 가족생활주기와 발달과제

가족은 인류가 존재해 온 이래 가장 먼저 형성된 제도로서 인간사회의 기본단위이다. 우리는 누구나 가족에 관한 경험을 하게 되므로 이에 대한 상식적인 지식을 가지고 있다. 그러나 이러한 지식은 개별의 경험이나 사회의 지배적인 가치에 상당히 의존하기 때문에 가족현상을 객관적으로 설명하고 예측하지 못한다.

본 장에서는 가족의 과학적인 연구에 적용되는 이론적 관점과 가족의 기초적 이해를 위한 가족의 기능과 쟁점 및 발달과제 등을 살펴보도록 한다.

01 가족에 대한 이론적 관점

우리가 가족에 대한 인식의 틀, 즉 어떠한 관점(일련의 사고방식과 아이디어)을 가지고 있느냐는 가족을 이해하는 데에 있어서 중요한 첫걸음이다. 가족에 대한 인식의 틀인 관점은 가족의 본질에 대한 가정들과 개념들의 집합으로 구성되고 특정 현상에 대한 조망과 지향을 제시해 주며, 연구에 있어서의 안내자 역할을 하기 때문이다.

가족이 가지고 있는 독특성과 다양하고 복잡한 가족현상으로 인해 모든 가족에 적용될 수 있는 하나의 이론적 관점을 제시하는 것은 어렵다.

가족을 이해하는 데 국내 여러 학자들이 사용하고 있는 기준과 내용들을 기초로 하여 가족의 관점을 살펴보도록 한다.

1) 구조기능론적 관점

대표적인 학자는 파슨즈(Parsons)인데, 그는 가족을 사회체제 유지를 위한 중요한 기능 중 유형유지의 기능을 담당하는 제도로 본다. 즉 개인들이 기존체제에 적응하는 동기를 조성해 주는 사회화의 기제를 가족이 담당하는 데에 중요한 의의를 둔다. 즉 가족을 사회구성원을 재생산하고 전반적으로 공유된 가치를 재생산하는 단위로 본다. 구조기능론자들은 사회의 균형유지와 안정, 그리고 사회집단의 목표달성에 도움이 되는 현상을 기능적이라고 하고 그렇지 않은 경우를 역기능적이라고 하는데 가족에서 전통적인 성별분업과 관련하여 남편은 도구적 역할, 아내는 표현적 역할을 하는 것이 기능적이라고 한다.

이 관점은 요새나 안식처로서 가족의 기능을 강조하고 남녀가 전통적 역할을 수행하는 것을 기능적이라고 전제함으로써 남녀역할을 이분법으로 나누고 다양한 가족형태를 역기능적으로 간주하는 오류를 범하였다는 비판을 받는다.

2) 갈등론적 관점

갈등이론은 인간의 기본적 속성과 사회자원의 제한성 등으로 인하여 갈등은 피할 수 없는 것이며, 갈등은 사회적 진보를 위하여 필요한 것으로 본다. 엥겔스(Engels)는 마르크스(Marx)의 기본개념을 가족과 여성-남성관계에 적용하고 있다. 즉 가족을 자본주의를 위한 노동력과 자본주의적 가치와 관계들을 재생산하는 단위로 파악, 자본주의의 착취적 속성이 개인으로 하여금 사적 생활과 친밀감 등의 주관적 세계를 가족에 더욱 의존케 하였다고 분석하며 이러한 안식처로서의 기능의 강조는 오히려 부정적 영향을 미쳤다고 주장한다. 반면 스프레이(Sprey)는 사회에서는 세대 간 또는 이성 간의 끊임없는 대결과 충돌이 계속되는데 결혼과 가족은 그 대결과 충돌이 실제로 발생되는 주요 장으로써 가족 내에서 갈등이 어떻게 인식되는가, 어떤 갈등관리방법을 사용하는가에 따라 가족이 유지되기도 하고 해체되기도 한다고 하면서 가족을 이해하기 위해 갈등에 초점을 맞출 필요가 있음을 주장하고 있다.

이 관점은 구조기능론자들이 주장하는, 즉 가족이 기능적이기 때문에 존재한다는 입장에서 가족제도를 통해서 희생될 수 있는 가족성원의 피해를 지적함으로써 가족이 가지고 있는 조화와 갈등의 양면성과 가족갈등문제를 공론화하는 데 기여하였다. 그러나 역할이나 권력과 같은 사회규범이 가족 간에는 경쟁적 갈등기제로만 작용되지 않는 점, 가족관계에 존재하는 사랑과 유대감, 희생 등의 가족정서에 대한 중요성을 간과한 점에서 비판을 받는다.

3) 상징적 상호작용론적 관점

가족 간의 상호작용 유형에 관심을 갖는 미시적 접근방법으로 인간행동은 인간 상호 간의 사회적 상호작용을 통하여 결정되고 설명될 수 있다고 본다. 즉 개인이 주관적 입장에서 사회적 환경과의 상호작용을 통하여 가치를 파악하고 지위와 역할을 획득한다고 주장하면서 역할과 정체성, 자아개념, 의사소통의 개념을 강조한다. 주로 배우자 선택, 세대 간의 가치전달, 역할과 지위관계, 결혼만족, 의사소통, 부모자녀 관계 등을 이해하는 데 유용하다.

이 관점은 결혼과 가족에 미치는 거시적 측면, 상호작용으로 해결할 수 없는 권력과 역할의 특성, 인간생활의 무의식적이면서 정서적 측면을 간과하였다는 점에서 비판을 받는다.

4) 사회교환론적 관점

이 관점에서의 전제는 인간은 누구나 타인과의 상호작용에서 보상을 극대화하고 비용을 최소화하여 가능한 가장 많은 이득을 얻을 수 있는 상황을 선택하는 합리적 존재라는 것이다. 사회적 관계가 왜 지속되고 왜 끝나는가를 설명하는 데 유용한 관점으로 보상, 비용, 이익, 비교수준, 대안, 호혜성 등의 개념을 강조하면서, 가족연구에서는 이성교제, 배우자 선택, 가족권력, 결혼만족도, 결혼안정성, 노부모 · 자녀와의 관계, 가정폭력을 이해하는 데 적용된다.

이 관점은 사회적 관계의 형성과 유지 및 해체를 매개하는 개인적 · 관계적 요인을 설명하는 데 기여하였으나 보상과 비용의 가치 지각에 있어서의 개인차와 상호관계에 관심이 적다는 비판을 받고 있다.

5) 여권론적 관점

가족이 단일체가 아닌 권력단체의 구조임을 강조하면서, 가족은 가부장적 사회질서를 재생산하는 단위로서 남성에게만 기능적이며 여성들은 억압되어 있다고 분석한다. 현대가족의 세 가지 측면, 즉 주부역할을 우선적으로 취하게 함으로써 여성노동을 규제한다는 점, 여성의 성과 출산에 대해 남성이 통제를 가한다는 점, 성정체감을 구조화시켜 남성 우위의 성역할 사회화를 유지시킨다는 점에서 여성을 억압하고 있다고 본다. 따라서 여성해방이 되기 위해서는 여성과 남성이 평등성을 성취하도록 하는 범위 내에서 가족구조를 수정해 나가야 한다는 온건한 관점과 전통적 가족의 질서와 구조를 전복시키고 다양한 결혼형태의 양식으로 대체하며 자녀출산 및 양육 등이 사회기관으로 이전되어져야 한다는 급진적 관점이 있다.

이 관점은 가족 내의 성의 불평등을 지적하고 여성의 사회적 지위향상과 남녀 간의 평등하고 조화로운 삶과 인간해방운동을 실현하기 위한 실천적 방법을 제시하였다는 평가를 받는다. 그러나 여권론자들은 남성지배의 문제를 강조하고 남성과 여성의 이해관계가 갈등적이라는 것을 강조하기는 하지만 또한 성, 인종, 계급에 의해 억압받는 현실을 완화시켜주며 빈곤문제를 완화하는 중요한 지지자원으로 가족을 꼽기도 한다. 갈등과 억압의 원천이 되는 가족과 협동과 유대의 원천이 되는 가족이라는 대립적인 이미지를 이론화하는 작업이 필요하다고 지적된다.

6) 현상학적 관점

개인 자신의 주관적 경험을 강조한다. 즉 개인이 자기 자신과 주변세계를 어떻게 지각하고 해석하는가에 따라 행동이 다르게 나타난다고 보는 관점에서의 접근방법이다. 이 관점은 구체적으로 경험하는 현상에 대한 아주 새로운 접근법, 즉 가능한 한 개념적 전제를 벗어던지고 그 현상을 충실히 기술하려는 시도를 의미하며, 사회현실을 개인 외부에 존재하는 그 무엇으로 규정하지 않고 행위자의 주관적 세계 자체를 하나의 현실로 규정한다. 이 관점에서는 사람들이 사회적 실재에 대한 주관적 상태나 감각을 어떻게 그리고 어떤 방법으로 구성하고 유지, 변경시켜 나가는가를 탐구하게 된다.

따라서 결혼관계에서 이들의 상이한 경험의 세계가 미치는 영향을 분석하며, 부모자녀 간의 사회화 과정에 미치는 영향을 탐색하기도 하며, 또한 가족구성원의 일탈이나 폭력 등 부정적 행위에 대한 해석적 준거로도 사용된다.

한편, 이러한 구분 외에 가족에 대한 접근방식의 틀로 정현숙 외(2008)는 유교적 가족관과 도구적 가족주의로 설명하는 전통적 관점, 가족을 상호작용하는 개인들의 연합으로 정의하는 자유주의적 관점, 전통적, 자유주의적 가족관을 거부하는 여성학적 관점 세 부분으로 나누기도 한다.

또한 구조기능론을 위주로 사회의 기본단위로서의 기능성을 중시하는 제도로서 가족을 접근하는 보수적 관점, 갈등론과 여권론을 기본으로 가족 내 불평등의 보편성을 인정하고 성, 계급의 불평등의 문제를 구조적, 제도적으로 해소하며 대안을 제시하려는 진보적 관점, 체계론을 기본으로 하면서 개인, 가족, 사회와의 역동적 상호작용을 이해하고 문제해결을 위한 실천적 방법을 모색하려는 통합적 관점(최규련, 2007)으로 보기도 한다.

가족에 대한 이론적 접근방식이 무엇이든 간에 우리가 가족연구를 통해 얻고자 하는 것은(Duvall, 1977) 다음과 같다.

첫째, 자신의 가족에서 얻은 경험과 지식보다 더 광범한 것을 알고,

둘째, 사회에서 인식되고 있는 왜곡된 사상이나 신념을 시정하기 위해,

셋째, 비정상적인 가족생활보다 가족의 정상적인 측면을 강조하기 위해,

넷째, 일반적인 상식을 보다 객관적으로 검증하기 위해,

다섯째, 가족의 다양한 변화에 부응하고 적응할 수 있는 능력을 개발하며,

여섯째, 가족의 변화를 예견하고 대처능력과 의사결정 능력을 기르기 위해서 등이다.

02 가족의 정의 및 기능

가족은 개인과 사회의 중간에 위치하면서 사회에 대해서는 하나의 기본적 사회단위 및 집단이며 개인에 대해서는 인간의 생활 환경 중 근접 환경으로서 개인의 성장 · 발달에 영향을 미치는 일차적 집단체계이다. 현대사회로 진행하면서 여러 가지

환경적 변화가 가족에게도 영향을 미쳐 가족의 역할과 기능이 달라지고 가족에게 부여하는 개념 또한 변화하는 것이 사실이다. 가족의 기초적 이해를 위해서 가족의 정의와 기능, 가족의 변화에 대한 쟁점들을 살펴보도록 하겠다.

1) 가족의 정의

가족은 모든 문화, 모든 사회에서 발견되는 보편적인 사회제도임에도 불구하고, 역사와 민족, 시대적 흐름에 따라 다양하게 변화되고, 한 국가 안에서도 사회경제적 요인에 따라 다양한 양상으로 나타나기 때문에 그것을 한마디로 정의하는 것은 쉽지 않다.

먼저, 가족의 사전적 정의(새우리말 큰 사전, 2000)를 보면, '어버이와 자식, 형제자매, 부부 등 혈연과 혼인관계 등에 의해 한 집안을 이룬 사람들의 집단 또는 그 성원' 이라고 되어 있다. 전통적 관점의 연구자들의(Murdock, Levi-Strauss, Goode, 김두헌 등) 정의에는 주로 공동거주, 자녀의 존재, 그리고 사회적으로 인정되는 부부의 성적 관계와 경제력 협력을 공통적으로 강조하고 있다. 그러나 오늘날의 가족은 사회변화에 따라 한부모가족, 무자녀가족, 재혼가족 등의 다양한 형태가 등장하므로 가족에 대한 정의도 시대와 문화에 따라 달라지고 있다. 따라서 학자들은 가족을 정의하는 데 어떤 '가족(the family)' 이라는 고정된 시각에서 '가족들(family)' 이라는 새로운 개념으로 바뀌어야 한다고 주장한다. 그 이유로는 가족에 대한 고전적 정의가 현대의 모든 가족을 포함하지 못하고 어떤 가족은 다른 가족보다 정상적이고 우월한 것으로 여기기 때문이며 사회변화에 따라 발생하는 다양한 가족을 편견 없이 바르게 이해하기 위해서이다.

슐츠(Schulz, 1977; 유영주 외, 2007 재인용)도 '가족이란 한 복잡한 변수로서 생물학적 요구에 기인하는 보편적 구조도 아니며 종교적 또는 문화적 신조에 기반을 둔 보편적 규범의 이념일 수도 없다. 가족이 사회적 필요성에 기인하는 정도 만큼 이것은 우리들을 기성문화에 적응시키는 한편, 무엇이 바람직한 가족인가에 대해 우리에게 변화하는 개념을 부여한다' 라고 지적한 바 있다.

이와 같은 특성을 반영한 종합적인 정의로는 국내의 대표적 가족학자인 유영주

(1993)의 정의로 결론을 내릴 수 있다. 즉, '가족은 부부와 그들의 자녀로 구성되는 기본적인 사회집단으로서 이들은 이익관계를 초월한 애정적인 혈연집단이며, 같은 장소에서 기거하고 취사하는 동거 · 동재 집단이고, 그 가족만의 고유한 가풍을 갖는 문화집단이며, 양육과 사회화를 통하여 인격형성이 이루어지는 인간발달의 근원적 집단임과 동시에, 사회변동과 함께 의도적인 정치적 개입에 의해 변화하며, 그러한 변화에 대하여 역동적으로 적응할 수 있는 사회제도의 하나이다' 라는 것이다.

2) 가족의 기능

가족의 기능은 문화나 시대의 변천, 사회체제의 변화에 따라서 다르므로 이것을 동일하게 정의 내리기는 어렵다. 여기서는 가족 기능에 관한 기초 개념과 현대사회에서 강조되고 있는 가족 기능에 대해 살펴보기로 한다.

(1) 가족 기능의 개념

가족의 기능이란 가족이 수행하는 역할, 행위로서의 가족행동을 의미하는 것으로, 그 행동의 결과가 가족원의 욕구충족과 사회의 유지 존속에 어떠한 영향을 주느냐 하는 문제와 관련된 개념이라 하겠다.

가족이란 개인과 사회의 중간에 위치한 체계로서 전체 사회에 대하여는 하위체계로 개인에 대하여는 상위체계로서의 양면적인 특성을 가지고 있으므로, 가족의 기능은 개인적인 측면에서 수행되어지는 역할과 사회에 대하여 수행해야 하는 대내적, 대외적 역할 모두를 가지게 된다. 가족을 사회의 하위체계로 볼 때, 집단, 체계로서의 가족은 사회의 유지 존속에 어떤 역할을 하며 사회변동에 따라 그 내용이 어떻게 달라지며 현재까지 유지 존속되어 실제로 행해지고 있는 것은 무엇인가라는 측면에 초점을 두게 된다. 반면, 가족을 가족원이 구성하고 있는 상위체계로 볼 때, 개인의 발전, 욕구충족, 자아개념, 자아정체감 형성에 어떠한 역할을 하느냐에 대한 측면과 연결된다.

일반적으로 가족이 수행해야 하는 기능은 크게 고유 기능, 기초 기능, 부차적(파생적) 기능으로 나뉘며, 이들은 각각 대내적 기능, 대외적 기능을 수행하게 된다.

고유 기능에는 가족구성원에 대한 대내적인 기능으로 성, 애정의 기능과 생식, 양육의 기능을 들 수 있으며, 사회 전체에 대한 대외적인 기능으로는 성적인 통제와 종족보존의 기능이 대응한다.

기초 기능은 경제적 기능으로 대내적으로는 생산, 소비의 기능을 들 수 있으며, 대외적으로 노동력의 제공과 생활보장의 기능이 대응한다.

부차적 기능은 고유기능과 기초 기능으로부터 나온 것으로 파생 기능이라고도 한다. 이 부차적 기능의 대내적 기능으로는 교육, 보호, 휴식, 오락, 종교 등의 기능을 들 수 있으며, 대외적 기능으로서 교육에는 문화전달 기능이, 보호 등 그 밖의 기능에는 사회안정화의 기능이 각각 대응한다.

표 2-1 가족 기능의 유형과 상관관계

<table>
<tr><th>차원</th><th>(가족구성원 개개인에 대한)
대내적 기능</th><th colspan="2">•(사회전체에 대한) 대외적 기능</th></tr>
<tr><td rowspan="2">고유 기능</td><td>성/애정</td><td colspan="2">•성적 통제</td></tr>
<tr><td>생식/양육</td><td colspan="2">•종족보존(자손의 재생산)
•사회구성원의 충족</td></tr>
<tr><td rowspan="2">기초 기능</td><td>생산(고용충족/수입획득)</td><td colspan="2">•노동력 제공/분업에 참여</td></tr>
<tr><td>소비
(기본적/문화적 욕구충족, 부양)</td><td colspan="2">•생활보장/경제질서의 유지</td></tr>
<tr><td rowspan="5">부차적 기능
(파생 기능)</td><td>교육(개인의 사회화)</td><td colspan="2">•문화전달</td></tr>
<tr><td>보호</td><td rowspan="2">•심리적/신체적</td><td rowspan="4">•사회의 안정화</td></tr>
<tr><td>휴식</td></tr>
<tr><td>오락</td><td rowspan="2">•문화적/정신적</td></tr>
<tr><td>종교</td></tr>
</table>

| **출처** | 김주수 · 이희배(1986); 유영주 외(2008), p. 35. 재인용.

구디(Goode, 1982)는 사람들이 왜 가족 안에서 사는지에 대한 혜택을 살펴보면, 가족이 다른 사회집단과는 구별되는 기능이 무엇인지 파악할 수 있다고 하였다(최규련, 2007 재인용). 이에 의하면, 가족이 주는 네 가지 혜택으로, 첫째 가족이 인간관계

의 영속성을 제공하는 점, 둘째 가족이 가족원들에게 물리적 근접성과 자원을 제공한다는 점, 셋째 가족이 오랜 기간에 걸쳐 친밀한 관계를 제공해 주는 점, 넷째 가족이 경제적 효율성을 높인다는 점이다. 이런 점에서 가족은 어느 사회집단보다 인간의 욕구를 충족시켜 줄 잠재력을 지니고 있고 현대인에게도 필요한 제도라 할 수 있다. 즉 가족의 역할은 가족원이라는 이름으로 자원을 공유하며, 친밀성과 지속성을 제공함으로써 여러 측면에서의 이득을 창출하는 제도라 하겠다.

(2) 현대사회에서의 가족의 기능

가족의 기능은 학자들마다 다양하게 분류하고 있지만 일반적으로 현대사회에서 수행하는 가족의 기능은 다음과 같다(유영주 외, 2004).

① 성적 욕구의 충족 기능

인간은 일정한 연령에 도달하면 이성과 성적으로 결합하고자 하는 본능적인 욕구를 갖게 된다. 사회에 따라서 성적인 욕구를 충족시키는 방법과 통제의 정도에 차이가 있기는 하지만 어느 사회나 남녀의 무조건적인 성관계를 허용하지는 않는다. 그러므로 대부분의 사회는 남녀 간의 사랑을 바탕으로 혼인이라는 제도적 통로를 통해 사회적으로 성적 욕구를 통제하는 기능을 담당하고 있다.

② 자녀의 출산 기능

혼인에 의해 맺어진 부부간의 성관계를 자녀를 출산하는 정당한 방법으로 인정된다. 부부간 성관계의 필연적인 결과로 자녀를 출산하는 생식의 기능은 사회의 다른 집단에서 대신할 수 없는 가족만의 고유하고 중요한 기능이다. 자녀의 출산 기능은 사회구성원을 끊임없이 재생산하여 사회를 존속시키는 기능을 하는 데 크게 기여하며, 나아가 인간이라는 종을 유지시키는 역할을 한다.

③ 자녀양육과 사회화 기능

가족은 자녀출산이라는 재생산활동을 통해 단순히 사회구성원을 보충하는 데 그치지 않고 자녀가 스스로 독립할 수 있을 때까지 보호와 양육 기능을 한다. 즉, 가족을 통해 자녀는 동물적인 상태의 인간에서 사회적인 존재로 성숙해 가는 사회화 과정을 경험한다. 자녀들은 가정생활을 통해 인격을 형성하게 되고, 그들이 사회에서 잘 적응하고 바람직한 인간으로 성장하도록 사회생활에 필요한 여러 가지 지식과 기능을 익히고 그 사회에서 통용되는 문화에 적응되도록 훈련을 받는다.

④ 생산 및 소비 기능

가족의 경제적 기능은 생산 기능과 소비 기능으로 구분할 수 있다. 과거 전통사회에서의 가족은 생산과 소비의 기능을 함께 수행했지만 현대사회는 고도의 산업화와 상품의 대량생산으로 인해 생산단위로서의 가족의 기능은 축소된다.

대신 가족구성원은 산업사회에 노동력을 제공하고 그 대가로 임금을 받으며 이것으로 필요한 물자를 구입하는 소비 기능이 확대되었다. 따라서 현대 산업사회의 가족은 상품선택과 구매에 대한 현명한 소비자로서의 능력이 요구되며, 한정된 수입으로 온 가족원의 욕구를 충족시킬 수 있는 공평하고 합리적인 재정관리가 요구된다.

⑤ 보호 및 휴식 기능

가족은 질병과 위협으로부터 가족원과 재산을 보호해 준다. 예전에는 더위, 추위 등 사나운 기후와 맹수로부터 개인을 보호했고 오늘날은 외부 환경의 위험으로부터 보호해 준다. 특히 가족은 노약자나 장애인에 대한 중요한 보호 기능을 수행한다. 또한 가족은 가족원에 대하여 심신의 긴장이나 피로를 회복시켜 주는 휴식의 기능을 갖는다. 사회생활로 지친 몸과 마음을 가정에 돌아와 쉬며 긴장을 풀고 다음날 노동을 할 수 있도록 노동력을 재생산하게 한다. 이러한 면에서 가정은 단순한 거주지가 아니라 심신의 긴장과 피로를 회복시켜 주는 중요한 기능을 하게 된다.

⑥ 오락 및 여가 기능

가족은 또한 오락 및 여가의 기능을 갖는다. 가족이 단위가 되어 여가를 즐길 때 부모와 자녀가 한 자리에 모이게 되므로 교육적인 의미도 수반될 수 있으며, 가족원이 함께 모여 시간을 보내는 그 자체로써 마음이 열리고 대화를 하게 되므로 가족이 지니는 오락적 기능은 그 의의가 크다.

⑦ 종교의 기능

가족의 종교적 기능은 종교적 의례나 형식만을 의미하는 것이 아니라 매일의 생활에 감사하고 삶의 진리를 깨달으며, 인간 능력의 한계를 겸허하게 인정하고 기도하는 자세로 살아가는 생활태도를 말한다.

가족의 기능은 시간적 조건, 지역과 문화배경에 따라 다르게 나타날 뿐만 아니라 개인차와 생활 환경에 따라 달라진다. 문화와 사회구조가 단순하고 일터와 가정이 분리되지 않은 농경사회에서는 사람들의 요구와 필요성이 단순하고 소박하여 가족은 모든 욕구를 충족시킬 수 있는 집단이었으나 산업화와 정보화에 따라 가족의 기능이 변화하기 시작하였다.

산업사회의 가족은 전통사회에서 가졌던 많은 기능이 사회화 되어 이전보다 줄어든 기능을 수행하지만 현대사회에 이르러 본질적인 애정의 기능과 안식처로서의 기능이 더욱 강조되고 있다. 특히 정보사회에서 컴퓨터를 통한 의사소통으로 대면적 인간관계가 제한될 경우 가족은 정서적 유대감, 가족으로서의 정체감, 애정, 지지받는 느낌 등의 정서적 욕구를 충족시키는 역할과 기능이 더욱 강화되리라 예상된다(최외선 외, 2003).

3) 가족의 변화에 대한 쟁점

흔히들 사람들의 생각 속에 존재하는 가족은 '변함없이 늘 포근한 휴식처'로 정형화됨으로써 변화하는 실체로 보지 않는 경향이 있다. 그러나 가족은 사회 환경과 역동적인 상호관계를 끊임없이 가짐으로써 지속적으로 변화할 뿐만 아니라 때로는 급격한 변동을 한다(조흥식 외, 2006).

1960년대 이후, 이혼, 혼외출산, 한부모가족의 증가로 인하여 가족의 변화는 급격해지기 시작했다. 또한 이러한 변화에 관한 논쟁도 차츰 심화되기 시작하였는데 1980년대 중반까지는 부부간 평등 향상이나 다양한 가족형태의 인정이 필요하다는 낙관론과 진보론이 지배적이었다. 1980년대 후반에 들어서며 일부 학자들이 가족변화에 따른 부정적인 결과들을 강조하기 시작하였으며, 1990년에 초반에 이르러서는 미국 가족은 심각한 위기에 처했다고 말하는 가족위기론이 본격적으로 대두되기 시작했다. 그리고 그 이후에 가족진보론자들이 이러한 가족위기론은 단순한 가족신화에 불과한 것이며, 이것은 순수하지 않고 정치적이라는 주장을 펼치게 되었다. 이러한 가족변화와 관련된 변화의 논쟁에 있어 구체적인 쟁점으로 가족위기론과 가족진보론으로 보고 있으며(임인숙, 1999; 함인희, 2002; 조흥식 외, 2006), 이들은 가족변화의 원인, 이상적 가족형태, 중심적인 가족가치, 이상적인 부부관계 그리고 사회적 대안 등 각 쟁점을 둘러싸고 상이한 내용들을 제시하고 있다.

(1) 가족은 위기인가?

가족위기론자들은 현재의 높은 이혼율과 이에 따른 한부모(이들의 표현에 의하면 결손가족, 혹은 편부모가족)가족의 증가 그리고 독신가구의 증가 등이 지니고 있는 위기는 단순한 표면적 변화를 의미하는 것이 아니라 근본적인 구조 및 기능상의 쇠퇴와 그에 따른 삶의 방식에 있어서의 혼란과 갈등을 표현한 것으로 심각한 가족위기로 본다.

이의 기본 이론적 틀은 구조기능론적 시각으로 이들은 가족해체의 원인을 개인주의와 이기주의 및 인간의 쾌락주의에서 찾는다. 이들은 전형적 가족을 강조하려는 경향이 강하고 정상가족에 대한 신화를 바탕으로 하고 있고, 최근 다양하게 나타나는 가족형태를 부정적인 측면으로서 일탈 혹은 병리적 현상으로 인식한다. 이들은 자녀의 사회화와 정서적 안정으로 대표되는 가정의 기능이 붕괴되고 있다고 이해하며, 가족과 그에 따른 역할 자체가 해체되고 있으며 이에 따른 이혼문제 등은 아동빈곤과 자녀문제를 일으키는 현상으로 나타나게 되는 것이라고 판단한다. 이러한 가족의 가치 실종 문제는 변화하는 사회적 환경에 반응하면서 더욱 강력한 가족으로의 변화를 주도하려는 신가족주의의 강조로서 해결방향을 찾아나가야 하며, 이와 아울러 개인의 자율성 및 성별 문제를 해결하려는 모두의 노력과 함께 핵가족형태를 중시하려는 시도로서 해결될 수 있다고 본다.

따라서 가족위기론자들은 전형적 가족을 강조하려는 경향이 강하고 정상가족에 대한 신화를 바탕으로 하면서, 남성=생계부양, 여성=가족보호라는 성별역할분업을 여전히 주장한다. 그리고 중심적인 가족가치를 전통적 가족구조에 기반한 정서적 유대와 상호의존성에 의한 가족안정성에 두고 있는 것이다.

(2) 가족은 진보하는 것인가?

가족변화를 위기보다는 당연하고 자연스러운 변화로 수용하면서 다양한 가족유형을 인정하는 가족진보론 입장에서는 현대사회의 가족은 민주적이고 평등한 가치를 중시하는 전체 사회의 변화 속에서 점차 전통적 가족의 위계를 거부하고 민주적인 가족관계를 형성시키고자 하는 의지들을 성숙시켜 나가고 있다고 본다. 따라서 가족구조는 변화하고 다양화되어 간다고 주장한다. 가족의 변화를 초래한 요인으로써 가부장제 가족구조와 경제구조의 불안정성을 강조하고 이의 불합리한 면을 극복하기 위해 다양한 가족형태가 출현하고 있음을 강조한다. 이들은 진화론적 관점으로 가족을 이해하고자 하며, 가족붕괴의 징후로 제시되는 이혼율 증가와 결혼율의 감소에 대한 평가를 다르게 해석한다. 이러한 현상을 가족제도 자체의 거부로 이해하기 보다는 불행한 가족 그리고 규범 때문에 결혼생활을 강제로 지속할 필요가 없다는 인식상의 전환이며 진보된 가족과 결혼생활의 지향으로 본다. 이혼이라는 것은 불행한 결혼생활의 청산으로 새로운 삶의 기회를 모색하는 적극적인 대안적 가족생활방식으로 이 자체가 가족을 해체시키는 행위로 볼 수는 없다고 주장한다. 가족의 변화가 아동문제나 노인복지 문제 등을 야기한다는 위기론자들의 부정적인 입장에 대해서도 한 개인이나 가족에게 그 탓을 돌려 희생을 강요할 것이 아니라 사회구조적 전반적인 모순에 대해 생각해 봐야 할 것이라고 지적하고 있다. 다양한 가족형태의 시도들은 가족가치가 흔들리는 것이 아니라 개별 성원들의 삶과 질을 향상시키게 되는 적극적인 생활방식으로 이해하고 있다. 새로운 변화를 병리적으로 보고 전통적 가족가치를 복원하려는 미국보다는 변화를 대안적 가족유형으로 인정하고 가족복지정책에 이를 적극 수용하는 스웨덴 등에서 가족과 관련된 사회문제가 덜 발생하고 있는 사례 등은 가족의 변화에 따른 부작용을 최소화하는 데 사회제도와 정책의 중요함을 강조하는 이들의 관점을 지지하게 된다.

가족을 정의하는 인식의 틀을 하위 개념화한 다음의 질문을 통하여, 자신의 가족에 대한 가치관의 위치를 구체화해 볼 수 있겠다(이성희, 2010).

첫째, 구성적 측면에서의 요건이다. '가족은 누구로 구성되며 그 누구는 또 누구여야 하는가?' 에 대한 질문이다. 물론 기본구성원으로서 부부, 자녀들이라는 것이 가장 보편적인 답일 것이다. 그런데 '이러한 기본구성원을 이루는 전제에 합당한 구성원이 누구인가?' 라는 질문이 제기될 수 있다. 일단 가족을 이루는 기본조건으로 부부가 있어야 하며, 이러한 부부의 결합조건은 대체로 결혼을 통하여, 자녀는 있어야 하며, 그 자녀는 혈연으로 구성되어져야 한다는 답이 가장 일반적일 것이다.

* 부부 중 한쪽 구성원이 없는 요건은 가족의 구성적 요건에 위배되는가?
* 자녀 없이 부부로만 구성된 형태는 가족이 아닌가?
* 혈연이 아닌 입양이나 계부모로 구성된 형태는 진정한 가족이 될 수 없는가?
* 결혼을 하지 않은 한쪽 성이 자신의 자녀를 양육하고자 할 때 이는 가족의 구성 요건에 위배되는가?
* 구성요건은 가족의 질적인 부분을 담보하는가?

둘째, 기능적 측면에서의 요건이다. '가족이 수행해야 할 혹은 하고 있는 기능(역할)은 무엇인가?'에 대한 질문이 될 수 있다. 많은 학자들이 가족의 기능에 대해 언급하고 있고 앞에서도 제시되었듯이, 현대사회에서의 핵심적 가족의 기능에는 성 및 애정의 기능, 자녀출산의 기능, 자녀양육 및 사회화의 기능, 경제적 기능, 정서적 안정 및 지지의 기능, 사회적 지위부여의 기능 등으로 요약해 볼 수 있다. 이러한 측면에서 보면 가족의 위기 혹은 가족해체 현상은 이러한 기능이 수행되지 않거나 수행할 수 없을 때이다.

* 이러한 기능을 수행하기 위해서 필요한 전제조건을 무엇으로 규정하고 있는가?
* 이러한 기능을 수행하도록 도와주는 사회적 조건들은 있다고 생각하는가? 있다면 무엇인가?
* 이러한 기능을 수행하지 못할 때 우리는 그 책임의 부분을 무엇으로, 혹은 어떻게 해석할 수 있는가?

셋째, 문화적 측면에서의 요건이다. 여기에는 가족이 지향하고 있는 가치와 가정이 추구해야 할 고유한 문화라는 것에 대한 해석이 적용되는 부분이라 하겠다. 일반적으로 우리 사회에서 지향하고 있는 가족의 가치와 문화는 혈연 중심의 가부장제 원리와 유교적 원리로써 같은 민족의 결합을 기본 요건으로 강조한다.

* 가족문화는 혈연 중심의 유교적 원리가 기본이 되어야 하는 것이 가장 양질의 가족문화를 담보할 수 있는 것인가?
* 혈연을 넘어선 이웃 공동체 또는 대안가족공동체 문화에 대한 시도들과 다문화

가정은 주로 빈민, 장애인, 미혼모, 농촌남성 등 약자인 주변부 사람들에게서 발생하고 있고, 가진 것이 많은 기득권자들에게는 거리가 있는 것에 대한 통찰을 가지고 있는가?

위의 질문에 대한 대답의 스펙트럼이 바로 오늘날의 가족현상을 위기로 보게 되는가, 아니면 좀 더 진화하는 과정에서 나타나는 과도기적 현상으로 받아들이게 되는가의 맥락과 연결된다 하겠다.

03 가족생활주기와 발달과제

개인의 발달은 가족의 영향을 받을 뿐 아니라 가족에게 영향을 주기도 하므로 가족구성원의 발달은 가족 전체의 생활주기에 기초하여 이해하는 것이 필요하다. 개인과 마찬가지로 가족도 시간의 흐름에 따라 변화하는 일련의 발달 과정을 겪게 된다. 이처럼 가족이 단계별로 변화함에 있어 내적으로는 구성원들의 여러 요구와 외적으로는 사회적 기대 및 주변 환경의 요구를 효과적으로 충족할 수 있어야 한다. 보편적으로 가족이 겪게 되는 주기와 이 시기마다 가족이 수행해야 할 과업들에 대해서 살펴보도록 하겠다.

1) 가족생활주기

가족생활주기란 사람이 가족생활에서 경험하는 미혼, 결혼, 출산, 육아, 노후의 각 단계에 걸친 시간적 연속을 말한다. 즉 가족이 결혼으로 형성되어 자녀출산, 자녀성장으로 확대되었다가 자녀의 결혼과 독립으로 축소되고 부부가 노후생활과 사망에 이르게 됨으로써 소멸하게 되는 가족의 변화 과정을 말한다. 이러한 가족생활주기는 가족생활에 대한 전반적인 장기적 안목을 취하는 방법으로 한 가족의 주기상에 나타나는 각 국면의 문제와 잠재적 문제, 취약점과 강점을 시간적 차원과 계속적인 발달의 과정으로 연구하는 데 도움을 준다.

이러한 가족생활주기도 시대의 흐름에 따라 변화되는데, 최근에 출산율이 점차 낮아지고 단산연령도 낮아지고 마지막 자녀독립이 빨라지고 평균수명이 길어지고 있는 특성들이 반영된다. 따라서 전체적으로 보면 이전에 비해 가족형성기, 가족확대기는 짧아지고, 반면 부부만 남는 시기부터 은퇴 후 부부 모두 사망하기 전까지의 기간이 전보다 훨씬 길어지고 있다. 즉 가족생활주기에서 전체 기간은 길어지고, 가족주기의 후기 부분은 연장되고 있어 이에 대한 중요성과 관심이 필요하다.

표 2-2 가족생활주기 각 단계별 기간* (단위: 년)

주기별 기간	부인의 결혼 코호트				
	1959년 이전	1960~1969년	1970~1979년	1980~1989년	1990~2000년
가족형성기 (결혼 시기~첫 자녀 출산)	2.37	1.71	1.44	1.33	1.22
가족확대기 (첫 자녀 출산~막내 출산)	10.90	6.80	3.95	3.21	2.35
확대완료기 (막내 출산~첫 자녀 결혼)	14.80	19.60	23.75	24.49	25.35
가족축소기 (첫 자녀 결혼~막내 결혼)	0.90	6.80	3.95	3.21	2.35
축소완료기 (막내 결혼~남편 사망)	1.01	1.17	4.98	7.96	12.65
가족해체기 (남편 사망~본인 사망)	8.56	12.46	12.31	12.81	12.24
전체 기간 (결혼 시기~사망 시기)	48.54	48.54	50.38	53.01	56.16

| 출처 | 김승권 외(2000). 2000년 전국 출산력 및 가족보건실태조사.

* 15~64세 기혼부인 중 초혼이면서 출산경험이 있는 경우만을 분석 대상으로 함.

2) 가족발달과제

가족발달과제란 인간이 성장하고 발달해 가는 단계별로 획득해야 할 행동형태이다. 가족도 개인처럼 일생을 통하여 수행해야 할 발달과제가 존재한다. 이러한 발달과제는 가족생활주기에 따라서 단계적으로 적절히 수행되어야 가족이 안정되고 충족감을 느끼며 살아갈 수 있다. 각 단계별 발달과제는 반드시 이루어져야 하는 결정적 시기가 있으므로 각 단계에 따른 발달과제에 대한 숙지가 필요하다. 가족생활주기의 관점에서 개인이 가족 속에 거치면서 형성되는 단계는 결혼전기, 가족형성기(결혼적응기), 자녀아동기, 자녀청소년기, 자녀독립기, 노년기의 총 6단계로 나누어 각각의 특성과 각 단계에서 나타날 수 있는 특징적 문제를 살펴보도록 하겠다(정문자 외, 2000; 정문자 외, 2007).

(1) 결혼전기

이 단계는 자신의 원가족과 앞으로 자신이 만들어 갈 가족의 중간에 있으며 자신의 원가족에서 분리되어 어떤 가족에게도 소속되지 않는 성인기이다. 결혼전기 또는 구애 단계로 명명되는 시기로 이 단계는 앞으로 진행될 가족형성의 기초가 된다. 이 단계에서 이루어야 할 발달과제는 자신에 대한 정서적, 애정적 수용과 원가족으로부터의 자기분화의식, 적절한 직업선택, 그리고 그 속에서 동료와 친밀한 관계를 발전시키는 능력과 친밀한 이성관계 발달, 일과 경제적 독립 확립이다. 특히 부모와의 정서적 독립은 이 시기의 가장 중요한 과제라 하겠다.

결혼하기 전에 다루어야 할 정서적 영역들

1 **분노조절 미숙** 분노를 효과적으로 다루지 못할 경우, 수많은 이혼의 원인이 된다. 분노조절 미숙은 매년 4백만에서 6백만 건의 배우자 학대로 나타난다. 만약 당신이 분노를 다루지 못하는 사람과 결혼한다면 당신의 결혼은 어떻게 되겠는가?

2 **자기도취** 이것은 지나친 자기 숭배를 말한다. 자기도취자들은 언제나 상대의 말에 귀를 기울이지 않을 뿐만 아니라, 자신의 욕구와 감정에 집중하기 때문에 상대에게 집중할 여력이 없다. 자기도취자는 다른 사람을 돌본다는 것을 믿지 않는다. 그들의 전적인 관심은 오직 자신의 행복에 맞추어져 있다.

3 **정신적 침체와 주기적인 인격장애** 그들은 기분이 상승할 때 야심적이며 낙천적이고 또 온화하고 정열적이다. 그러나 기분이 하강하면 염세적이고 부정적이고 비판적이고 접근하기가 어렵고 무기력해진다. 극단적인 기분 변화가 결혼을 무참히 파괴할 수 있다. 당신의 동반자가 정신적 침체에 빠졌다는 의심이 들면 결혼 전에 상담을 받아 보는 것이 현명한 일이다.

4 **중독증** 술, 약물, 도박, 섹스와 같은 문제는 아주 심각하다. 만약 당신이 지뢰가 매설된 결혼에 들어가기를 원한다면 중독에 걸린 배우자를 찾아라. 상대 파트너가 의존하는 그 치명적인 중독에서 벗어나는 결혼은 거의 드물다고 봐야 한다. '중독'은 건강이나 일, 혹 일차적인 관계에 부정적 영향을 주는데도 계속 몰두하는 어떤 행동이라고 정의한다. 그들은 자신이 중독이 아니라 생각하며 숨기고, 문제를 은폐하는 데 아주 익숙하다. 반사회성 성격 장애자들마저도 문제를 쉽게 은폐하곤 한다. 당신이 그들의 중독을 고쳐 주려고 생각하지 말아야 한다. 결혼은 동정과는 차이가 있다.

5 **부모와의 문제** 정서적으로 독립된 개체로서 부모로부터 자유로워야 한다. 그리고 그들을 기쁘게 해주려고 무엇을 결정하거나 살아야 할 필요가 없다. 특별히 부모와의 관계에 해당되는 것과 배우자와의 관계에 해당되는 것을 명확히 구분해 두는 것이 필요하다. 부모와 계속적으로 친밀성과 연결성을 유지하면서도 부모들이 두 사람의 결혼에 끼어들어 권위적인 태도로 지시하지 않도록 부모와의 관계를 확립해 두어야 한다. 부모가 끼어들 때 결혼은 아주 고통스러운 것이 된다.

이와 같은 문제로 당신이 정서적으로 건강하지 못하다면…

❶ 당신이 어릴 때 필요했던 그 무조건적인 사랑을 제공하는 원천을 찾아라. 물론 이와 같은 종류의 사랑을 얻기란 어렵지만, 친한 친구나 친척에게서 이런 종류의 사랑을 발견할 수 있을 것이다. 어디서 발견하든지 그것은 당신이 가진 모든 것을

주고라도 살 만한 가치가 있다.

② 당신 자신을 사랑하는 법을 배우도록 노력하라. 당신을 사랑해주는 사람을 사랑하는 것만 가지고는 충분하지 않다. 당신은 다른 사람을 즐겁게 하기 위해서 혹은 사랑을 얻기 위해 자신을 꾸밀 필요가 없다. 당신은 바로 그때 정직한 자기 자신이 될 수 있다. 당신을 있는 그대로 받아들이도록 한다.

③ 정규적으로 당신을 격려하고 고무하고 경청하고 도전을 주는 사람을 찾아라. 우리는 이렇게 해 줄 친한 친구가 필요하다. 왜냐하면 자신은 자신의 정서와 내부의 깊은 생각과 느낌들을 정확히 알기가 어렵기 때문이다. 우리는 우리의 생각과 감정들을 잘 분류해서 우리의 문제들에 직면하도록 도와줄 어떤 사람이 필요하다.

④ 당신이 자신의 견해에 대해 정직하고 안정감을 가지고 서 있을 수 있도록 도와주는 사람과의 관계를 함양하라. 우리 모두는 우리 옆에 같이 있으면서 격려해주고 흔들리는 확신을 지탱해주며 용기를 강화시켜 줄 사람들을 필요로 한다. 지속적인 지원 체계는 우리가 불건전한 나락으로 빠지고 싶을 때에도 균형을 유지하도록 도와준다. 이것이 바로 우리를 건강하도록 붙잡아 주는 것이다. 우리는 건강한 사람으로부터 사랑스럽고 사려 깊은 방법으로 재양육 될 필요가 있다. 종종 이런 사람들은 친구나 가족구성원들이다. 그러나 때때로 잘 훈련된 심리치료사의 도움과 안내가 필요하기도 한다.

| **출처** | 열린문제부부문제연구소(2009. 1. 10.). 결혼에 관한 글. 일부 발췌.

(2) 가족형성기

결혼적응기 또는 결혼초기 단계라고도 하는 이 단계는 결혼에 의한 가족의 결합을 축으로 한다. 이 과정에서 두 사람은 서로에 대한 헌신이 필요하며 그 결과 새로운 부부체계가 형성된다. 또한 확대가족이나 친구 사이에 생기는 관계를 적절히 조절할 수 있어야 한다. 특히 부부는 커플로서의 충분한 기능을 수행하기 위해서 기본적인 규칙과 유형을 만들어 갈 필요가 있다. 이러한 규칙은 상대의 욕구에 맞추는 것, 의견이나 사고의 차이를 조정하는 것, 집안일이나 수입과 지출 등의 일상생활을 하는데 필요한 여러 가지 활동을 어떻게 조화시킬지에 대한 합의를 포함한다. 또한 개인의 독자성을 손상시키지 않으면서 부부로서의 일체감을 느낄 수 있어야 하며 동시에 명확한 경계를 만드는 것이 필요하다. 각자의 원가족과 배우자의 관계에서는 적절한 균형을 유지하는 것이 중요하다.

이러한 시기에 자주 보이게 되는 갈등은 이전 단계의 해결되지 않은 문제를 암암리에 신혼생활까지 끌고 들어오는 것이다. 특히 신혼기의 위기 극복은 미래의 행복한 결혼생활에 결정적 영향을 미친다. 이 시기의 위기를 잘 극복하지 못하면 서로가 주고받는 상처 때문에 결혼생활은 흔들리기 쉬우며 가정이 안식과 사랑과 힘을 공급받는 장소가 아니라 갈등과 분노와 고통의 전쟁터가 되고 만다. 신혼의 위기를 잘 극복하고 진정으로 서로가 하나 됨을 이룰 수 있다면 연애 때보다 더 성숙한 사랑과 달콤한 행복을 맛볼 수 있을 것이다. 흔히 결혼 초기는 낭만적인 단계, 과도기적인 단계, 현실적인 단계의 3단계를 거치게 되어 있다. 결혼생활에서 가장 처음 일어나는 과도기적인 단계에서 신혼의 위기를 잘 알고 지혜롭게 대처하는 방법을 배우는 것이야말로 가장 현명한 결혼준비이며 행복한 결혼생활을 위한 첩경이라 하겠다.

(3) 자녀아동기

이 단계는 첫아이의 출생과 태어난 아이가 전적으로 부모에게 의존하는 상태에서 출발한다. 자녀의 등장은 가족체계에 커다란 변화를 초래한다. 이 단계에서는 부부의 적응을 기초로 자녀를 낳아 자녀의 성장과 더불어 부모로서 양육의 책임과 의무를 위한 정서적, 물질적 기반이 필요한 시기이다. 자녀의 출산과 자녀양육에 따른 경제적 비용을 마련하고 아내의 가사일 증가로 인한 가사분담 및 자녀와의 생활을 위한 공간을 재구조화해야 한다.

부부체계 안에 아이가 들어오면서 여러 가지 변화로 인한 서로의 역할에 대한 논쟁이 벌어질 수 있다. 누구의 생활을 가장 많이 변화시켜야 하는가? 누가 일을 그만두고 쉴 것인가? 원가족에서의 자녀양육에 대한 역할과 규칙은 무엇이었는가? 분명 이것은 많은 부부들에게 중요한 도전이 될 수 있으며, 역할 분담문제 등에 압박이 있게 된다.

이 단계에서는 남편과 아내 각각의 원가족과의 갈등, 습관적인 역기능적 의사소통 유형, 세대 간 연합으로 인한 가족의 경계선 문제, 새로운 가족구성원을 수용하지 못하는 데에서 오는 문제, 자녀들의 정서장애문제 등이 있다.

(4) 자녀청소년기

자녀가 청소년이 되었을 때 가족은 또 한 번 중요한 도전이 발생한다. 어린 자녀를 양육하고 보호하던 역할과는 달리 자녀가 책임감을 가지도록 가족의 구조와 조직을 변화시켜야 하는 단계이다. 가족 내의 자녀에 대한 규정뿐 아니라 자녀의 발달과 관심의 변화에 대응하여 부모의 역할도 변해야 한다. 청소년은 한계와 규칙에 도전하고자 하는 욕구가 있고 자신의 정체감을 발달시키고자 한다. 이런 점에서 청소년은 종종 부모를 심하게 압박하곤 한다. 이와 동시에 부모는 대개 중년의 위기를 경험하고 직업적으로 성공해야 한다는 엄청난 압력을 받는다. 이러한 압력에 더해 노부모가 나이가 들어 건강관리에 위기를 맞을 수도 있다. '샌드위치 세대'라는 새로운 용어는 청소년 자녀와 부모님의 문제의 중간에 낀 느낌을 갖기 시작하는 중년의 부부를 잘 묘사해 준다.

이 단계에서 청소년 자녀의 학업부진, 부모와의 대립갈등, 가출, 비행 등 심각한 정도의 자녀문제가 표출되기도 하며 부부가 주도권을 얻기 위한 권력투쟁의 결과 생기는 문제, 가족경계의 경직성으로 인한 문제 등이 특징적이다.

(5) 자녀독립기

자녀 독립기는 자녀가 독립을 꾀하는 시기로 부모의 품에서 떠나 독립된 사람으로서 자율성을 확립하는 단계이다. 이 단계의 특징은 가족구성원이 가족체계에 들어오거나 나가는 것이다. 성장한 자녀는 집을 떠나 학업, 입대, 취직을 하기도 하고 결혼한 자녀는 배우자를 새로운 가족구성원으로 들어오게 한다. 이 단계에서 부부는 부부체계를 2인군 관계로 재조정해야 하며 성장한 자녀와 부모와의 관계를 성인 대 성인의 관계로 발전시켜야 한다. 자녀의 배우자로 인해 며느리, 사위, 사돈, 손자녀가 생기므로 이들이 모두 가족체계에 포함되도록 가족관계를 재정비하고 부모나 조부모의 무능력과 죽음도 준비해야 한다.

이 시기는 빈둥지 시기로 여성은 이제까지 기능해 왔던 어머니 역할이 줄어들고 폐경기의 경험을 하고 남성은 경제적 활동으로 그동안 소홀히 했던 인간관계와 친밀감의 중요성을 발견한다. 이처럼 자녀의 독립은 부모에게 새로운 의미를 갖게 하는데 이 시기에 부모가 조기퇴직을 할 경우 어떻게 대처하는가가 중년기 부모의 부부관계에 영향을 미친다.

이 단계에서 주로 나타나는 문제로는 자녀의 독립으로 가족의 안정성이 깨지면서 나타나는 문제, 자녀에 대한 과보호로 인해 부모-자녀관계가 동료관계로 옮겨지는 것을 방해함으로써 발생하는 문제 그리고 가족구성원의 증감을 수용하지 못하는 데서 유발되는 문제 등이 있다.

(6) 노년기

이 시기의 주제는 '상실'로 상실을 최소화하며 역할의 변화를 수용해야 하는 단계이다. 이 시기에는 신체적 쇠퇴를 비롯하여 경제, 사회, 심리, 정서 등 여러 측면의 쇠퇴와 함께 배우자, 형제, 친구, 친지의 상실에 대처하면서 자신의 죽음에도 대비하여야 한다. 노인은 신체적으로 쇠퇴 과정에 있지만 각자의 기능과 관심사를 유지하는 것이 중요하다. 또한 노인들은 다음 세대가 중추적인 역할을 하도록 지원하며 아래 세대는 연장자의 지혜와 경험이 쓰일 수 있는 기회를 제공해야 할 것이다.

이 단계에서는 은퇴에 따른 역할상실감, 부부가 함께 한 공간에 있음으로써 생기는 문제 그리고 역할변화를 수용하지 못하는 것에서 야기되는 문제 등이 주로 나타난다.

이별 준비

"죽음은 죽음 전의 인생에 따라 달라진다". 말기 암환자의 임종에 이르기까지의 삶을 기록한 『웰 다잉(Well-Dying)』의 저자 데이비드 쿨이 "잘 죽기 위해 어떻게 살아야 하는가"라는 질문에 대해 내린 결론이다. 죽음을 피할 수 없는 운명으로 받아들이고 잘 마무리하는 방법을 모색하는 사람은 육체적, 정신적, 영적 안정을 찾게 되고 새로운 삶을 살면서 평안한 죽음에 이를 수 있다. 우리 사회도 노년기가 길어지면서 잘 사는 것 못지 않게 잘 죽는 것이 관심의 대상이 되고 있다. 이를 반영이라도 하듯이 종교단체를 중심으로 '죽음체험교실'이 열리고 다수의 사회단체가 '이별학교'를 운영하고 있다. 이런 교육은 죽음에 대한 두려움을 없애주고 남은 인생에 대해서도 긍정하는 마음을 심어 준다고 한다. 인간은 누구나 정도의 차이가 있을 뿐 삶과 죽음에 대한 질문을 던지며 세상을 살아간다. 삶과 죽음에 대한 명제는 오랜 기간을 두고 인류가 사색하고 연구해 온 가장 근본적인 문제이기도 하다. 죽음은 누구에게나 피할 수 없는 현실로 다가온다. 그런 만큼 평소에 삶만큼이나 죽음에 대해서도 관심을 가진다면 별도의 이별 준비 없이 아름다운 죽음을 맞이할 수 있을 것 같다.

| **출처** | 세계일보(2007. 4. 6.).

가족의 발달과제는 가족이 성장하면서 발달해 나가는 각 단계에서의 행동형태를 말한다. 그러나 오늘날 많은 가족들은 이혼이나 재혼 또는 사별 등으로 다른 인생주기를 경험하기도 한다. 이러한 가족들에는 앞서 제시된 질서정연하게 가게 되는 발달과제가 아닌 다른 발달과제들의 단계가 요구되기도 한다.

03

Chapter

성과 성행동

1 성의 개념

2 성행동

결혼과 가족을 이루는 중요한 출발점은 성에 대한 기본적 이해라 하겠다. 성은 인간심성에 내재되어 있는 것으로 우리는 성적인 존재로 일컫는다. 그러나 정작 우리가 성에 대해 이해하는 바는 지극히 부분적이거나 잘못된 것들이 많다. 성을 바르게 알고 정확한 성지식을 가질 때, 우리 자신의 성태도와 성행동이 책임감 있고 건강한 것이 될 수 있다.

본 장에서는 기본적인 성의 개념과 성행동을 살펴봄으로써 남성과 여성에 대한 이해의 폭을 넓히도록 한다.

01 성의 개념

성(Sex)의 어원은 라틴어의 '섹서스(Sexus)'에서 비롯된다. 'Sexus'란 말은 'Seco'의 변형으로서 영어로 Cut(나누다, 자르다)의 의미이다. 이는 태어날 때 어머니와 연결된 탯줄이 잘려짐으로써 남성과 여성의 성을 지닌 사람이 된다는 뜻이고, 완전하게 태어난 인간을 의미한다(박옥임 외, 2004). 즉 성이란 남성과 여성으로 태어난 독립된 인간을 의미한다. 우리말의 성(性)은 마음(心)과 몸(生)이 결합된 것을 의미한다고 하겠는데, 이것은 정신과 육체를 총칭하는 이른바 전인적 인간(全人的 人間)을 말하는 것이다. 요컨대, 어원으로 볼 때 성이란 인간, 이성 또는 전인적 인간을 총칭하는 것이며 단순한 성행동이나 육체적인 성의 결합만을 의미하는 것은 아니다(김상원, 2008).

성의 개념을 좀 더 분석적으로 보면 선천적으로 결정되어진 남성, 여성이라는 생물학적 성(Sex)과 사회 · 문화적으로 남성다움과 여성다움의 특성과 역할을 상징하는 사회문화적 성(Gender) 및 위 두 개념을 포괄하면서 전인적이고 전인격적인 개념으로서의 성(Sexuality)으로 대별하여 볼 수 있다.

1) 생물학적 성(Sex)

영어의 'Sex'를 의미하는 성은 생물체에 있어서의 기본적인 차이를 말하는 것으로 남성과 여성으로 구분되어 있다. 이러한 성 구분은 생물학적 및 유전적으로(성염색체 XY 혹은 XX), 호르몬 분비(안드로겐과 에스트로겐), 생식선(고환과 난소), 그리고 외부적 생식조직(음경과 음핵) 등에 의해 이루어진다. 남성과 여성의 태아는 모두 수정 후 약 8~12주까지는 동일하나 그 이후부터는 유전적 성에 의해 생식선이 결정된다. 남성과 여성의 생식선에 따라 각기 다른 호르몬이 산출되면서 결국 외부 생식기관의 차이에 의한 남성과 여성으로 구별된다.

태어나서 사춘기까지 남녀 간 특징적인 생물학적 차이를 1차적 성징이라고 한다면 성호르몬의 활동이 활발해지는 사춘기 이후부터 2차적 성적 특징을 나타낸다(유영주 외, 2000).

즉 생물학적인 성은 유전적이고 선천적인 성을 의미하며, 남성과 여성의 성기를 비롯하여 성관계와 생식에 관한 모든 것을 포괄하는 개념이다. 그러나 이러한 개념을 간과하는 일부 사람들은 성(Sex)을 주로 성기적이고 성기결합적인 것으로만 생각하기 때문에 성을 쑥스럽고 어색한 것으로 간주하는 잘못된 관념을 가지기도 한다.

2) 사회적 성(Gender)

생물학적으로 남성과 여성으로 태어났으나 인간은 성장 과정에서 자신이 태어난 사회적 · 문화적 · 심리적 환경에 따라 다양한 역할을 학습하게 된다. 이처럼 사회 · 문화적으로 또는 환경에 의해 후천적으로 학습되고 인지되는 성을 사회적 성, 혹은 후천적 성(gender)이라고 한다. 전형적으로 볼 때, 흔히 "남성답다"(maleness/masculinity)고 하면 적극적이고 강하고 크고 용감하고 이성적(理性的)인 것을 생각하고 "여성답다"(femaleness/feminity)고 하면 소극적이고 연약하고 아담하고 아름답고 의존적이고 감성적인 것을 생각하는 성향이 있다. 이와 같이 인간은 자신이 속한 사회에서 자신의 성에 적절하다고 규정되는 성격 특성, 태도와 행동양식을 습득함으로써 남성적 또는 여성적 특성을 내면화하게 된다.

■ 다음은 여성과 남성의 젠더에 관한 질문이다. 먼저 다음 문장이 설득력이 있는지 그렇지 않은지 Yes 혹은 No로 표기해 보고 왜 그렇게 생각하는지 이유를 적어보도록 한다.

문항	Y	N
호주제가 폐지되어 이혼이 늘어나 위기에 처한 가족이 증가할 것이다.		
➡		
결혼 중 얻은 재산에 대한 기여도는 주부인 아내보다 가장인 남자가 더 많다.		
➡		
여성에 대한 누적된 차별을 개선하기 위한 여성할당제나 군가산점제도는 남성에 대한 역차별이다.		
➡		
광고에서 여성의 몸을 선정적으로 그리는 것은 상품을 팔기 위한 것일 뿐 여성 차별은 아니다.		
➡		
성관계를 원하지 않더라도 부부관계에서는 성관계를 거부할 권리보다 성관계의 의무가 더 중요하다.		
➡		
여자는 직업을 갖더라도 일보다는 자녀 양육을 우선적으로 생각해야 한다.		
➡		
주변에 든든한 남성이 있으면 비교적 안전한 삶을 누릴 수 있다.		
➡		
딸의 경우 여성으로서의 정숙함과 품위를 어렸을 때부터 교육해야 당당한 여성으로 자랄 수 있다.		
➡		
아동 성폭력이 발생하지 않기 위해서는 엄마의 세심한 주의와 보살핌이 가장 필요하다.		
➡		
부모와 자녀로 구성된 가족이 가장 바람직하고 정상적인 가족형태이다.		
➡		

| **출처** | 한국성폭력상담소(2003). 법조인의 성의식 설문조사; 한국여성민우회 성폭력상담소(2004). 당당한 성 · 즐거운 성 · 안전한 성.

위의 문항에 'Yes'에 응답한 비율이 높을수록 비교적 젠더의식이 전통적이며, 'No'라고 응답한 비율이 높을수록 근대적 젠더의식을 가지고 있다고 해석할 수 있다. 그러나 중요한 것은 각각의 문항의 응답 이유에 대한 검토이다. '전통적이냐 근대적이냐'라는 이원적인 구분보다는 각 문항들의 응답 이유에 대한 자신의 가치관을 검토해 보고, 스스로 자신이 가지고 있는 의식의 지도(map)를 파악하고 있는 것이 중요하겠다.

젠더의 문화적 다양성

인류학자 마가렛 미드(M. Mead)는 뉴기니 부족의 초기 연구(1935)인 『세 부족사회에서의 성과 기질』이라는 책에서 젠더에 대한 기대는 문화에 따라 다양하게 나타남을 보여주고 있다. 세 부족 중 한 부족인 챔블리 족은 남성의 역할이 우리 사회에서 보여지는 여성의 역할과 같으며, 여성이 모든 일을 주도하고 있고 오히려 남성은 여성에게 의존하며 소극적이고 온화한 기질을 가지고 있었다. 아라페쉬 족은 우리 사회에서처럼 역할이 분리되어 있는 것이 아니라 모든 역할을 공유한다. 그들의 관계는 협조적이며 남녀의 성차를 거의 볼 수가 없다. 먼더거머 족은 모계도 부계도 아닌 사회로서 친족이 교직되어 있는 사회로 아버지의 재산권은 딸에게 상속되며 어머니의 상속권은 아들에게 상속된다. 따라서 부부는 서로 자신의 상속권을 확보하기 위해 경쟁하게 된다. 이들의 성품은 남녀가 함께 공격적이고 난폭하며 경쟁적이고 개인주의적이다. 이의 연구는 우리들이 지금까지 가지고 있던 전통적인 고정관념인 성별 역할 분리에 대한 생각을 깨뜨리게 한다. 각 성의 심리적인 특성, 전통적인 역할은 하나의 사회적 구성물이며 자연적인 필연성은 없다는 것이다.

3) 인격적 성(Sexuality)

생물학적 성(Sex)과 후천적인 성(Gender)을 포괄하는 개념으로서 인간의 태도, 가치관, 감성, 문화, 성 형태 등을 포함하는 전성적(全性的)이고 전인적(全人的)인 인격적(人格的) 성을 말한다. 이는 성성, 성욕, 성애 등으로 표현되며, 이는 인간의 구체적인 성 행위뿐만 아니라 개인이 가지고 있는 성에 대한 관념, 가치관, 태도, 행동, 감정, 기호 및 선호도 등을 포함하는 포괄적인 의미이다. 성은 생식기를 사용한 성관계 및 그 어떤 대상과 성적인 접촉을 하는 것을 의미할 수 있으며 성 행위의 생리적이고 정신적 측면을 내포한다. 사회적으로 성은 문화, 정치, 법적 측면과 연관될 수 있으며 철학적으로는 규범적, 윤리적, 신학적, 영적 또는 종교적 측면과 모두 연결되어질 수 있다. 이러한 전면적인 성의 의미를 나타내는 섹슈얼리티는 섹스와 젠더에 의해서 영향을 받는데 단순히 생물학적 차이에 의한 성에 의해서 영향을 받기보다는 살아가면서 환경으로부터 많은 영향을 받기 때문에 심리성적인 정체감과 더 많이 관련되어 있는 것으로 볼 수 있다. 따라서 인격적 성은 선천적 · 생물학적으로 결정된 남녀의 특성과 후천적으로 학습된 사회적 성역할과 성정체성을 인격체라는 틀 속에 통합시킨 개념이다.

■ 다음은 성(Sexuality)에 대한 생각을 알아보기 위한 질문이다. 먼저 다음 문장이 설득력이 있는지 그렇지 않은지 Yes 혹은 No로 표기해 보고, 왜 그렇게 생각하는지 이유를 적어 보도록 한다.

문항	Y	N
옷을 야하게 입는 여자는 성관계를 자유롭게 할 것이다.		
➡		
성적 욕구를 적극적으로 표현하는 여자는 여자답지 못하다.		
➡		
남성의 성욕은 참기가 어렵다.		
➡		
남자가 성관계를 요구할 때 상대 여자가 가만히 있으면 어느 정도 동의한 것이다.		
➡		
밤늦게 여자가 낯선 남자(들)와 함께 술을 마시는 건 위험을 자초하는 행동이다.		
➡		
남녀 문제에 관해서는 '열 번 찍어 안 넘어가는 나무 없다'는 말은 어느 정도 사실이다.		
➡		
여관에 같이 간다는 것은 섹스를 허락한다는 의미이다.		
➡		
여자들이 가끔 오해하도록 행동한다.		
➡		
키스나 성적 접촉에 대한 동의 여부는 상대방의 눈빛이나 암묵적인 동의 의사표현을 통해 판단할 수 있다.		
➡		
사회적으로 모범을 보여야 할 여교사나 여성 공직자가 성적으로 자유로운 생활을 하는 것은 좀 문제가 있다.		
➡		

문항	Y	N
언론을 통해 'OO양 섹스비디오'로 알려진 사건의 당사자인 여성은 사회적으로 물의를 일으켰다.		
➡		
먼저 성관계를 요구하는 여자는 헤픈 여자일 것 같다.		
➡		
자위, 특히 청소년기의 자위는 바람직하지 않다.		
➡		
"용기 있는 자가 미인을 얻는다."는 말을 믿는다.		
➡		

| 출처 | 한국성폭력상담소(2003). 법조인의 성의식 설문조사; 한국여성민우회 성폭력상담소(2004). 당당한 성 · 즐거운 성 · 안전한 성.

위의 문항에 'Yes'에 응답한 비율이 높을수록 비교적 성에 대한 개념이 '인격에 기초한 합리적인 성'으로 이해하기보다는 '사회적 통념'에 가까운 경직된 성의 개념을 가지고 있다고 볼 수 있다. 이러한 의식과 가치관의 기저를 이루는 것들의 근거가 어디에서 형성된 것인지에 대한 검토가 필요하다.

4) 양성성(androgyny)

양성의 특징을 가진다는 뜻의 양성성(androgyny)은 그리스어로 '남성'을 뜻하는 안드로(andro), '여성'을 뜻하는 기네(gyne)에서 파생했다. 이는 보다 융통성 있는 성역할을 표현하는 용어이다. 양성적(androgynous)인 사람은 그들의 개성과 행동방식에 여성성과 남성성 양쪽 모두를 통합한다. 양성성은 적합한 성역할로 행동범위를 제한하는 대신 주어진 상황에 맞는 것이면 어느 쪽이든 표현하는 선택의 자유를 갖는다. 이처럼 양성성인 남성과 여성은 자신의 일에서는 단호하게 자기 주장을 하면서 동시에 그들의 동료, 가족구성원, 연인을 보살핀다.

과거에는 남성성과 여성성의 구분이 너무 엄격하여, 남성의 특질을 보이는 여성이라든지, 여성의 특질을 가지고 있는 남성을 비정상적인 것으로 간주하였다. 그러나 현대사회에 들어오면서 많은 연구들이 정서적으로 건강하고 사회적으로 적응을 잘 하는 남성은 전형적인 남성성 특성을 강하게 지닌 사람보다는 오히려 부드럽고 따뜻함의 인격을 통합한 남성이 더 적응적임을 밝히고 있다. 마찬가지로 여성도 얼마간의 '남성적' 특성을 지닌 여성이 전형적인 여성성을 지닌 여성보다 사회적 · 정서적 적응능력이 높음을 제안하고 있다. 이와 같이 여성성과 남성성을 공유한 사람을 일컫는 용어가 양성성으로 이 유형의 사람이 다른 유형의 사람보다 훨씬 자존감이 높고, 과업성취 능력도 높으며, 사회적으로 적응능력이 높은 것으로 보고되고 있다. 즉, 양성성은 사회의 성역할 고정관념을 이루는 내용 중 이른바 여성적 특성과 남성적 특성 가운데 바람직한 것이 결합하여 공존하는 것으로 성격과 행동이 독립적이면서도(종래의 고정관념상 남성성) 부드럽고(종래의 고정관념상 여성성) 기존의 성역할에 매이지 않는 건강하고 적응적인 성격을 의미한다.

현대사회에 있어서는 사회변화에 따라 남녀의 역할이 변하기 때문에 남성, 여성의 특성을 모두 가진 사람이 사회적으로 적응하기 쉽다는 이론과 함께 모든 인간은 원래 남성, 여성의 두 특징을 모두 가지고 있기 때문에 원만한 인간이 되기 위해서는 이 양자의 특성을 모두 발전시켜야 한다는 이론으로도 양성성이 지지된다 하겠다.

■ 다음 질문지는 벰(Bem, 1975)의 척도입니다. 아래의 성격특성들이 여러분의 성향을 얼마나 잘 반영하고 있는가를 1에서 5까지의 척도를 써서 응답하시기 바랍니다.

항목	내용	1	2	3	4	5
1	자기소신을 지킨다.					
2	변덕스럽다.					
3	독립심이 강하다.					
4	양심적이다.					
5	다정하다.					
6	단호하다.					
7	지배적이다.					
8	강경하다.					
9	믿을 만하다.					
10	동정심이 강하다.					
11	질투심이 많다.					
12	지도력이 있다.					
13	다른 사람의 필요에 민감하다.					
14	진실하다.					
15	모험심이 강하다.					
16	이해심이 있다.					
17	터놓지 않고 숨긴다.					
18	인정스럽다.					
19	상한 기분을 잘 달래준다.					
20	자부심이 강하다.					
21	개성이 강하다.					
22	따뜻하다.					
23	자기 주장을 굽히지 않는다.					
24	상냥하다.					
25	공격적이다.					

항목	내용	1	2	3	4	5
26	적응력이 있다.					
27	아이들을 매우 좋아한다.					
28	재치가 있다.					
29	부드럽다.					
30	관습적이다.					

* 1 – 전혀 나의 성향과 같지 않다. 2 – 대체로 나의 성향과 같지 않다.
3 – 어느 정도 나의 성향과 같다. 4 – 대체로 나의 성향과 같다.
5 – 거의 나의 성향과 같다.

채점방법

여성성 항목: 2, 5, 9, 11, 16, 19, 22, 24, 27, 29

남성성 항목: 3, 6, 7, 8, 12, 15, 20, 21, 23, 25

(여성성 평균–남성성 평균) x 2.322 = □

□ 〉 2.025 인 경우 여성적이다. □ 〉 -2.025 인 경우 남성적이다.
□ 이 1~2.025 이면 여성적에 가깝다. □ 이 -2.025~-1 이면 남성적에 가깝다.
□ 이 -1~1 이면 양성성이다.

자신의 생물학적 성별과 상관없이 나타나는 나의 성격특성이 있을 수 있다. 우리가 비록 남성/여성으로 사회화되지만 여전히 나의 성격특성은 생물학적 성별과 일치하지 않을 수 있다. 여성다움/남성다움에서 벗어나 진정한 '나다움'에 대한 고민이 있어야 할 것이다.

02 성행동

성은 사랑을 표현하는 행동양식으로 인간관계에 있어서 필요한 기초요소이고 친밀한 관계를 유지시키는 중요한 수단이다. 이를 위해, 먼저 성의 기능을 살펴보고, 성적자기결정권으로서 피임과 낙태, 동성애를 살펴보도록 한다.

1) 성의 기능

성은 인간의 삶에서 유기적이고 정상적이고 육체적이고 감정적인 기능을 담당하고 있다. 그러나 우리 문화는 성욕을 외음부에 국한시켜서 생각한다. 하지만 성욕의 표현은 그 이상으로 인간은 성적 욕구와 그 기능이 단지 생식활동에만 국한되어 있지 않은 유일한 영장류이다(Christiance Northrup, 2003).

모리스(D. Morris)는 인간의 성행위 기능을 다음과 같이 분류하고 있다(장선철, 2008 재인용).

첫째, 생식의 기능이다. 이는 성이 가지고 있는 가장 기본적인 기능이다.

둘째, 짝짓기의 기능이다. 인간은 원래 암수가 짝을 짓는 동물이며 배우자가 될 가능성이 있는 한 쌍의 남녀는 성행위를 통해 짝을 짓는다. 짝짓기 기능이 워낙 중요하기 때문에 성행위가 가장 격렬하게, 그리고 규칙적으로 일어나는 시기는 처음 짝을 짓는 시기에 집중되어 있다.

셋째, 유대감 강화의 기능이 있다. 성행위는 짝과의 유대감을 강화하는 기능을 갖고 있기 때문에 성행위가 짝짓기를 끝냈다고 해서 사라지는 것이 아니다. 별거했던 부부들이 재회하면 짝짓기 과정을 다시 거치는 것이나 마찬가지이기 때문에 신혼초야처럼 격렬한 성행위가 되살아나는 경우가 많다.

넷째, 긴장 완화 기능이다. 성행위의 또 다른 기능은 긴장을 감소시키는 것이다. 생리적 욕구가 해소되지 않으면 긴장감이 증가하기 때문에 해소되지 않은 성적 긴장감을 발산하기 위해서 성행위를 하게 된다.

다섯째, 호기심 충족 기능이다. 인간이 가지고 있는 가장 훌륭한 자질 중의 하나는 호기심과 탐구심이다. 성행위에 참여하는 남녀는 다양한 동작, 소리, 접촉, 체위, 향수 등을 써서 자극하는 새로운 방법을 끊임없이 탐구함으로써 타고난 호기심을 서로 충족하고 있다.

여섯째, 마음의 안정 기능이다. 성행위는 자극을 제공해 줄 뿐 아니라 과도한 자극 상황에서 마음을 안정시키는 기능도 갖고 있다.

이처럼 성행위는 종족을 번식시키는 기능을 가지고 있을 뿐만 아니라 쾌감과 한 인간으로서의 존재 가치를 제공하기도 하며 이성 간의 사랑을 발전시키고 부부간의 유대감을 유지하는 중요한 기능을 가지고 있다. 또한 성행위가 신체에 미치는 영향(송웅달, 2007)으로 심장병 예방, 체중 감소, 우울증 예방, 분노완화, 면역력 증진, 암 예방, 장수 등에 도움이 되는 것으로 제시하고 있다.

성지식 문항 체크리스트

항목	내용	O	×
1	남성의 정자는 사정 시에만 방출된다.		
2	전립선은 남녀 모두에게 있는 성기관이다.		
3	여성의 경우 성관계를 하지 않아도 오르가슴을 경험할 수 있다.		
4	모든 여성은 처녀막을 갖고 태어난다.		
5	월경주기의 중간 부분이 임신가능기간이다.		
6	자위행위를 많이 하면 머리가 나빠진다.		
7	아기의 성은 난자와 정자가 수정되는 순간에 결정된다.		
8	피임기구인 콘돔을 사용하면 완전한 피임이 보장된다.		
9	인공유산은 수술을 받지 않고 조제약물로도 가능하다.		
10	정자의 생존기간은 대략 48~72시간이다.		
11	키스를 통해서는 성병이 전염되지 않는다.		
12	임질은 항생제를 먹거나 주사를 맞으면 완치될 수 있다.		
13	흡연은 성기능 장애의 원인이 된다.		
14	성병에 감염된 산모는 신생아에게 성병을 감염시킬 수 있다.		
15	성병을 완치한 후에는 그 성병에 대한 면역성이 생긴다.		
16	에이즈 감염자와 면도기를 같이 사용할 때 감염될 수 있다.		
17	성관계 후 성기를 깨끗이 씻으면 성병에 걸리지 않는다.		
18	남성은 일생 동안 정자를 생산해 낸다.		
19	성관계 시 남성의 흥분 속도는 여성보다 빠르다.		
20	자위행위는 일반적으로 건강에 해롭다.		
21	여성이 느끼는 오르가슴은 남성의 성기 크기와 직접 관련 있다.		
22	남성은 완전히 발기해야 사정할 수 있다.		
23	남성은 여성에 비해 성적 욕구가 강하다.		
24	개인의 성적 성향은 치료에 의해 쉽게 바뀔 수 있다.		
25	동성애적 사랑을 한번 경험하면 동성애자가 된다.		

| **출처** | 송관재(2003). 성 차이의 심리. p. 152.

정 답

1 - ×　2 - ×　3 - O　4 - ×　5 - O　6 - ×　7 - O
8 - ×　9 - ×　10 - O　11 - ×　12 - O　13 - O　14 - O
15 - ×　16 - O　17 - ×　18 - O　19 - O　20 - ×　21 - ×
22 - ×　23 - ×　24 - ×　25 - ×

2) 성적자기결정권

(1) 성적자기결정권의 개념

성적자기결정권은 주로 여성학적 시각에서 다루어진다. 이들의 담론 안에서 성적 자기결정권은 몸적 자율성과 통합성으로 드러난다. 이는 대단히 광의적인 의미를 갖는데, 즉 성적 쾌락과 행위성에 대한 권리일 뿐만 아니라 통제할 수 있고, 안전성을 보장받을 수 있는 권리의 측면을 포괄한다. 다시 말해 성적자기결정권은 두려움 없이 성적 관계에 개입하는 권리이며, 이러한 권리의 이행은 피임과 낙태접근의 권리, 그리고 원치 않는 임신, 성병, 자신의 뜻에 반하는 남성의 요구와 강제, 성희롱, 성폭력, 학대로부터의 자유를 내포한다(Richardson; 허라금, 2000 재인용).

이러한 성적자기결정권이 통용되는 사회적 맥락을 개괄적으로 살펴보면, 첫째 몸적 권리, 몸에 대한 소유권, 둘째 성적 요구를 거부할 수 있는 권리(거부권) 등으로 정리할 수 있다(허라금, 2000).

첫째, 몸에 대한 소유권, 몸적 권리로서의 성적자기결정권은 '내 몸의 주인은 나'라는 주장으로 설명된다. 즉 여성들이 자신들의 몸에 대한 주인의식을 가져야 하며, 이를 위해 여성들이 자신의 몸에 대해서 충분히 알아야 한다는 일종의 여성의 몸에 대한 권리선언이다. 이는 여성들이 피임과 낙태 등 자신의 몸과 관련하여 자기결정권을 가져야 한다는 것을 강조함으로써 여성의 몸에 대한 새로운 인식과 여성의 몸에 대한 권리로서 건강권이 등장하는 계기를 제공하였다.

둘째, 성적 요구에 대한 '거부권' 으로서의 성적자기결정권은 여성들이 남성의 성적 제안에 대해서 'NO' 라고 말할 수 있는 권리를 말한다. 말하자면 여성이 남성의 성적 요구나 강제를 거부할 수 있는 권리로서 정의되고, 이러한 권리의 침해는 성폭력이라는 범죄행위가 된다. 이것은 좁은 의미의 성적자기결정권으로 간주되기도 한다(변혜정, 2006).

(2) 성적자기결정권의 선택들

① 피임

피임이란 인위적으로 임신을 예방하는 것이지만 최종적으로는 생명과 몸을 귀중하게 여기고 그에 대해서 책임을 지는 것이라 하겠다. 어떤 피임법을 사용하느냐는 개인의 선택의 문제로서 다음과 같은 요인들을 고려할 필요가 있다(인구보건복지협회, 2011).

첫째, 서로가 의사소통이 충분히 되고 있는가?

둘째, 나에게 맞는 피임법은 무엇인가?

셋째, 피임은 누구의 책임인가?

넷째, 건강한 성 · 안전한 성을 위하여 필요한 것은 무엇인가?

이러한 피임법에는 여러 가지가 있는데, 대표적인 피임법을 살펴보기로 한다.

첫째, 월경주기를 이용한 피임법이다. 보통 배란은 다음 생리 시작일로부터 14일 전에 이루어진다. 즉 여성의 생리주기를 이용하여 임신이 가능한 시기인 배란기에 성관계를 피함으로써 피임하는 방법이다. 이 주기법은 생리주기가 정확한 여성에게만 가능하다. 만약 여성의 배란기가 불확실한 경우에 사용하면 안 되는 방법이며, 실패 확률이 높은 편이다.

둘째, 경구피임법이다. 경구피임약은 여성호르몬을 주원료로 만든 것으로 첫날부터 매일 1정씩 21일간 복용하고 7일간 휴약하는 복용법으로, 경구피임약은 불임시술을 제외한 피임법 중 실패율이 가장 낮은 효과적인 방법이다.

셋째, 자궁 안에 기구를 넣는 피임법이다. 흔히 구리가 감긴 작은 기구로, 이 기구를 여성의 자궁 안에 넣어서 수정란이 착상되는 것을 막는 피임방법이다. 보통 생리가 끝난 직후에 산부인과에서 장치 시술하고 이 장치가 제대로 놓여 있는지 6개월에 한 번 정도는 체크를 받는 것이 바람직하다.

넷째, 불임시술법이다. 보통 남성의 정관수술과 여성의 난관수술을 일컫는 피임법으로, 아기를 더 이상 원치 않을 때 실시하는 영구적인 불임시술 방법이다. 남성의 정관수술은 정자의 운반을 담당하는 정관을 잘라내는 방법이고, 여성의 난관수술은 난자의 통로인 나팔관을 묶음으로써 수정을 막는 피임방법이다.

다섯째, 콘돔이다. 우리나라에서 많이 사용되고 있는 피임방법으로 특히 연령이 낮은 층에서 선호되고 있으며, 정확하게 사용한다면 간편하고 효율적인 방법이지만, 피임 실패율이 15% 정도나 되는 주의를 요하는 방법이다. 남성의 성기가 발기되어

삽입하기 전부터 착용해야 하고, 정액받이(앞쪽 끝부분)를 손가락으로 눌러서 밀착시켜 공기를 빼고 공기가 들어가지 않은 상태에서 착용해야 하는 등 사용법에 특히 유의하여야 피임 효과를 높일 수 있다.

여섯째, 페미돔이 있다. 이는 여성의 콘돔으로 여성의 질 내부를 감싸줌으로써 정자를 차단하여 임신 및 성병으로부터 보호하는 방법이다.

일곱째, 사후피임약(응급피임약)이다. 사후피임은 피임을 하지 않고, 성관계를 한 경우나 피임에 실패했을 경우 원치 않는 임신을 예방하기 위해 응급으로 사용하는 피임법이다.

여덟째, 이식형 피임제인 임플라논이다. 임플라논은 가장 최근에 도입된 피임법으로 향후 3년 동안 피임효과가 있다. 작은 성냥개비 모양의 임플란트로서 상박부 안쪽, 피부 바로 밑에 이식되는 이식형 피임제로서, 장기간 피임효과를 유지하고, 제거 시에는 바로 가임능력이 회복된다. 바쁜 현대여성의 라이프사이클에 적합한 피임법이며, 직장을 위해 첫 임신을 미루거나, 터울조절을 하는 경우, 더 이상 출산계획이 없는 경우 등 거의 모든 여성에게 적합한 최신의 피임법이다.

이상과 같이 여러 가지 피임법이 있지만 아직 완벽한 100% 피임을 보장하는 방법은 없다. 자신에게 적합한 피임방법의 선택과 함께 보다 '안전한 성 · 건강한 성'을 위한 자신의 결정과 행동에 책임의식을 가져야 할 것이다.

② 낙태

임신은 어떤 사람들에게는 축복이기도 하지만 준비되지 않았거나 원치 않은 임신의 경우는 커다란 상처와 고통이 되기도 하지만 경우에 따라서는 낙태를 선택하는 경우가 발생한다.

「모자보건법」 제14조(2009. 7. 8. 개정)에 규정된 낙태허용사유를 보면 첫째, 본인 또는 배우자가 우생학적(優生學的) 또는 유전학적 정신장애나 신체질환이 있는 경우, 둘째 본인이나 배우자가 전염성 질환이 있는 경우, 셋째 강간 또는 준강간에 의해 임신된 경우, 넷째 법률상 혼인할 수 없는 혈족 또는 인척 간에 임신된 경우, 다섯째 임신의 지속이 보건의학적 이유로 모체의 건강을 심히 해치고 있거나 해칠 우려가 있는 경우 등이다. 우생학적 적응, 윤리적 적응, 의학적 적응을 인정하고 있으며 그 밖의 합법적 낙태수술의 요건으로 의사에 의한 시술, 본인과 배우자의 동의를 요구하고 있다. 그리고 「모자보건법시행령 제15조」에는 낙태수술을 임신 24주까지 할 수 있도록 되어 있다.

현재 낙태는 「형법」에 의해 전면 금지되고 있으며, 개정된 「모자보건법」에 의해 유전병이나 강간에 의한 임신 등의 일정사유에 의한 경우에만 낙태가 허용되고 있다. 그런데 사회적으로는 1년에 150만 명의 태아가 낙태로 죽어가고 있다고 하며, 특히 미혼여성과 10대 소녀들의 낙태는 건강까지 위협하고 있다. 거의 대부분의 낙태가 불법화되어 있기 때문에 국민건강보험의 혜택을 받을 수도 없으며, 낙태는 곧 생명경시의 행동으로 받아들여지면서 죄의식에 시달리는 여성들도 많다(박숙자, 2001).

낙태 후 여성들은 일반적으로 자궁경부 무력증, 자궁천공, 골반 염증성 질환, 자궁손상으로 인해 다음 임신에 악영향, 자궁 외 임신 등의 신체적 후유증을 경험하기도 한다.

크리스티안 노스럽(Christiane Northrup)은 낙태시술은 이러한 기술적인 측면에서의 육체적 영향보다 더 빈번하게 경험되어지는 어려움으로 낙태 후 수십 년 동안 겪게 되는 죄책감과 수치심으로 낙태에 대한 감정들을 흘려보내지 못하고 있는 정신적인 후유증이라고 하였다. 이렇게 미처 풀지 못한 감정적 상처는 여러 가지 문제를 일으키게 된다.

PASS(Post abortion stress syndrome)에서 제시하고 있는 '낙태 후 스트레스 증후군'에 대한 질문을 통해 낙태가 자신의 삶에 미친 영향을 발견해 보는 것은 치유를 돕는 과정이 될 것이다. 질문 3개 이상에 'Yes'라고 답했다면, 전문적인 상담이 필요하다.

1. 낙태와 관련된 감정이나 기억들을 지우려고 노력 중입니까? 그것을 잊거나 제쳐 두기 위한 노력을 계속하고 있습니까?
2. 낙태를 생각나게 하는 것들이 있으면 불편해집니까? 아기나 임산부 곁에 있다든지 진료실에 있다든지, 혹은 낙태에 관한 뉴스를 들을 때 불편합니까?
3. 사랑하는 사람에게 당신의 낙태에 대해 얘기하는 것이 신경 쓰이거나 걱정이 됩니까? 과거의 낙태 때문에 부모님이나 형제, 자매들 혹은 상대방과 사이가 더 멀어졌습니까?

4. 당신의 낙태 경험을 남들과 나누기로 결정할 때 당신은 분노나 슬픔, 죄책감 같은 격한 감정들을 극복했습니까?

5. 정치적인 문제로 낙태에 대해 얘기하는 것이 어렵습니까? 낙태에 대해 얘기할 때 반대편 입장을 존중해 주기가 어렵다거나 지지하거나 반대하는 것에 대해서 과도하게 흥분을 하게 되지는 않습니까?

6. 당신은 당신을 괴롭히는 두려움이나 당신 주변에 있는 당신이 사랑하는 사람 혹은 자녀들이 다치거나 죽을지도 모른다는 불안감에 싸여 있습니까? 이 때문에 당신의 아이들을 과보호하고 계시지 않으십니까?

7. 삶을 낙태 전과 후로 나누는 경향이 있습니까? 지금은 잃었지만 다시 찾고 싶은 낙태 전의 자신에 대한 특징들이 있나요? 낙태가, 자신을 보는 방식에 변화를 가져왔나요?

8. 더 쉽게 화를 내거나 우울해지나요? 낙태와 관련하여 악몽이나 과거 경험의 상기 내지는 아기 울음소리가 들리는 것과 같은 환각을 경험한 적이 있습니까?

9. 낙태 후 술이나 약물을 더욱 많이 사용한 시기가 있습니까? 다른 형태의 감정적 마비를 경험한 적이 있습니까?

10. 자살을 생각해 본 적이 있습니까? 당신의 생명이 위험에 빠지도록 방관하거나 그 위험을 감수하려 하신 적은 없나요? 식습관의 부조화가 심해진 적이 있습니까?

11. 당신을 보살피는 데 흥미를 잃었나요? 관계, 사랑, 섹스 같은 것에 얽히는 것을 피하기 위해 덜 매력적으로 보이도록 한 적이 있나요?

12. 이성과 좋은 관계를 맺거나 유지하는 데 어려움을 느낍니까? 신뢰나 자기 절제와 같은 화제에 어려움이 있습니까? 상처받기 쉽거나 학대받는 관계를 맺고 있습니까? 당신이 더 나은 대접을 받을 수 없다고 여기기 때문에 학대를 참고 있지는 않습니까?

13. 당신은 과거 낙태로 인하여 당신의 가족들 혹은 당신의 배우자 사이에 증가된 거리감이 있습니까? 주위의 모든 사람들이 낙태를 화제 삼는 것을 꺼리기 때문에 그들과 당신 사이에 긴장 관계나 거리감이 느껴집니까?

14. 성관계에 대한 욕구를 잃었습니까? 성관계 중 심한 고통을 느낍니까? 자신감이 없어 상대를 가리지 않고 성관계를 가지게 되었습니까? 아이를 잉태하는 것에 대한 희망을 잃었습니까? 혹은 빨리 아이를 가져야 한다는 바람으로 가득 차 있습니까?

15. 일 년 중 특정 달 동안, 특히 낙태한 달이나 낙태한 아기의 정상 분만 날짜와 관련된 몇 달 동안, 우울증이나 과도한 걱정, 경련과 같은 것이 일어납니까?

③ 동성애

동성애는 동성 간의 육체적인 성적 접촉이나 결합이 아니라 자신의 성적 정체성을 바탕으로 동성에 대한 지속적이고 자연스러운 애정관계를 전제로 한다. 다시 말해 동성애는 남성의 성정체성을 가지고 남성을 사랑하거나 여성의 성정체성을 가지고 여성을 사랑하는 것으로, 동성에 관심이 집중된다(양해림 외, 2001).

현재 대다수의 연구는 100% 동성애도, 100% 이성애도 없음을 지적하고 있다. 성적 선호성은 시간에 따라 변할 가능성이 있는 것으로 봄이 더 타당하다. 사람에게는 인생의 어느 시점에서든지 동성에 대한 흥미가 있다. 동성애 선호를 갖는 사람에 대한 최근의 연구에서 그들 자신을 동성애자로 규정짓는 사람들 중 대부분이 또한 이성애적인 성경험이 있었음을 보고하고 있다. 같은 사람일지라도 시간에 따라 행동이 변할 수 있으며 사춘기 시절 이전에는 동성끼리 잘 놀다가 성인이 되면 이성애 혹은 양성애 행위로 옮겨 가기도 한다. 또한 사람마다 선호성의 강도는 매우 다양하다. 예를 들면, 동성에 대하여 매우 매력을 느끼거나 흥미를 가진 사람도 그러한 감정을 실제로 표현해 보지 못할 수 있으며 반대로 동성에 대하여 전혀 매력을 가지고 있지 않았던 사람이 마땅한 이성의 성적 파트너가 없기 때문에 우연히 동성애 행위를 할 수 있다. 성적 선호가 항상 명백하게 두 범주, 동성애 혹은 이성애로 나누어지지는 않는다. 또한 동성애가 성과 관련된 호르몬의 불균형에 기인하는 것으로 해석하는 학자도 있다. 이들은 동성애 남성의 경우 테스토스테론의 수준이 이성애 남성보다 낮다는 것을 증거로 제시한다. 성호르몬과 성적 선호도 간의 인과관계에 대해서는 정확하게 밝혀진 것이 없다는 주장도 있다(송관재, 2003).

그러나 여전히 오늘날에도 동성애는 성적 성향의 장애로 간주되며, 동성애자들은 변태이자 정신적 질병을 가진 사람들로 오해하고 있는 실정이다.

개인의 성적 선호는 음식이나 옷에 대한 선호와 다를 바 없다. 변화에는 시간이 필요하다. 그동안 주어지는 갈등과 혼란은 다양성을 수용할 수 있는 그 사회의 성숙과 개방성에 달려 있다. 성적 선호도가 생리학, 성격, 가족, 문화 등과 복잡하게 얽혀 있는 상황이라면 자신과 다르다는 사실로 '비정상'이라고 간단하게 규정할 수 없을 것이다(이기숙 외, 2009).

동성애에 대한 편견

1| **동성애는 부자연스럽다는 주장** 일반적으로 동성애가 자연스럽지 않다고 주장하는 사람들은 그것이 성의 기능으로서 생식과 쾌락 가운데 후자의 기능만을 취하고 전자의 기능을 못 하며, 또한 생물학적으로 주어진 성기관을 정상적인 방식으로 사용하지 않는다는 것이다.

2| **동성애는 불행한 종말을 가져온다는 주장** 동성애는 대부분 개인적인 불행으로 끝나는데, 즉 그것은 비주류의 문화로써, 궁극적으로 자기 완성적인 것이 되지 못하고 개인적인 열망이나 좌절에 기여할 뿐이라는 것이다.

3| **동성애는 불안정한 성적 관계라는 주장** 동성애는 불안정한 성적 관계이기 때문에 가족으로 전개되지 못하는 것이다. 여기서 가족구조란 두 사람이라는 의미보다는 가장 보편화된 결혼한 남녀 한 쌍을 사회적으로 위치 짓고 서로를 감싸주는, 말하자면 소위 가족의 안정성을 길러주는 사실과 정직이라는 새로운 길을 여는 것이다.

4| **동성애는 위험하다는 선입견에 의한 주장** 이는 사람들이 성에 대해 본래부터 가지고 있는 선입견에 근거한 비난이다.

5| **동성애는 비정상(정신질환)이라는 주장** 여기서 비정상은 정신병리학적 또는 사회병리학적 의미로, 무언가 잘못되었기 때문에 교정 내지는 치료되어야 하거나 심지어 격리되어야 한다는 강제성이 들어가 있다.

6| **동성애는 사회의 도덕적 토대를 무너뜨린다는 주장** 이는 전통적 성윤리, 즉 성행위란 오직 결혼이라는 테두리 내에서만 윤리적으로 타당하다는 주장에 근거한다.

7| **동성애는 악성 성병과 에이즈 바이러스를 확산시키는 주범이라는 주장** 우리는 동성애자와 이성애자가 모두 에이즈의 위험에 노출되어 있음을 분명히 숙지하고 있어야 한다.

| **출처** | 양해림 외(2001). 성과 사랑의 철학. pp. 230-235. 부분 발췌.

04

Chapter

성역할

1 성역할의 이론적 관점

2 성역할 사회화의 요인

3 성역할과 콤플렉스

4 평등한 성역할

개인은 출생하면서부터 자신의 역할을 부여받게 되는데, 허록(Hurlock; 최외선, 2001 재인용)은 이러한 역할 중 한 사회집단에서 수용하고 인정하는 남녀 각 구성원에게 동일시되는 행동형태를 성역할이라고 정의하고 있다. 즉, 성역할이란 각각 '남성'과 '여성'이란 생물학적 성차에 대하여 문화적으로 할당되고 또한 기대되는 정형화된 행동양식을 뜻한다. 또한 각 개인은 성역할의 사회화 과정을 거쳐 그 사회에서 통용되는 성역할의 내용을 학습하고 자신의 것으로 내면화함으로써 특정 성역할 성향을 가지게 된다. 성역할 성향은 심리적 적응과 밀접한 관계가 있으며 결혼 후의 배우자의 결혼만족이나 적응에도 영향을 미치게 된다.

본 장에서는 성역할을 설명하고 있는 이론적 관점들과 성역할 사회화의 요인 및 성역할로 인한 갈등이나 콤플렉스를 점검함으로써 보다 건강한 결혼과 가족생활을 준비할 수 있도록 한다.

01 성역할의 이론적 관점

남성과 여성 간의 관습적인 행동의 차이와 위치의 차이는 각 성별에 적합하다고 간주되는 과업들이 포함된 것이며 이것이 모여서 성역할이 되며 이러한 성역할 성향을 갖기까지는 다양한 과정을 밟게 된다. 이를 설명하는 이론으로써 생물학적 관점, 정신분석학적 관점, 사회학습론적 관점을 들 수 있다.

1) 생물학적 관점

이 관점은 남성과 여성 간의 차이가 자연적이고 필연적이라고 보는 것으로, 남녀 간의 기본적인 특징은 태어날 때부터 비롯된다고 본다. 생물학적 결정론자들은 '남녀 차이는 유전적이며 그 이유는 호르몬이다'라고 보고 있다. 남성의 주된 호르몬은 안드로겐과 테스토스테론이며, 여성의 주된 호르몬은 에스트로겐과 프로게스테론이다. 이러한 호르몬의 차이가 성숙기에 접어든 남성과 여성의 이차성징 발달을 가져오게 된다. 이뿐만 아니라 여성의 불안과 우울 등의 정서적인 변화와 남성이 가지고 있는 공격성 등이 호르몬의 분비수준과 관련 있는 것으로 설명하고 있다. 그러나 남녀 간의 성정형화된 행동이 생물학적인 영향을 받았다고 말하는 것은 대부분 인간을 대상으로 한 연구보다는 동물연구에서 잘 나타나고 있다는 주장들이 있으며, 또한 테스토스테론 수준이 곧 공격성과 연결되지 않는다는 연구(Charies Doering, 1974), 여성의 정서적 변화가 호르몬 때문이 아니라는 연구(Judith Bardwick, 1968) 등을 통해 이러한 관점이 비판되고 있다(송관재, 2003 재인용).

2) 정신분석학적 관점

프로이트(Sigmund Freud, 1953)는 '해부학적인 것이 운명이다' 라고 말하였다. 성역할 발달은 여성 호르몬과 같은 생물학적 영향을 받는 것이 아니라 자신들의 해부학적 신체 차이에 대해 반응함으로써 시작된다고 보고 있다.

이에 의하면, 남성과 여성의 근본적인 차이는 심리성적 발달의 단계 중 3단계에 해당하는 남근기에서의 서로 다른 경험에 의해서 형성되는 것으로 설명하고 있다. 즉, 남아는 오이디푸스 콤플렉스를 해결하기 위한 수단으로 성역할 동일시가 이루어진다. 말하자면 이성의 부모에 대한 근친상간적 성적 욕망을 갖게 되나 현실적으로 이를 실천할 수 없음을 곧 깨닫게 되고 같은 성의 부모를 두려워하게 된다. 이때 남아는 거세불안이 나타나고 이를 방어하기 위한 수단으로 아버지를 동일시하게 된다. 그러나 여아의 경우는 거세 불안을 느낄 필요가 없으므로 엘렉트라 콤플렉스를 해결하고자 하는 동기에 대한 설명은 불충분하나 아마도 어머니의 애정을 잃을까봐 근친상간적 욕망을 억압하고 어머니를 동일시하여 여성성을 강화시키는 것으로 설명되어진다. 그러나 거세불안이 없는 만큼 동일시하고자 하는 동기가 남아보다 약하다고 한다.

반면 여아들은 자신들이 갖기를 바라는 남근을 결코 가질 수 없다는 것으로 남근선망을 가지게 된다고 하였다. 이로써 여성들은 남아보다 약한 초자아의 형성, 열등감, 피학성, 수동성, 공허함, 질투 등을 형성하게 되는 것으로 설명한다. 이 부분이 프로이트의 이론 중 가장 비판을 받고 있는 점이라 하겠다. 정신분석학자 카렌 호니(Karen Horny)는 남근선망은 결코 존재하지 않으며 남근보다는 남성의 권력과 지위에 대한 여성의 부러움으로 표현해야 하며, 오히려 많은 남성들이 임신과 출산, 양육에 대한 선망을 가지고 있음을 주장한다. 그러나 정신분석학에서 가정하고 있는 성적 선망, 두려움, 공포, 불신 등 남녀 간의 긴장과 적대감, 서로에 대한 열정의 기원들이 해부학적 차이에 의한 것이라는 해석은 남녀관계에 대한 하나의 시사점(송관재, 2003)이라고 보기도 한다.

3) 사회학습론적 관점

이 관점에서는 주로 행동주의자들의 입장으로 보상과 처벌이 행동을 통제한다고 본다. 어린 시기에 받은 보상과 처벌은 한 개인의 안정된 내적 기질로서 그 개인이 특정 상황에서 특정한 방식으로 행동하도록 영향을 미치는 것으로 본다. 즉 아이들은 많은 주변 인물 및 매체들을 통한 모방과 관찰, 강화에 의해 사회적, 문화적으로 인정된 역할을 각기 자신의 성에 적절한 방식으로 학습한다. 이와 같이 아이들이 행동을 모방하고 학습에 영향을 미치는 것으로 제시되는 요인들은 다음과 같다.

첫째, 보상과 벌로써 일반적으로 아이들의 행동에 가장 영향을 미치는 요인으로 본다. 아이들은 보상(칭찬)이 유발되는 행동은 더 모방할 것이며, 벌(제재)이 유발되는 행동은 회피할 것이다. 부모들은 성별에 적합한 모방인 경우, 칭찬을 해 주고 적합지 못한 모방일 경우 제재를 가하게 됨으로써 자신의 성에 적합한 행동유형들을 습득하도록 한다.

둘째, 성인의 유형에 따른 영향이 있다. 아이들은 어른들이 보상과 벌을 줄 수 있는 힘을 가지고 있다는 것을 아주 잘 인식하고 있으며, 특히 어른 중에서도 더 권력 있으며, 따뜻하고 지지적인 사람을 더 모방하며, 자신과 유사하다고 느끼는 어른들을 더 모델링한다. 따라서 최대의 모방대상은 벌을 가할 수 있는 위치에 있고 따뜻하며 지지적인 관계를 유지하는 동성의 부모가 된다. 그러나 대부분의 가정에서 아버지가 더 권력이 있는 것으로 보여지므로 남자아이들은 아버지를 모방하게 되며, 여자아이들은 어느 정도 양쪽 부모를 모방한다. 이는 남자아이가 어머니를 모방하는 것보다 여자아이가 아버지를 모방하는 행위는 덜 놀림을 받으며 덜 수치스러우며 덜 제재가 가해지기 때문이기도 하다.

셋째, 부모의 태도 및 반응에 따른 영향이 있다. 실제 자녀가 남성성(혹은 여성성) 특성을 학습하는 데에 밀접하게 관련되어 있는 것은 부모의 실제적인 남성성(혹은 여성성)보다 자녀를 대하는 부모의 태도와 반응이라 하겠다. 이 관점에서는 개인의 생득적인 성차나 성역할 경향성은 무시하며 성역할 행동을 이해하고 판단하는 제반 인지적 능력도 전적으로 학습된 것으로 생각한다. 예를 들면 직접적인 방법으로 부모들은 자신의 딸들이 소꿉장난을 하거나, 여러 가지 색깔의 핀으로 머리를 치장하거나, 드레시한 옷을 입게 하는 것 등과 같은 적합한 성역할을 행동하도록 고무시킴으로써 그들의 여성적 행동을 보상하는 것이며, 만일 남아들이 이런 행동을 할 경우 제지함으로써 체벌하는 것과 같은 것이다. 역 성별행동(Cross-gender)에 있어서 남아보다 여아에게 더욱 융통성 있고, 때때로 고무적이라고 한다(박주희, 2007). 이와 같이 여아의 남아적인 성별행동에 더욱 융통성 있게 반응하는 것은 남성의 성역할에 대한 우월적 관념을 반영한 것이라 하겠다.

02 성역할 사회화의 요인

각 개인은 자신이 속한 문화에서 남녀의 성역할에 관련된 태도, 인식, 행동, 규범 등을 습득해 가는 과정을 거치는데 이를 성역할의 사회화라고 한다. 남녀의 기질을 포함한 남성다움, 여성다움이란 자연적으로 결정된 것이 아니라 사회적 경험과 훈련, 사회화 과정에서 습득된다. 사회가 부여하는 성역할을 학습하고 이행하는 것 때문에 남성, 여성의 특징이 형성되는 것이다(이혜숙, 2010). 대다수의 관련자료(윤근섭 외, 1995; 임정빈 외, 1997; 송정아, 2006; 이혜숙, 2010)들에서 성역할 사회화의 과정에 영향을 미치는 요인을 크게 가족, 학교, 대중매체로 보고 있다.

1) 가족

가족은 아동의 일차적인 사회화가 이루어지는 중요한 장소이며, 성역할 사회화에 영향력을 미치는 가장 중요한 주체는 부모이다(김은수 외, 2010). 일반적으로 부모에 의해 여성 또는 남성이라는 개념이 아동기의 초기에 주어진다. 부모는 종종 남자아이와 여자아이에 대해 거는 기대가 다른데, 일반적으로 여자아이에게는 더욱 엄격하고 보호하려는 경향이 있고 남자아이에게는 상대적으로 자유를 허락하고 간섭이 덜한 경향이 있다. 연구에 따르면, 부모는 여자아이들보다 남자아이들에게 더 자기 주장을 하도록 장려하고 감정적 표현은 자제할 것을 가르치는 경향이 있는 반면, 여자아이들에게는 사회적 관계형성에 적합한 행동을 하도록 주문한다(Block, 1983; Leaper et al., 1998)는 것이다. 따라서 부모들은 여아와 남아를 선별적으로 양육하며 성에 따라 고정화된 행동을 하도록 환경을 조성한다. 성에 기초한 차별적 사회화는 부모들이 첫째 성에 대한 고정관념을 갖고 있으며, 둘째 성에 적합하다고 여겨지는 행동을 가르치기를 원하고, 셋째 성에 적합한 행동이 형성되도록 어린이와 상호작용을 하며, 넷째 성에 적합한 행동을 할 때에는 긍정적으로 보상을 하고 그렇지 않을 때에는 벌을 가하기 때문인 것(장상희, 1992)으로 보고 있다.

대부분의 부모들은 전통적인 의식을 가지고 있어 여아들에게는 순종, 온순, 착함을 그리고 남아에게는 용기, 리더십, 자신감을 가르쳤다. 남아에게는 '눈물을 보여서는 안 된다. 싸움에서는 이겨야 한다. 남자다워야 한다' 와 같은 것을 요구하는 반면, 여아에게는 '네가 양보해야 한다. 그렇게 해서 누가 너를 데려가겠냐, 조심해야 한다. 착해야 한다' 와 같은 식으로 양육한다. 또 부모가 살아가는 모습 그 자체가 자녀에게는 하나의 역할 모델이 될 수 있고 부모의 양육방식과 가치관에 따라 자녀의 모습이 달라지게 된다(이혜숙, 2010).

2) 학교

학교는 가정과 더불어 성차 형성에 영향을 미치는 중요한 기관이며, 학교에서 이루어지는 교육활동에서 더욱 정형화되어지고 있다. 물론 남녀공학의 일반화, 교과과정의 개편, 양성평등한 교육내용이 실천되고 있지만, 형식적인 진행으로 실제 학습과 학생지도가 이루어지고 있는 교육현장에서는 남녀를 구분하게 되고 그 성향과 능력에서 차이가 초래된다. 특히 교과내용에서의 성고정관념이나 성차별적인 요소들은 교과서에 등장한 남녀의 비율, 남녀의 역할이나 성격 혹은 행동특성, 직업묘사 등에서 더욱 뚜렷하게 드러난다.

초 · 중등 교과서에 나타난 성차별

우리나라 초 · 중등 교과서 내용에서 남성 중심의 세계관이 대세를 이룬 가운데 여성에겐 배타적인 내용이 많아 성차별 요소가 많은 것으로 조사됐다.

여성가족부가 초등학교 1~4학년 교과서와 중학교 1학년 교과서 110권의 내용을 분석한 결과를 보면, 교과서의 등장인물은 전반적으로 남성 비율(63%)이 여성(37%)보다 높게 나타났다. 이는 교과서 집필진들이 직접 서술하는 일반기술 단원보다 다른 저작물에서 가져온 고유기술 단원에서 더욱 심각한 수준인 것으로 조사됐다. 또, 중학교 기술 · 가정 교과서 고유기술단원(문장)의 남성인물 분포는 94.5%에 달하고, 실존인물이 많이 소개되는 국어와 도덕 교과서에 소개되는 역사적 인물은 10명 중 9명 정도가 남성인물로 나타났다. 교과서는 등장인물의 성비뿐만 아니라, 인물의 배경, 신분, 활동, 직종 등에서 뚜렷한 성역할 고정관념을 보여주는 사례가 많았다. 그 사례로 가사노동과 자녀양육 · 교육 전담자로서의 여성, 교육자 · 감독자 · 대표자로서의 남성, 기계를 잘 다루는 남성, 남성 위주의 역사적 인물 소개 등의 사례를 문장 및 사진 · 삽화로 싣고 있는 것으로 조사됐다. 또 힘이 있는 인물이나 지혜의 인물로 남성을 등장시킴으로써 여성의 역할을 감소시키고 있는 것으로 나타났다. 이러한 남성 편향적 인물 제시는 아동 · 청소년에게 남성 중심의 세계관과 여성 배타적인 인식을 자연스럽게 심어주고 인류의 역사 속에서 여성의 지혜나 공헌 또는 노력에 대한 정당한 평가를 어렵게 할 우려가 있다고 분석했다.

중학교 기술 · 가정 교과서는 사회적 문제로 대두되고 있는 성폭력 문제에 대해 피해자를 여성으로 규정하고 성폭력으로 인한 피해에 대해서만 기술할 뿐, 어떠한 행동이 성폭력인지에 대한 언급이 없었다. 여성가족부는 "이번 연구를 토대로 앞으로는 여성도 남성과 마찬가지로 이 사회의 중심축이 되고 다양한 분야에서 활동하는 모습이 교과 과정에 반영될 수 있도록 다양한 노력을 기울이겠다"고 말했다.

| **출처** | 충청타임즈(2010. 12. 28.).

3) 대중매체

대중매체는 사회의 현실을 정의해 줄 뿐만 아니라 사회 안에서 무엇이 중요하고 문제인가를 알려 줌으로써 사회구성원들로 하여금 어떻게 생각할 것인가를 결정하게 하는 능력을 갖고 있다.

대중매체에서 남녀 간의 관계의 정의와 묘사는 우리들의 성에 대한 의식과 행동양식에 지대한 영향을 미치게 된다. TV 드라마에서 표현되어지는 남성, 여성의 캐릭터, 주인공의 직업들, 남녀 간의 관계에서 묘사되는 사랑과 갈등의 표현들에서 우리는 자연스럽게 각자의 성별과 일치하는 규범과 역할들을 습득하게 된다. 그러나 최근의 대다수의 드라마에서 묘사되는 남녀 간의 관계는 낭만적 사랑이나 신데렐라 콤플렉스를 자극하거나 혹은 극적인 갈등을 초래하게 되는 대상으로서 여성을 묘사하고 있는 경우가 많다. 즉 드라마에 나오는 여성들은 흑백논리로 일관되어 착한 여성은 적합함을 넘어서 답답하기조차 하고 악한 여성은 자신의 목표달성을 위해서라면 무슨 일이든지 불사해, 보통의 여자를 천사 아니면 악녀라는 두 가지 모습으로 밖에 분류하지 못하도록 사고력의 한계를 갖게 한다(이혜숙, 2010). 이처럼 우리가 매일 접하는 TV라는 매체를 통해 올바른 남녀 간의 관계맺음과 긍정적인 소통에 대한 역할 모델을 거의 찾아볼 수 없게 만든다.

또한 거의 무차별적으로 접하는 광고 속에서도 예외가 아니다. 광고에서 나타나고 있는 대부분의 여성 모델의 경우는 가정을 배경으로 하거나 성적 매력이나 미모가 강조되는 반면, 남성 모델은 일터나 성공을 암시하는 배경이 많다. 물론 최근에 독립적이고 당당한 여성의 모습을 등장시키는 광고가 보이기도 한다. 그렇지만 그 광고 속에 그려지는 여성의 모습은 여전히 성적 매력을 발산해야 한다. 주로 남성에 의한 성적 대상으로서의 섹시한 몸짓이나 표정, 상품 속성이나 기능과 관계없는 여성의 등장, 여성역할을 집안일이나 가사 종사자로만 한정하거나 혹은 가정, 집안일을 완벽하게 해내는 슈퍼우먼의 묘사 등은 왜곡된 여성상을 형성하게 한다.

03 성역할과 콤플렉스

성역할에 대한 고정관념은 남성, 여성 모두에게 콤플렉스를 가져오게 한다. 콤플렉스란 전체 성격 속에서 어떤 것에 강하게 집착, 강박하는 것으로 이는 억압으로부터 자유롭지 못하여 행동에 크게 영향을 미치게 되는 것이다. 흔히 콤플렉스는 의식하지 못하는 사이에 이루어지기 때문에 자신이 어떤 콤플렉스를 가지고 있는지를 잘 알지 못한다. 여성과 남성이 사회에서 규정한 여성다운 삶, 남성다운 삶에 매몰되어 나타나는 콤플렉스를 관련자료(여성을 위한 모임, 1992; 1994)를 참조하여 살펴보기로 한다.

1) 여성 콤플렉스

고정적인 성역할에서 여성에게 강조되는 것은 자신의 욕구를 포기 혹은 양보하고 타인을 위해 사는 것이다. 또한, 온순하고 비공격적인 여성들은 자신들의 감정을 솔직히 표현하는 기회를 갖지 못하게 된다. 여성들에게 주어진 이러한 역할들은 여성들에게 좌절감, 모호함, 자기 비하, 고립감 등의 부정적 감정을 경험하도록 이끈다. 전통적인 여성의 역할에 대한 반응으로 나타나게 되는 여성의 콤플렉스는 다음과 같이 제시되고 있다.

첫째, 착한 여성 콤플렉스는 여자는 언제나 순종적이고 착하다는 주위의 평판을 듣기 위해 자신의 내면과 갈등하는 심리상태를 말한다. 여성은 착한 여자로 살아야 한다는 고정관념에 얽매여 항상 다른 사람의 눈에 비치는 자신을 의식하고, 자아실현의 잠재력을 희생하면서 남편, 가정, 주변 사람들로부터 칭찬을 받으려 하기에, 사회에서 요구하는 순종적인 여성상에 자신을 맞추기 위하여 끝없이 노력하면서 갈등을 겪는 경우가 많다.

둘째, 신데렐라 콤플렉스는 자기 자신의 능력과 인격으로 자립할 자신이 없는 여성이 마치 신데렐라처럼 자기의 인생을 상승시켜 줄 왕자가 나타나기를 고대하는, 즉 남성의 보호를 받으며 살아가고 싶어 하는 여성의 의존 심리를 뜻한다. 신데렐라 콤플렉스의 특징은 의존성, 두려움, 열등감, 결혼에 대한 경제적 · 정서적 집착과 무기력증, 취업이나 자신의 일에 대한 회의와 공포심 등이 있다.

셋째, 성 콤플렉스는 정숙하고 교양 있는 여자는 성적 쾌락을 즐겨서는 안 되며, 다만 출산의 수단이어야 한다는 그릇된 성 규범을 무의식적으로 받아들여 성적 욕망과 성적 표현, 성에 대한 흥미를 억제하면서 갖게 되는 심리적 갈등을 말한다. 이러한 갈등이 깊어지면 성적 부적응이 생기고, 성적 표현이 어눌해지며, 성적 불만과 긴장, 강박 관념과 자기 분열이라는 병리적 현상을 드러내기도 한다.

넷째, 외모 콤플렉스는 남자의 의미는 사회적 성취에 있고 여자의 의미는 아름다움에 있다는 생각이 남녀 관계를 지배하는 심리상태를 말한다. 외모가 자신의 생애에 중대한 영향을 미친다고 생각하는 여성들은 더 예뻐지고 싶어 하는 외모 콤플렉스를 갖게 되며, 외모가 사회적 지위 확보를 위한 중요한 기준으로 강조되는 사회 분위기에서 여성은 생존 전략으로서 자신의 미에 관심을 쏟게 되고 이로 인해 원치 않았던 심리적, 육체적인 폐해들에 시달리게 된다.

다섯째, 지적 콤플렉스는 자신의 지적 능력이 다른 사람과 비교하여 열등하다는 것을 내재화함으로써 나타나는 열등감을 말한다. 어떠한 이유로든 자신이 자라나는 과정에서 지적 능력을 발휘할 기회가 제한됨으로써 자신의 지적 능력을 사회활동에서 적재적소에 발휘하기 어렵게 될 때 심한 열등감을 느낄 수 있다.

여섯째, 맏딸 콤플렉스는 전통적으로 맏딸은 맏이이면서 딸이라는 이유로 아들인 장남만한 대우는 받지 못한 채 부모의 갈등이나 가정문제에 더 신경을 쓸 뿐만 아니라 가사도 도외시 할 수 없는 등 '살림 밑천' 의 역할을 톡톡히 하였다. 이렇게 맏딸의 모습을 부각시켜 맏딸만이 느끼는 공통적인 갈등을 '맏딸 콤플렉스' 라 한다.

일곱째, 슈퍼우먼 콤플렉스는 여성 자신이 가지고 있는 능력에 관계없이 직장인, 주부, 어머니, 아내, 며느리라는 많은 역할들을 완벽하게 하려는 사람으로, 많은 여성들이 신체적 · 심리적으로 갈등하며 자신도 모르게 슈퍼우먼 콤플렉스에 빠지게 된다. 그에 따라 모든 것을 완벽하게 하지 못하면 심한 불안감, 초조감, 죄책감 등으로 고통을 받는다.

2) 남성 콤플렉스

성 고정관념이 여성들에게만 불리한 결과를 가져오는 것은 아니다. 여성과 마찬가지로 남성들도 정형화된 성역할 속에서 어려움을 겪는다. 우리 사회에서 남성은 무엇보다도 능력 있어야 하고 남자다워야 하며, 강해야 한다는 것은 남성들을 부담스럽게 하는 요인이 되고 있다. 전통적인 남성의 성역할을 강조하면서 나타나게 되는 남성의 7가지 콤플렉스는 다음과 같이 제시되고 있다.

첫째, 가장 콤플렉스는 가장은 한 집단의 기둥으로 그 가정의 경제를 책임지고 꾸려가야 할 역할을 강요받아 오면서 자연스럽게 습득되는 것이다. 이들은 가족의 생계를 책임져야 한다는 의무감으로 자신의 꿈과 적성을 뒤로한 채 안정적인 직장과 현실 순응적인 성향을 가지게 되고, 변화나 위험 부담이 따르는 일은 기피하는 모습을 보여주기도 한다.

둘째, 사내대장부 콤플렉스는 타인보다 우월해야 한다는 강박관념에 성공한 남자, 믿음직한 남자, 대범한 남자라는 인상을 심어주기 위해 자신의 욕망과 개성을 희생하는 데서 오는 열등의식을 말한다.

셋째, 온달 콤플렉스는 자의건 타의건 처가나 아내 덕을 보고자 하는 남성의 의존심리를 말한다. 온달형 남성상은 여성의 능력이나 물질에 의존하여 살아가거나 출세하려 한다는 점에서 기존의 사내대장부 남성상과 모순된다.

넷째, 성 콤플렉스는 남성이 성행위의 주도권을 갖고 이끌어야 한다는 강박관념에서 오는 콤플렉스를 말한다. 성 콤플렉스는 그릇된 성규범과 성문화를 받아들여 성을 통해 남성다움을 과시하고 성적 욕구와 능력에 집착하는 심리, 혹은 자신의 성적 능력이 그러한 기준에 미치지 못하므로 위축되고 갈등하는 심리를 말한다.

다섯째, 지적 콤플렉스는 남성은 여성보다 더 많은 지식을 가져야 하며 여자가 감정적인 데 비해 남자는 지성적이라는 통념이 여전히 절대적이다.

여섯째, 장남 콤플렉스는 장남에 대한 특별한 관심에서 오는 콤플렉스로 한없는 신뢰와 기대가 때로는 무겁고 힘겨운 부담을 안겨 주기도 한다.

일곱째, 만능인 콤플렉스는 남성은 성공과 자신에 대해 높은 자부심이 있어야 하고, 명철하고 이성적인 판단을 할 수 있어야 하며, 직장과 가정의 모든 일을 잘 해내는 만능인이어야 한다는 심리상태를 말한다.

지금까지 진술한 바와 같이 여전히 남성들에게 성공, 지적 능력, 독립심 등과 같은 전통적인 남성적 특성들이 요구되고 있다.

모든 여성이 같을 수 없듯이 또한 모든 남성도 같을 수 없다. 어떤 여성은 남성이 가지고 있는 것보다 더 전형적인 남성적 특성을 나타내며, 남성 또한 마찬가지이다. 우리는 너무나 자주 여성과 남성을 개인으로 보는 통찰력을 상실하고 규정된 틀에 맞추려는 사회적 억압에 시달리고 있다. 이것이 바로 콤플렉스를 형성하는 요인이 된다. 따라서 규정된 성별 역할이 아니라 개인으로서의 정체감을 형성해 나갈 수 있는 진정한 '개인다움' 을 창조해 나가야 할 것이다.

04 평등한 성역할

앞으로의 남녀는 다양한 콤플렉스에서 벗어나 대결의 상대로서가 아니라 자신이 지닌 콤플렉스를 극복하고 총체적인 삶을 살기 위해 서로가 서로의 삶을 관찰할 필요가 있다. 즉 남성은 여성을, 여성은 남성에 대해 서로 돕는 관계로 인식하는 자세가 필요하다(정현숙 외, 2007). 오늘날 요구되는 남녀의 모습은 어느 한쪽이 우월하고 다른 한쪽은 열등한 위계적 관계가 아니라 서로를 보완하고 지지해주는 상호보완적이며 양성평등한 관계이다.

양성평등한 행동특성을 살펴보면 크게 세 가지 유형으로 볼 수 있다(김정옥 외, 2000).

첫째, 남성적 행동, 여성적 행동 모두 할 수 있어 다양한 행동수행이 가능하다.

둘째, 다양한 행동수행이 가능하므로 어떤 상황에서든지 문제를 적절하게 대처할 수 있다.

셋째, 상황의 요구에 따라 적절한 유연성의 반응을 보여 환경에 효과적으로 대처할 수 있다.

바람직한 성역할이란 남성과 여성의 가치 있는 측면의 속성을 합하여 '양성성적인 인간(androgynous person)'으로 보는 것에 주안점을 두는 것이다. 이러한 성역할의 변화는 여성과 남성 모두에게 총체적인 삶의 질을 향상시키고 부부관계를 조화롭고 균형 있게 발전하도록 돕는 역할이 강조되어진다. 그러나 한편, 인간특성을 남성적인 것과 여성적인 범주로 구분하고 그것들을 다시 조합하는 이러한 양성적인 관점을 넘어 인공적으로 구성된 성범주와 라벨을 없애는 성역할 초월의 관점도 수용되고 있다. 성역할 초월의 관점은 성기와 무관한 상황에 고정관념상의 성을 투사하는 현재의 습관을 깨는 데에 그리고 성으로부터 자유로운 사회의 출현을 앞당기는 데에 도움을 줄 것이다(Bem, 1985; 유영주 외, 2000 재인용). 남녀의 특질을 범주화하는 수단으로서 성이 제거되거나 또는 감소된다면 각 개인의 고유한 능력과 관심이 보다 중요성을 지니게 될 것이다. 이는 각 개인들이 보다 자유롭게 자신의 고유한 잠재력을 발달시킬 수 있음을 의미하는 것이라 하겠다.

양성성의 관점이든 성역할 초월의 관점이든 간에, 성역할의 변화는 남성지배와 여성종속으로 비롯된 가족 내 불평등 현상을 변화시켜 더욱 균형 있는 가족관계의 분위기를 조성할 수 있는 것만은 사실이다. 자녀들 역시 정형화된 성역할 사회화에서 벗어나 성별이 아니라 개인의 능력과 선호에 따라 가장 적합한 일을 하도록 격려 받을 것이다. 그리하여 사회의 모든 영역에서 여성의 참여가 증가하게 되고, 이는 훨씬 더 창조적이고 개방적인 사회분위기를 만들어 한쪽으로만 몰렸던 사회적 세력을 분산하는 기회를 제공하게 될 것이다.

이러한 성역할 변화를 통해 추구하고자 하는 것은 어느 한쪽의 지배나 무력화가 아닌 서로가 존중하고 배려하고 이해하기 위하여 이제는 우리 모두가 함께 가야 한다는 것이다.

읽을거리: 양성성 동화

아이들이 양성성의 성역할을 이해하는 데 도움을 주는 그림책

- 세상에서 제일 큰 여자아이 안젤리카(앤 이삭스 글/폴 젤린스키 그림)
- 아빠사자와 행복한 아이들(야노쉬 글 · 그림)
- 윌리엄의 인형(샤롯트 졸로토우 글/윌리암 드 보아 그림)
- 종이봉지 공주(로버트 문치 글/마이클 마첸코 그림)

05

Chapter

사랑과 애착

1 사랑

2 애착

3 건강하고 성숙한 사랑

인간은 사랑하고 사랑받기를 원하며, 사랑을 통하여 심리적, 정서적 욕구를 충족한다. 사랑은 의미 있는 관계에서의 동료감이나 동반감, 통합감 같은 사회적 욕구를 충족시켜 주기도 한다. 우리는 부모자녀와의 애착을 통하여 사랑을 처음 경험하게 되며, 초기의 이런 애착경험이 기초가 되어 성장하면서 다양한 사랑의 형태로 나타나게 되는 것이다.

본 장에서는 결혼과 가족의 건강성을 위한 기초 이해로써 사랑과 애착에 대한 가치나 다양한 정의를 살펴보도록 한다. 동시에 사랑의 능력은 성숙과 관련된 것이므로 자신과 타인과의 성숙한 사랑의 특성과 조건들 및 이에 애착이 미치는 영향들을 탐구해 보도록 한다.

01 사랑

사랑이란 인간의 정서 중 하나로 가장 아름답고 행복한 기억의 경험과 함께 상처를 통해 보다 성장할 수 있는 경험이 되기도 한다. 인간은 사랑을 통해 삶을 풍요롭게 함으로써 결혼으로 인정받고자 하며, 가족을 형성함으로써 사랑이 유지된다고 볼 수 있다.

1) 사랑의 의미

사랑이란 무엇인가? 과연 이 물음에 대하여 정확하게 정의를 내릴 수 있는가?

인간의 역사가 시작된 이래 '사랑'을 정의하려는 노력이 끊임없이 이어지고 있지만 사랑이란 그 의미가 매우 광범위하고 주관적이어서 사랑의 경험은 개인마다 모두 다르고 독특하며 또한 시대, 문화, 개인에 따른 사랑의 다양성 때문에 아직까지 이에 대한 명확한 정의는 없는 듯하다.

에리히 프롬(Erich Fromn, 1985)은 『사랑의 기술』에서 수동적인 감정이 아닌 희생과 결부되는 사랑의 능동적 성격을 강조하였다. 즉 사랑이란 기쁨, 흥미, 이해, 지식, 유머, 슬픔 등 자기 자신 안에 살아 있는 모든 감정 표현을 상대방에게 주는 것이라 하였다. 이처럼 자기의 생명을 줌으로써 상대방의 감각과 생활을 풍요롭게 만들어 그의 속에서 자기가 살고 있음을 느끼고 받기 위해 주는 것이 아니라 주는 그 자체가 기쁨인 것이다(최외선 외, 2003).

아담스(Adams, 1972)는 사랑을 특히 타인에 대한 감정으로서 설명한다. 그것은 사랑하는 사람과 어떤 방법이로든지 가깝게 되어 고통이나 두려움으로부터 해방되며, 즐거움과 기쁨과 자유에 대한 기대와 충동이 따르는 것이라고 말한다(유영주 외, 2000).

윈치(Winch, 1973)는 사랑은 행동과 감정 또는 내적 경험을 포함한다고 하였다. 상대방이 자기의 중요한 욕구를 충족시켜 주거나 자기가 소중히 여기는 속성, 즉 능력이라든가 아름다움 등을 나타내거나 또는 나타낼 것처럼 보일 때 인간 상호관계에서 경험하는 긍정적인 감정을 말한다. 그러므로 사랑이란, 자신을 완성시키고 보충하고 또 자신을 보호하기 위해 타인을 필요로 하는 감정이다.

그러나 '사랑이란 무엇인가?' 라는 질문이 중요한 것은 어떤 철학적 개념 정의로서만이 아니라 자신이 어떠한 사랑을 원하며, 어떠한 사랑의 능력을 가지고 있는지, 어떠한 사랑을 하고 있는가를 생각해 볼 필요가 있기 때문이다. 간혹 사랑받을 만한 곳이 있으면 어디든지 물불을 안 가리고 달려가거나 상대방에 매달리는 경우를 볼 수 있다. 마치 이러한 행동이 사랑인 것처럼 착각하여 상대방의 감정이나 마음은 헤아리지 않고 자신의 감정에만 집중하는 경우가 있다. 이런 사랑을 성숙한 사랑이라 할 수 있는가?

다음의 질문을 통하여 사랑에 관한 의존적인 성향을 점검해 보도록 한다(양창순, 2008). 질문 6개 이상에 'Yes' 라고 답하면 자신의 '의존적 성향' 에 대해 경계를 하고, 그런 상태에서 벗어나도록 노력하는 것이 중요하다.

* 사랑하는 사람이 다른 사람을 더 좋아하게 되어 나를 떠날까봐 굉장히 걱정한다.
* 살아가는 동안 혼자 힘으로 난관을 극복해나갈 수 없기 때문에 도움을 줄 사람이 필요하다.

* 나를 돌봐주거나 나와 마음을 나누거나 내게 일어나는 일에 대해 깊이 염려해 줄 사람이 없다.
* 사람들은 내가 남들만을 위하고 자신은 위할 줄 모른다고 생각한다.
* 내가 다른 사람들에게 어떤 인상을 주는지 혼자서 생각을 많이 하는 편이다.
* 나는 상대방에게 맞추어 내 행동을 달리한다.
* 사람들이 나에 대해 언짢게 생각하지 않도록 행동을 조심한다.
* 다른 사람들이 나를 어떻게 평가하느냐가 나의 기분이나 행동에 큰 영향을 준다.
* 누군가 나를 이끌어주는 사람이 없이는 새로운 일을 처리하는 데 어려움을 겪는다.
* 나의 판단을 신뢰할 수 없고, 내가 나 자신을 돌보는 것보다 다른 사람들이 나를 더 잘 돌봐줄 수 있다.

2) 사랑의 특성

일반적으로 사랑이 지니고 있는 특성은 다음과 같이 제시되고 있다(박혜인, 1989; 김정옥 외, 2000; 정옥분 외, 2009).

첫째, 사랑에는 여러 가지 형태가 있으며, 한 개인은 일생 동안 다양한 형태의 사랑을 경험한다. 고대 그리스인들은 사랑을 에로스(Eros), 아가페(Agape), 필로스(Philos)로 유형화하였고, 리(Lee, 1975)의 관점을 근거로 핫코프와 라셀(Hatkoff & Lasswell, 1976)은 사랑을 에로스(Eros), 스토르게(Storge), 루두스(Ludus), 프라그마(Pragma), 마니아(Mania), 아가페(Agape)의 여섯 가지 형태로 유형화하였다. 이외에도 사랑의 유형은 다양하게 분류할 수 있으며, 실제로 사랑을 하는 사람의 수만큼이나 그 형태는 다양하다. 또한 한 개인은 특정한 사랑의 유형만을 경험하는 것이 아니라 일생 동안 여러 가지 다양한 형태의 사랑을 경험한다.

둘째, 사랑은 여러 단계에 걸쳐 존재하며 발전한다. 사랑한다는 것은 상대방에 대한 막연한 감정에서부터 열렬한 사랑에 이르기까지 여러 단계가 있다. 사랑의 초기에는 우리 신체에서 분비되는 화학물질의 영향으로 열정적인 사랑을 하지만 시간이 경과하면서 그 효과에서 벗어나 안정된다. 사랑의 세 가지 구성요소인 열정, 친밀감, 헌신 가운데 초기에는 열정이 강하게 자리 잡지만 후기에는 헌신(언약)이 보다 비중이 커지게 된다(Sternberg, 1986).

셋째, 사랑은 개인의 성장 과정을 통해 학습된다. 사랑의 감정은 일차적으로 어려서 부모와의 관계를 통해, 부모가 보이는 사랑의 행동을 모방함으로써 형성된다. 어린 시절 부모와 안정애착을 경험한 사람은 성인기에 누군가와 쉽게 친밀한 관계를 유지하고 상호의존적이 된다. 반면에 '회피애착'이나 '불안-양가애착'을 경험한 사람들은 상대방과 친밀한 관계를 쉽사리 형성하지 못한다.

넷째, 사랑은 성장한다. 에리히 프롬(Erich Pinchas Fromm, 1995)은 사랑의 기술적 측면을 강조하여 성숙한 사랑에 대하여 언급하였다. 그는 사랑에서 향상 가능성과 노력의 중요성을 강조하였다. 사랑은 단순히 감정이 아니라 개인의 성숙도와 관련이 있다고 하였다. "사랑은 기술인가? 행운만 있으면 누구나 경험하는 즐거운 감정인가?"라는 물음에 대해 사랑은 기술이며, 지식이나 노력이 필요하다고 하였다. 그러나 사람들은 사랑을 능력의 문제가 아니라 대상의 문제라고 생각한다. 그래서 사랑하기는 쉬운데 사랑할 대상을 발견하는 것이 어려울 뿐이라고 생각하며 사랑에 대해 배워야 할 것이 있다고 생각하는 사람은 거의 없다.

또한 사랑을 하게 되는 최초의 경험과 사랑하고 있는 지속적 상태를 혼돈하기 때문에 엄청난 기대와 환상으로 출발하나 실패로 끝나는 경우가 많다. 사랑은 누구나 마음먹은 대로 손쉽게 할 수 있는 감정의 놀이가 아니다. 사랑은 대상의 문제라기보다는 노력을 통해 성장하는 것이며 노력하지 않으면 처음과 같은 감정을 맛볼 수 없게 된다. 그것은 사랑할 수 있는 능력과 재주와 그리고 동기를 가지고 있는 사람만이 할 수 있는 특별한 인간관계인 것이다(김중술, 2003).

3) 사랑의 구성요소

스턴버그(Sternberg, 1986)는 사랑의 세 가지 주요한 요소를 가지고 가설적인 삼각형을 제시하였다. 사랑의 세 가지 요소란 친밀감, 열정, 그리고 결정(헌신)이다. 친밀감은 상대를 향한 감정의 따뜻함을, 열정은 그 뜨거움을 대표하는 반면 결정(헌신)은 의무와 의식과 관련되는 좀 더 냉철한 감정을 의미한다.

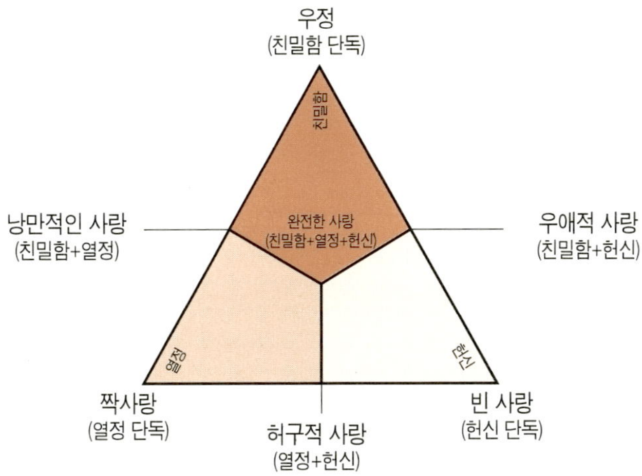

● 그림 5-1 스턴버그의 사랑의 삼각형

(1) 친밀감

친밀감은 가깝고 편안한 느낌, 서로를 잘 이해하고 의사소통이 원활한 것, 긍정적 지지 등 사랑의 '따뜻한' 측면을 의미한다. 즉, 두 사람이 서로에게 느끼는 정서적 일체감을 말하는 것으로 두 사람이 가깝게 결합되어 있다는 특별한 감정의 체험이다. 이러한 친밀감은 만남의 횟수와 교제기간에 비례하여 서서히 증가하지만 어느 수준에 도달하면 더 이상 증가하지 않으며 친밀하다는 사실에 대해서도 의식하지 않게 된다. 따라서 친밀감은 연인뿐만 아니라 가족이나 친구 사이에서도 경험할 수도 있다.

친밀감의 대표적인 속성으로 다음 10가지를 들 수 있다(김중술, 1994).

① 사랑하는 사람의 행복을 증진시키고자 하는 욕망
② 사랑하는 사람과 함께 있을 때 행복을 느끼는 것
③ 사랑하는 사람에 대하여 존중하는 마음
④ 어려울 때 사랑하는 사람에게 의지할 수 있는 것
⑤ 사랑하는 사람과의 상호이해
⑥ 자기 자신 및 자신의 소유물들을 사랑하는 사람과 함께 나누어 갖고 싶은 것

⑦ 사랑하는 사람으로부터 정서적 지원을 받음
⑧ 사랑하는 사람에게 정서적 지원을 보냄
⑨ 사랑하는 사람과 친밀한 의사소통을 함
⑩ 자신의 생활에서 사랑하는 사람을 소중히 여기는 것

친밀성 검사

사랑하는 사람과의 관계를 묘사한 아래의 글 중에서 자신의 경우와 가장 가까운 것이 무엇인지 생각해 보라.

1| 나는 비교적 사람들과 쉽게 친해지며, 서로가 서로에게 의지하는 것에 편안함을 느낀다. 혹시 버림받을지도 모른다는 생각은 해보지도 않았고, 내게 각별히 가까이 다가오는 사람에 대해 거부감도 없다.

2| 나는 사람들과 친해지는 게 조금 불안하다. 그들을 완전히 믿는다거나 그들에게 의지하기가 힘들다. 누군가 내게 특별한 관심을 나타내며 다가오면 불안해진다. 내 애인은 내게 그저 편안한 사이보다는 더 친밀한 사람이 되어주기를 바란다.

3| 나는 가까워지기를 바라는데, 사람들은 내게 다가오기를 꺼린다. 나는 이따금 애인이 나를 진심으로 사랑하지 않는다거나 나와 함께 있기 싫어할지도 모른다는 걱정을 한다. 나는 다른 사람과 완전히 하나가 되고 싶은데, 나의 이런 바람을 부담스러워하며 피하는 사람들도 있다.

위의 친밀성 검사는 성인기에 사랑을 주고 받는 세 가지 방식으로 이것은 어린 시절의 경험에서 비롯된다. 위의 1번은 안전한 사랑, 2번은 회피적 사랑, 3번은 불안한 사랑을 나타낸다.

| **출처** | 마틴 셀리그만. 김인자 역(2009). 긍정심리학. p. 277.

(2) 열정

열정은 연인끼리 함께 있고 싶고, 일체가 되고 싶은 강렬한 욕망으로 사랑의 '뜨거운' 측면이다. 즉 열정은 사랑에 빠진 상황을 의미하여, 상대방으로부터 신체적 매력을 느끼거나 성적인 충동을 일으키게 하는 욕망이다. 사랑이라는 인식을 위해서는 생리적이든, 정신적이든 간에 흥분성이 있어야 한다. 생리적 흥분성은 혈압이나 맥박의 상승, 근육의 긴장 등을 포함하며, 정신적 흥분성은 사랑, 사모, 그리움, 근심, 걱정, 불안, 분노와 같은 다양한 정서 경험들을 포함한다. 그러나 열정은 사랑이 시작되면서 급속히 발전하지만 교제 기간이 길어짐에 따라 감소한다.

신시아 하잔(Cynthia Hazan)은 미국인 5,000여 명을 대상으로 2년에 걸쳐 인터뷰 조사를 했는데, 열정이 완전히 사라지는 시점은 '평균 18개월에서 길어야 30개월' 이라고 하였다. 즉 사랑에 빠진 뒤 1년 후 열정의 50%가 감소한다고 했다. 그 후로도 열정은 계속 낮아지는데 만약 그때까지 헤어지지 않는다면 어느 순간 열정이 감소하는 것은 멈추게 된다. 따라서 열정이 급격히 약해지는 연애 1년 후가 가장 위험한 고비라고 하였다(송웅달, 2007).

(3) 헌신

헌신은 상대를 사랑하겠다는 결심과 행동적 표현으로 사랑의 '차가운' 측면이자 인지적인 면을 반영한다. 헌신은 두 가지 측면으로 구성되는데 단기적 측면으로는 누구를 사랑하겠다는 약속이고, 장기적 측면으로는 그 사랑을 계속 지키겠다는 책임감이다. 이러한 책임감의 표현으로 서로 사랑의 징표나 선물의 교환, 주변 사람들에게 연인을 소개하기도 하면서 궁극적으로 하는 언약적 행위가 약혼과 결혼이라 할 수 있다.

배우자 또는 파트너에 대한 열정 검사하기

■ 이 질문지는 당신이 당신의 파트너(배우자)에 대해 느끼는 열정의 정도를 알아보기 위해 마련된 것이다. 당신이 파트너에 대해 현재 느끼는 감정을 아래의 기준에 따라 숫자로 나타내 보라.

1	2	3	4	5	6	7	8	9	10
전혀 또는 거의 그렇지 않음				중간 정도 그러함					분명히 그러함

아래의 각 질문에 대해 다음의 숫자 범위(1에서 10까지)에서, 해당되는 숫자를 질문의 오른쪽에 있는 빈칸 속에 기입하라.

1 만일 파트너(배우자)가 나를 떠난다면, 나는 깊은 절망감을 느낄 것이다. (　)

2 나는 때때로 파트너(배우자)에 대한 생각을 억제할 수 없다. (　)

3 나는 하루에도 몇 번씩 파트너(배우자)를 생각한다. (　)

4 나의 마음속에는 항상 파트너(배우자)가 있다. (　)

5 나는 파트너(배우자)에 대해 강한 매력을 느낀다. (　)

6 나는 파트너(배우자)를 바라보기만 해도 마음이 설렌다. (　)

7 나는 파트너(배우자)가 나에게 관심이 없을 때에 매우 고통스럽다. (　)

8 만일 파트너(배우자)와 함께 있을 수 없다면, 나는 심한 불행함을 느낄 것이다. (　)

9 나는 다른 어떤 사람보다도 파트너(배우자)와 함께 있고 싶다. (　)

10 나는 정신적으로나 육체적으로 파트너(배우자)를 원한다. (　)

여기에서 당신이 얻은 점수를 다른 사람들과 비교해서 평가하기는 곤란하다. 단지, 100점 만점에서 50~60점은 중간 정도를 나타내고, 그 이상은 열정애가 높은 것으로, 그리고 그 이하는 열정애가 낮은 것으로 해석할 수 있다.

출처 홍대식(2007). 잘사는 부부, 못사는 부부. p. 29.

(4) 세 가지 요소로 본 사랑

스턴버그는 이 사랑의 3요소가 시간의 변화에 따라 각기 다르게 발달한다고 주장하면서 열정은 관계 초기에 절정을 이루다가 감소하는 반면, 친밀감과 헌신은 서로 다른 속도로 발전하지만 시간의 경과와 함께 점차 증가한다고 하였다.

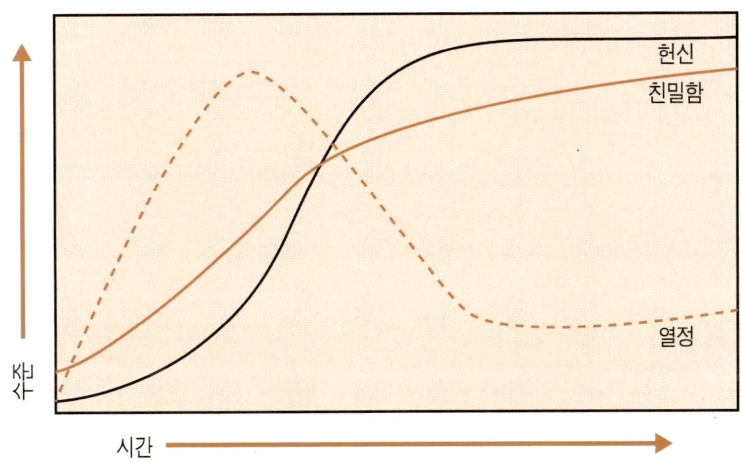

● 그림 5-2 스턴버그의 시간의 경과에 따른 세 요소의 발전 과정

| 출처 | 김은수 외(2010). 성 과학의 이해. p. 131.

스턴버그의 이론은 열정적 사랑에서 우애적 사랑으로의 전이에 대한 개념적 기반을 제공한다. 주로 낭만적인 감정과 신체적 매력으로 이루어진 열정적 사랑은 초기에 정점을 이룬 후 급속히 사라진다. 그러나 열정이 약해짐에 따라 많은 커플들은 친밀함과 헌신이 성장함을 경험하고 관계는 우애적 사랑으로 진화된다(Sprecher & Regan, 1988). 친밀감이 깊지 않고 서로에 대한 헌신이 없으면, 연애는 열정이 가시고 갈등이 나타나며 흔들리게 된다. 이에 반해 헌신과 결속의식 그리고 상호관심은 불만족과 갈등 속에서 연애를 유지시켜 줄 수 있다(김은수 외, 2010). 따라서 초기 열정적인 관계에서는 상대방을 이상화시켜, 서로를 제대로 알지 못하는 상태에서 상대방을 과장하기 쉽다. 그러나 시간이 지나면서 현실을 바라보게 되며, 보다 편안하고 안정적이며 신뢰감을 형성하면서, 건강하고 만족스러운 관계를 발전시키게 된다.

스턴버그는 이러한 사랑의 세 가지 요소의 조합을 고려했을 때([표 5-1]), 여덟 가지의 사례를 만들어 낸다고 하였다. 각각의 사례는 또한 다른 종류의 사랑을 불러온다. 이 같은 종류의 사랑들이 사실은 제한적 사례임을 인식하는 것이 중요하다고 하였다.

표 5-1 사랑 삼각형 종류의 분류학

사랑의 유형	친밀감	열정	헌신
사랑 없음(비사랑)	No	No	No
좋아함(우정)	Yes	No	No
반함(눈먼 사랑)	No	Yes	No
공허한 사랑	No	No	Yes
낭만적 사랑	Yes	Yes	No
친구 같은 사랑(우애적 사랑)	Yes	No	Yes
실체가 없는 사랑(얼빠진 사랑)	No	Yes	Yes
완전한 사랑	Yes	Yes	Yes

4) 사랑의 유형

일반적으로 사랑의 유형을 나눌 때 아가페(agape), 필로스(philos), 에로스(eros)로 이야기된다. 즉, 아가페적 사랑은 주는 것이며, 자기희생적이고 사랑의 대상에게 요구하지 않는 것이 그 속성이다. 부모나 신의 사랑이 여기에 속한다. 필로스적 사랑은 동료적인 사랑이라고 불리는데 깊은 우정의 특성을 갖는다. 또한 에로스적 사랑은 성적 또는 육체적 사랑을 의미하여 성적 매력이나 욕구를 기초로 한다.

라스웰과 랍센츠(Laswell & Lobsenz, 1980)는 6가지 사랑의 유형을 정리하였는데 내용은 다음과 같다.

(1) 동료적 사랑

이 유형은 극적으로 고조된 것이 아니라 서서히 애정을 느끼며 사이 좋은 친구나 오래된 동료 같은 관계의 사랑이다. 즉 친구로서의 친밀감을 느끼는 사랑은 오랜 만남을 통하여 동료감이 있고 신뢰가 두터우며, 상호 의존하고 서로 많은 부분을 공유하며 점진적인 자아개방을 통하여 만들어진다. 대체로 동료적인 사랑의 특징은 협동하는 친구와 같은 동반자적인 감정을 갖는 것이며, 상대방에게 과도한 요구를 하지 않는다. 또한 감정이 안정적이며 서로의 자아와 독립적인 개성을 인정하며, 감정의 지배보다는 이성의 통제를 받는 형태로 상호보완적이고 성장 지향성을 갖는다.

(2) 낭만적 사랑

이 유형의 사람들은 이상적 타입에 가까워 보이는 사람을 만나면 강하게 이끌리는 열정적인 사랑을 한다. 흔히들 사랑에 대해 이야기할 때는 이 유형의 사랑을 꿈꾸며, 운명적인 사랑을 기대한다. 첫눈에 반한다든가 성적인 강한 요구에 매혹되어 감정이 강렬해지는 것도 낭만적인 사랑의 모습이다. 대체로 신체적 매력, 미모가 중요한 변수가 된다. 낭만적 사랑을 하는 연인들은 신체적으로 정서적으로 매우 가까워지기를 원하여 사랑에 빠지게 된다. 그러나 초기의 열정과 매력은 항상 높은 수준으로 끝없이 지속될 수 없음에도 불구하고 낭만적인 사랑을 하는 동안에는 영원성을 믿는 경향이 있으며 사랑을 위해서라면 위험을 감수할 준비도 되어 있다.

(3) 이타적 사랑

이타적 사랑은 무조건적으로 주며, 용서하고 보호해 주며 상대방의 행복과 성장을 위해 베푸는 사랑이다. 자신의 만족과 욕구보다 상대방에게 필요한 것들을 조건 없이 줌으로써 기쁨을 느끼는 것이다. 이 사랑은 자기희생을 통하여 이룩되는 것으로 가장 높은 차원의 사랑이라고 할 수 있다. 이들은 상대를 단지 자신의 보살핌을 필요로 하는 수많은 사람 중의 한 사람으로 생각하기 때문에, 그 상대에게 자신의 시간과 정열의 아주 작은 몫을 할애해 주게 된다. 이들은 심지어 상대가 자신보다 다른 사람과 더 행복할 것이라고 생각하면 , 기꺼이 그 관계를 포기할 수도 있다.

(4) 소유론적 사랑

서로 상대방에게 열광적으로 사로잡혀 있는 상태인 경우로 서로가 서로를 구속하고 만일 다른 사람에게 조금의 관심을 보여도 질투하고 절망한다. 상대방의 모든 것을 소유해야만 한다고 믿기 때문에 상대방에게 매우 부담을 주며, 서로 성숙시키지 못한다. 즉, 상대방을 속박하는 힘이 강하기 때문에 서로가 성장할 수 없게 되며, 따라서 질투의 정서도 가장 강하게 나타난다. 사랑의 유형 중 가장 문제가 되는 경우이다.

(5) 논리적 사랑

논리적인 사랑은 실용성과 현실성에 중점을 두고 사랑을 하는 경우이다. 이러한 사랑은 아주 현실적으로 자신의 배경, 가치, 흥미, 개성에 맞추어 자신이 정한 조건에 합당해야만 사랑을 느끼는 유형이다. 실용성이 우선이므로 자신의 시간과 감정을 낭비하는 관계를 맺지 않으며 서로 교환 가치가 있다고 생각될 때 관계가 유지된다. 따라서 이들은 상대를 제대로 알기 전까지는 헌신을 하거나 미래의 계획을 세우기를 꺼려 한다. 이들에게는 어울리는 파트너를 만나는 것이 행복한 삶을 위해 바람직한 것이기는 하지만 본질적인 것은 아니다.

(6) 오락적 사랑

게임을 하여 이기면 만족감을 얻듯이 사랑도 게임의 즐거움처럼 다양한 책략을 사용하여 상대방을 자신의 손에 넣는다. 또한 데이트도 충동적으로 하기 쉽고 매혹적이거나 사랑에 빠지기 쉬운 대상을 찾으며 대체로 결혼과 상관없이 발생한다. 따라서 이들은 상대방의 요구나 욕구에 관심이 없고, 자기만족과 자기성취에 중점을 둔다. 대체로 이러한 유형은 진실한 사랑을 이루기보다 사랑을 심심풀이로 생각하고, 쾌락적 · 성적 방출을 사랑이라고 생각한다.

그러나 사랑의 유형은 단 한 가지 사랑의 유형에만 제한되지 않으며, 특정한 사랑의 유형도 개인사나 관계사에서 결코 똑같지 않다. 또한 어느 사랑 유형이 가장 좋은 지도 단정할 수 없다. 각각 모두 장단점이 있기 때문이다. 그러나 사랑에 계속 실패하는 경우라면 자신의 사랑 유형을 다른 유형으로 바꾸어 보는 것도 사랑을 이루는 데에 도움이 될 것이라고 심리학자들은 조언하고 있다.

02 애착

인간은 살아가면서 누군가에게 사랑받고, 관심받기를 원한다. 초기의 양육자와의 애착경험을 통해 살아가면서 건강한 사랑의 경험을 학습하게 된다. 보다 구체적으로 애착의 특성과 애착의 유형, 친밀한 관계에서 발생하는 애착경험을 통해 건강하고 성숙한 사랑의 의미를 점검해보도록 한다.

1) 애착의 특성

애착이란 갓 태어난 유아가 자신을 돌보아 주는 양육자와 맺는 특수한 정서적 유대로 생후 6개월 전후에 형성되는 인간의 가장 원초적 형태의 사랑이다. 이러한 초기 애착은 우선적으로 생존적 가치를 갖는데, 유아의 의존성이 양육자(부모)에게 사랑스러움을 느끼게 함으로써 부모는 유아를 보살피고, 이러한 유아의 생리적, 신체적 욕구충족 과정을 통해 양육자와 애착관계가 형성된다. 이 단계에서 양육자와 유아 간의 피부접촉이 대단히 중요한데, 그 경험은 성장 후의 대인관계에까지 중요한 영향을 주게 된다. 피부접촉은 친밀감에 대한 욕구를 만족시켜 줄 뿐 아니라 생물학적 견지에서도 유아에게 절대적으로 필요하다. 이때 느꼈던 양육자의 촉감과 냄새와 그 따뜻함은 나중에 유아가 성장한 후에도 영원한 향수의 원천이 된다(김중술, 1994).

최초의 양육자는 아이에게 체험의 실질적인 기준점이자 세상의 중심인물이 된다. 일반적으로 최초의 양육자인 어머니를 통해 아이는 자기가 어머니에게 의존하고 종속되어 있음을 알아차린다. 어머니의 존재는 아이를 행복하게 하고, 어머니가 옆에 있으면 아이는 마음을 놓고 옆에 없으면 불안해 한다. 아이가 섬세한 어머니를 두었을 경우 어머니와 아이 사이에 친밀한 관계가 형성되고 주고받는 교환이 이루어진다. 이러한 교환은 단순한 욕구 충족을 넘어서서 두 사람을 행복하게 하는, 사람에 대한 최초의 감정적 애착이 형성되게 된다. 처음에는 어머니나 양육자가 한결같이 믿음직스럽게 옆에 있어줌으로써 그런 일이 가능해진다. 이러한 경험을 기초로 하여 아이에게 희망을 갖는 능력, 좌절과 기다리는 시간을 견디는 능력을 갖게 하는 최초의 실마리가 된다. 자신이 어머니에게 망각되지 않는다는 것을 되풀이되는 경험을 통해 알았기 때문이다. 즉 어머니가 우리 곁을 떠났다가도 필요할 때는 금방 돌아와 곁에 있어 주는 경험을 했어야만 우리는 낙관적으로 기다리는 것을 배울 수 있다.

이와 같이 부모와 자녀 간의 상호작용을 통하여 사람들은 나름대로 사랑이란 어떤 것인지를 처음으로 알 수 있게 되며, 그 사랑은 우리의 신체적 및 정서적인 욕구를 충족시켜 주는 사람과 가까이 하고자 하는 강한 욕망과 필요도 느끼게 된다(김중술, 1994).

사랑을 학습된 하나의 능력이라고 할 때, 그 기초는 애착관계에서 시작된다. 이러한 애착이라는 개념이 중요한 것은 애착이 영아기의 부모자녀관계에만 적용되는 것이 아니라 성장 후 이성과의 애정 관계에 영향을 미치기 때문이다.

2) 애착의 유형

에인스워드(Ainsworth, 1979)는 '낯선 상황(strange situation)'이라고 표식하는 실험적 방법을 사용하였다. 이 방법은 친숙하지 않은 환경에 있는 1살짜리 아이의 행동을 다양한 상황들(엄마와 낯선 사람과 함께 있을 때, 낯선 사람과 함께 있을 때, 혼자 있을 때)에서 측정하였다. 에인스워드는 유아들이 이런 다양한 낯선 상황에 따라 다르게 행동하는 것을 발견하였으며, 부모와 유아 간의 애착관계를 세 가지 형태로 보았다(마틴 셀리그만, 김인수 역, 2009).

(1) 안정 애착

안정 애착유형의 유아는 혼자 있게 되거나 낯선 장소에서 낯선 이와 남아 있게 되면 때때로 불안해 할 수도 있고 그렇지 않을 수도 있지만, 만약 불안해 한다면 이는 분명히 어머니가 없기 때문이고 단지 혼자 있기 때문은 아니다. 따라서 친숙하지 않은 성인과 놀지 않으면서 놀이와 탐색을 하지 않거나, 낯선 이에 의해 다소 진정되거나 친숙하게 대할 수도 있지만 유아는 분명 낯선 이보다 어머니와의 상호작용이나 접촉에 더 관심이 있다. 즉 어머니가 곧 돌아오면 유아는 어머니를 반갑게 맞으며(웃거나 때론 울면서 다가가기도 함) 어머니와 신체적인 접촉을 하고자 한다. 재결합 장면에서 어머니를 회피하거나 저항하는 경향은 거의 없다. 또한 어머니와의 접촉을 통해 이내 안도감을 느끼며 편안히 놀이와 탐색을 한다.

(2) 회피 애착

'회피적' 행동을 보이는 유아는 낯선 상황에서 어머니가 떠나가는 것에 대해 별 반응을 보이지 않는다. 분리 전 장면 동안에도 거의 어머니와 접촉하지 않으며, 만약 유아가 어머니에게 접근한다면 대개 도구적인 목적으로 접근한다. 첫 번째 분리 동안 어머니를 찾는 행동을 거의 보이지 않으며, 불안해하더라도 어머니가 없어서라기보다 혼자 남겨져 있어서 불안해하는 것으로 보인다. 대부분은 낯선 이가 있을 때 불안해하지 않고 혼자 있을 때의 불안은 낯선 이가 등장했을 때 경감된다. 이러한 유아는 어머니가 방에 다시 들어와도 무시하고 다가가려 하지도 않으며 인사를 하더라도 어쩌다가 슬쩍한다. 만일, 어머니가 방으로 다시 들어와 유아에게 접근하려 하면 유아는 다른 방향으로 몸을 돌린다. 이처럼 회피적인 유아는 낯선 이를 어머니와 마찬가지로 대하는 경향이 있는데 때론 어머니에 비해 낯선 이를 덜 회피하고 만약 화가 났다면 어머니보다 낯선 이에 의해 보다 잘 진정된다.

(3) 불안정 저항 애착

이 유형의 유아는 최소한의 불안상황에서도 과잉 경계한다. 일반적으로 낯선 상황에서 '부적응적인' 행동을 보인다. 다른 유형의 유아들보다 더 화를 내는 경향이 있거나 눈에 띄게 수동적이다. 어머니와의 분리 전 장면 동안 낯선 이에 대해 접촉하거나 상호작용을 시도하지 않으며 심지어 분리 동안에도 낯선 이와의 상호작용을 거의 받아들이지 않는다. 어머니의 부재에 대한 심한 불안으로 분리 동안 격렬한 행동(화내기, 울기, 발차기, 분노로 바닥에 엎드리기 등)을 나타낸다. 어머니가 돌아오면 강한 정도의 접근과 접촉을 추구하지만 그와 함께 분노와 저항적인 행동을 나타내면서 편안해하지도 않고 놀이도 하지 않는다. 즉 어머니에게 양가적인 행동을 심하게 나타내는데, 이런 고양된 분노 행동은 반응을 잘 보이지 않는 양육자로부터 반응을 이끌어내기 위한 과장된 애착 행동의 전략으로 해석된다.

아이와 부모와의 사이에 신뢰가 있고 안정적인 애착이 성립되면 이것은 아이의 미래 발달에 지대한 영향을 미치는 듯하다. 자신의 요구에 부모가 일관성 없이 반응한다고 배운 불안정 애착유형의 어린이들은 많은 새로운 상황에서 불확실성으로 상처를 받으며 또한 많은 일상생활에서 심한 분노와 같은 부정적 반응을 보이고 부모가 근처에 있어야 한다고 집착하고 다른 사람들에 대해서 일관성 없이 반응한다. 부모로부터 관심을 잃은 회피성 유형의 아이들은 타인에 대해 많은 부정적 견해를 가지며 그들이 가까이 다가오지 못하게 한다(김은수 외, 2010).

유아기 애착관계는 이후의 아동기 발달뿐 아니라 성인기 우울증과 불안증 그리고 이성관계나 결혼관계의 적응까지 밀접한 관련이 있음이 밝혀지면서 초기 애착이 전 생애적으로 개인의 적응이나 대인관계에 지속적인 영향을 미친다는 것이 드러나고 있다.

3) 애착과 친밀한 관계

사랑에 대한 유아의 반응은 동일시를 통해 이성 간의 사랑에 이르는 능력을 형성하게 하여 아이의 전 생애에 걸쳐 지속적으로 영향을 미치게 된다. 성장기 동안 아이들이 받은 사랑은 그들이 성장한 후 이성이나 친밀한 관계에 있는 사람들에게 줄 수 있는 사랑의 바탕이 된다. 물론 성인기의 애정관계나 부모역할이 전적으로 어린 시절의 애착관계의 질에 의해서만 결정되는 것은 아니다. 이는 성장 과정에서의 경험을 통해 수정이 가능하고 확대될 수도 있다. 그러나 어린 시절의 애착관계와 성인기의 애착관계는 함께 있으면 편안하고 서로 신체적인 접촉을 하고 싶은 욕망이 생기는 것과 같이 여러 가지 면에서 공통점을 가지고 있으며, 어린 시절 경험했던 애착관계는 성장한 후의 친밀한 관계형성을 위한 기본구조가 된다(김중술, 2003). 많은 학자들은 성인들의 친밀하고 낭만적인 관계를 애착의 진행 과정으로 개념화하였다(김은수 외, 2010).

성인들의 연인이나 파트너와의 애착의 유형도 세 가지로 나눌 수 있다고 한다.

첫째, 안정적으로 애착된 성인들은 확고하고 만족스러운 관계를 확립할 준비가 되어 있는 것이다. 이들은 타인에게 쉽게 다가갈 수 있으며 타인들이 가까이 다가올 때도 편안함을 느낀다. 관계에서 안정감을 느끼고 버려질 수 있다고 두려워하지 않는다.

둘째, 불안유형 애착의 성인들은 상대와 더 가까이 하고 싶어 하지만 상대가 자신과 가까이 하는 것을 원하지 않을지도 모른다. 걱정 때문에 다가가려는 것에 대해 양면적인 감정을 가지게 된다. 그들은 파트너와 가까이 하려고 절실하게 노력함으로써 또는 관계의 진행 속에서 자신의 독립성을 포기하면서 이런 양면적인 감정을 극복하려고 노력한다.

셋째, 회피성 유형 애착의 성인들은 파트너와 어느 정도 가까워지면 불편함을 느낀다. 이들은 파트너를 신뢰한다든지 의존하는 데 있어 많은 문제점이 있다. 많은 경우 이들은 타인을 부정적으로 바라보기 때문에 그들과 가까이 지내거나 친밀함을 공유하기가 무척 어렵다(김은수 외, 2010).

연구에 따르면(김은수 외, 2010 재인용), 커플이 된 사람들은 같은 유형의 애착을 가지고 있음을 보여준다. 가장 많은 조합은 안정적 애착의 유형으로 이들은 상대에게 긍정적이며 가까워지는 데 있어 편안함을 느끼기 때문이다. 이들의 애착유형은 다른 유형에 비해 상대를 보다 사랑의 파트너가 되도록 요구한다. 354쌍의 커플을 대상으로 한 연구에 따르면, 반 이상의 커플이 모두가 안정적 유형을 가지는 것으로 조사되었다. 예상했듯이, 둘 다 불안 양가성 커플이거나 둘 다 회피성 유형의 커플의 조합은 거의 없었다. 왜냐하면 이런 종류의 사람들은 서로가 매우 모순되기 때문이다. 안정적 유형의 사람이 특히 파트너가 같은 유형의 사람이라면 최상의 관계 만족도를 가지고 있는 것으로 나타났다.

사랑하고 있을 때 애착유형은?

1| 안정 애착형 사랑하는 사람이 눈에 보이지 않아도, 잠시 떨어져 있어도 관계에 흔들림 없을 것이라는 점을 굳건히 믿는다. 그리고 자신이 사랑받을 만하다는 것을 알기 때문에 관계 역시 안정적으로 할 줄 안다. 꽤 이성적이고 건강한 모습이다.

2| 회피 애착형 겉으로 보이는 것으로 이들만큼 관계없이도 편하게 사는 것처럼 보이는 사람들이 없다. 관계에 크게 연연하지 않고, 자기만의 세계를 구축해 나가면서 부족함이 없어 보이기도 한다. 이들은 누군가 다가오는 것을 부담스러워하고, 되도록 관계를 맺으려 하지 않고, 관계가 끊어지면 그런가 보다 하는 편이다. 그러나 이들은 표현을 안 해서 그렇지 그 누구보다도 누군가가 없어지는 것에 대해 커다란 두려움을 안고 있는 아이들이 자라 이러한 유형이 되었다.

3| 불안 애착형 이들은 모습 그대로 어른이 되면 관계 속에서 불안이 크다. 조금이라도 상대가 눈에서 보이지 않으면 불안해하고 집착한다. 이들은 관계에 대한 신뢰감이 부족하기 때문에 자꾸만 확인하고 싶어 하고, 옆에 꼭 붙어 있고 싶어 하고, 의존한다. 상대에게 전화가 안 오면 핸드폰을 꼭 쥐고 기다린다. 이들은 사랑하는 대상이 있든, 없든 항상 대상에 목말라 한다.

4| 혼란 애착형 불안과 회피가 동시에 나타나는 사람으로, 상대에게 이중 메시지를 보낸다. "가버리라고, 몇 번을 말해." 그리고 "가란다고 진짜 가냐" 하며 아파한다. 이런 이들과 사랑을 하게 되면, 도대체 어느 장단에 춤을 추어야 할지 혼란스러울 뿐이다. 이들은 아마도 애정을 줄 때는 듬뿍 줬다가, 애정을 거둬 들일 때는 가차없이 엄격하고 냉정했던 부모님 밑에서 자랐을 확률이 크다. 이들 역시 어느 장단에 맞춰야 좋을지 모르는 오락가락하고 비일관적인 양육 환경에서 혼란스러웠던 것이다.

| **출처** | 선안남(2009). 심리학, 사랑에 빠지다. pp. 153-157. 부분 발췌.

자신의 성장 과정에서 부모님(혹은 양육자)과의 관계를 회상하면서 나의 애착유형은 어떠했고, 이러한 애착성향이 연인관계에 어떻게 영향을 미치는지 생각해 본다.

03 건강하고 성숙한 사랑

두 사람이 서로 사랑한다고 할 때 각자가 생각하고 있는 사랑의 의미를 서로 이해하고 받아들일 필요가 있다. 우리는 각자가 과거에 사랑받았던 방식대로 다른 사람을 사랑하기 마련이다. 그런데 각자가 사랑받은 방식이 때로는 다소 다르기 때문에, 상대방이 사랑이라고 느끼는 행동(혹은 방식)이 무엇인지를 미처 알지 못하는 때가 많다.

사랑한다는 것은 상대방의 말이나 행동 뒤에 정서적 동기를 내가 알고 있다는 믿음이며 또한 상대방도 똑같이 나의 동기를 이해하고 있다는 믿음이다. 그러므로 사랑이란 우리가 생각했던 것처럼 그렇게 감성적 혹은 생리적 반응이 아니라 오히려 그것은 인지적 인식이다. 다른 말로 표현하여 사랑의 기본요소는 감정이입적 능력이라 할 수 있다(김중술, 2001).

사랑에는 여러 유형이 있고 사람에 따라 선호하는 양식이 있는데, 그 차이를 알지 못할 때 감정이입은 근본적으로 불가능하게 된다. 그렇기 때문에 자기중심적인 사람, 타인의 입장에 서서 그 사람의 시각으로 사물을 볼 수 없는 사람은 감정이입적 차원의 성숙된 사랑을 하기 어렵다. 왜냐하면 정서적 성숙이란 자신의 감정을 한 걸음 물러서서 객관적으로 관조할 수 있는 능력을 의미하기 때문이다.

보다 건강하고 성숙된 사랑을 위해 몇 가지 제안을 해 보고자 한다(김중술, 1995; 이기숙 외, 2009).

첫째, 가능한 정확하게 자신이 선호하는 사랑의 양식과 상대방이 선호하는 사랑의 양식을 구체적으로 파악하는 일이다. 사랑이란 매우 주관적인 체험이다. 그 의미를 가장 잘 알 수 있는 방법은 어떤 말, 행위, 태도가 각자로 하여금 진실로 사랑받고 있다고 느끼게 하는지를 서로 솔직하게 알리고 확인하는 방법이다.

둘째, 자기가 상대방에게 원하는 것이 무엇인지 분명히 알려주어야 한다. 사랑하는 사람에게 원하는 것을 솔직히 말하기 어려운 이유는 무엇일까? 우선 자기의 감정에 대해 말한다는 사실 자체가 너무 적나라하게 드러내 보이는 것 같고 쑥스럽게 느껴지기 때문이다. 왜냐하면 사랑을 하다 보면 귀찮고 보기 싫고 불일치한 부정적인 면도 함께 표현해야 하기 때문이다. 또 한 가지는 우리 자신이 많은 경우에 자기가 원하는 것이 무엇인지 잘 모르기 때문이다. 사랑하는 사람들끼리 어떻게 사랑받고 싶은지를 자유롭게 말할 수 있다는 것은 그만큼 두 사람의 사랑이 깊고 관계가 돈독함을 나타내는 것이다.

셋째, 두 사람이 서로 다른 사랑의 양식을 가지고 있다 하더라도 어느 한쪽만이 전적으로 옳거나 진실한 것은 아니라는 사실을 받아들이는 일이다. 만약 자기가 사랑하는 양식만이 유일하고 올바른 사랑이라고 생각한다면, 다른 양식의 사랑들은 결코 참된 사랑이 아니라는 결론에 쉽게 빠지게 될 뿐 아니라, 상대방에게 부정적으로 표현하게 되고 서로에게 불필요한 부정적 감정반응을 일으키게 되어 결국은 관계를 더욱 악화시키는 결과를 초래한다. 건강한 사랑을 위해서는 있는 그대로 상대를 받아들이는 훈련도 필요하다.

넷째, 지금까지 자기가 해오고 있던 사랑의 표현방법을 상대방의 사랑 양식과 어울리게 변화시킬 수 있는 능력과 변화시키려는 의지를 갖는 것이다. 즉, 상대방의 반응에 귀 기울이며, 상대방의 느낌을 느끼려고 노력하고, 조용히 기다려야 할 때도 있다. 그렇게 함으로써, 원만한 대인관계를 형성할 수 있는 것이다. 자신의 행동을 필요에 따라 변화시킬 수 있는 능력은 그 사람의 정서적 성숙도와 정비례한다. 그 성격적 유연성 자체가 성숙도의 한 구성요소인 것이다.

사랑하는 행동양식에서의 변화란 자기의 사랑하는 방식을 완전히 버리고 새로운 방식을 택하라는 것이 아니다. 이와 같은 행동은 설사 우리가 하고 싶어도 현실적으로 불가능하다. 여기에서 변화란 자신은 그렇게 생각하지 않더라도 상대방이 사랑이라고 생각하는 방식으로 반응함으로써 상대방을 즐겁게 하거나 마음 편하게 해주려고 노력하는 것을 의미한다. 이와 같은 노력은 두 사람 간의 신뢰와 존경에 어느 정도 근거한다고 볼 수 있고, 또한 두 사람의 관계를 증진시키려는 순수한 의지가 있을 때만 그 성공을 기약할 수 있는 것이다.

건강한 사랑을 위해 가장 필요한 것은 바로 나를 들여다보는 것이다. 즉 사랑 관계에서 내가 무엇을 원하고, 무엇이 부족하고, 무엇을 싫어하는지를 명확히 알아야 한다.

자기정체성이 확립되지 않은 단계에서 사랑을 하는 사람들의 특징

1| **상대로부터 칭찬이나 찬사를 받기만을 바란다.** 자신이 상대를 좋아한다든지, 멋있다는 말을 하는 것이 아니라 상대가 자기를 좋아한다거나 멋있다고 말해주기만을 원하는 것이다. 그러다 보면 물질적, 심리적으로 요구만 앞서는 연애가 되기 마련이다. 당연히 사랑이 오래갈 수 없다.

2| **항상 자기에 대한 평가에만 신경을 쓴다.** 틈만 나면 "나 어떻게 생각해?", "나 좋아해?"라고 물어보면서 상대방이 자기에게 호의적인 감정을 갖고 있다는 것을 확인하려 하고, 이렇게 하지 않으면 불안해한다. 자기의 정체성을 자신이 아니라 상대방에게서 구하고 있기 때문에 이런 현상이 나타난다.

3| **교제가 깊어질수록 자아를 상실해 가는 것이 아닐까 하는 불안감에 사로잡힌다.** 자신의 정체감을 자신이 아니라 상대의 평가에 의존하고 있기 때문이다. 결국 이런 사람들은 관계가 깊어질수록 자신이 매몰되지 않을까 하는 불안감에 사로잡히게 된다.

4| **상대의 일거수일투족으로부터 눈을 떼지 못한다.** 상대가 자기를 늘 칭찬해주거나 달콤한 말을 해주지 않으면 자신의 아이덴티티가 위험해지기 때문이다. 상대가 덤덤하거나 퉁명스러운 반응을 보이면, '저 사람이 나를 싫어하고 있는 것은 아닐까?'라는 생각에 불안해진다. 이러한 까닭에 연애 관계가 서로 감시하는 관계로 변질되어 상대도 부담을 느낀다.

5| **결국 관계가 오래가지 못한다.** 상대가 자신을 비추는 거울의 기능을 하지 못하고, 실제 자신이 아니라 상대의 눈에 비친 자신의 모습이 최대의 관심사가 되고 만다. 자신에 대한 생각으로 머릿속이 가득 차버려 상대를 배려할 여유가 없다. 이러다 보면 관계는 깨진다.

| **출처** | 이철우(2008). 심리학이 연애를 말하다. pp. 150-151.

06

Chapter

이성교제

1 이성교제의 의의와 기능

2 이성교제의 발달 과정

3 이성교제와 관련된 문제

이성교제는 일반적으로 데이트(date)라고 불리는 남녀 간의 교제를 말한다. 구체적으로 개인이 스스로 선택한 사귐이고 이성에게 사랑을 구애하는 관계로 발전하는 관계이다. 현대사회의 결혼에서는 당사자 간의 합의가 가장 중요한 요소로 작용하기 때문에 이러한 이성교제는 배우자 선택의 실질적인 준비 과정이라고 볼 수 있다. 많은 사람들은 이성교제를 통해 다양한 성향을 가진 이성을 경험하고 이성에 대한 관심을 표현하는 방법을 배우게 되며, 나아가 자신의 특성과 성격을 알고 감정과 대화가 일치하는 특정 한 사람에게 범위를 좁혀 나가면서 서로를 알아가는 과정을 경험하게 된다.

본 장에서는 이성교제의 의의와 기능, 이성교제의 발달 과정에 대하여 살펴보고, 이성교제 시 나타날 수 있는 다양한 현상에 대하여 정리해 본다.

01 이성교제의 의의와 기능

1) 이성교제의 의의

이성교제는 평생을 함께 살아야 하는 배우자 선택을 위한 기초 과정으로서 이성교제를 통해 이성에 대한 관심을 보다 구체화시킬 수 있으며, 서로가 사랑의 기쁨을 느끼고 서로의 인격을 존중하고 나아가 삶의 의미를 찾게 한다. 이성교제에서 특히 중요한 것은 반드시 결혼을 전제로 하는 것은 아니므로 결혼에 대한 언질을 내포하지 않는다. 이성교제는 데이트와 구혼 과정과 함께 혼용해서 쓰이나 엄밀히 말하면 둘은 교제의 차이가 있으므로 구분되어져야 한다(정현숙 외, 2003).

데이트는 상대를 한 사람으로 한정하지 않고 다수의 이성과 교제를 즐기는 것이다. 그러다가 이성과 헤어지고자 할 때도 부담 없이 자유롭게 관계를 해소할 수 있다. 반면에 구혼 과정은 상대가 한 명으로 한정되어, 결혼을 목적으로 하는 교제이므로 친밀한 관계가 형성된다. 따라서 이성교제는 데이트 과정에서 차차 구혼 과정으로 밟아가는 것이 좋다. 데이트 과정에서 어느 특정인으로 상대를 한정하지 말고 다양한 성격과 성향을 지닌 이성들과 교제를 경험하면서 다수의 이성과 자기 자신의 특성과 성향을 고려하여 결합의 정도를 판단하고 확인하는 기회를 가져야 한다. 이러한 과정을 통하여 대화와 감정교류, 삶의 가치관이 일치하는 사람을 발견할 수 있게 되므로 그때 다수의 사람 중에서 특정한 한 사람으로 범위를 좁혀서 구혼 과정을 이루어 나가는 것이 좋다.

이와 같이 이성교제를 통하여 자신과 다른 유형의 인성을 관찰할 수 있는 기회를 제공받으며, 어떤 사람이 자기 자신에게 가장 잘 어울리는지를 확인할 수 있다. 처음부터 배우자 선택과는 무관하게 시작되었다 할지라도 시간이 지나면서 이성교제를 통해 사람들은 자신과 어울리는 이성을 탐색하며 배우자 선택의 기회를 제공받을 수 있는 것이다.

2) 이성교제의 기능

이성교제는 사랑의 본질과 기쁨을 알고 서로의 개성과 인격을 존중하고 헌신하며 협동할 수 있는 미래의 결혼생활을 학습해 보는 기회를 제공한다. 이성교제는 배우자 선택의 기초 과정이며, 생활에 신선한 활력과 의미를 부여해 주므로 인생에서 무엇보다 중요한 경험이 된다.

이성교제가 가지는 기능은 다음과 같다.

(1) 오락의 기능

이성교제는 그 자체로 생활의 흥미를 주고 즐거운 경험을 제공한다. 데이트 관계에서 즐겁지 않으면 관계를 지속적으로 해 나가기 어려울 것이다. 즉 이성교제를 통해 영화를 보거나, 음악회, 혹은 스포츠 관람 등을 함께 즐기면서 그 자체로 하나의 즐거움을 경험할 수 있다. 원래 데이팅은 오락의 형태로 출발하였고 젊은 남녀가 함께 여가를 즐기려 하는 경우도 많기 때문에 오락적 기능은 남녀관계에서 대단히 중요하다.

(2) 이성에 대한 적응의 기능

이성을 사귀어 보기 전에는 피상적인 남녀관계로만 생각하게 되는 경우가 많다. 데이트를 통해 이성이 가지고 있는 특성에 대해 이해하고 그들과 잘 지낼 수 있는 방법을 학습하게 된다. 즉 자연스럽게 대인관계 기술을 습득하게 되고 이성에 대한 막연한 신비감이나 편견에서 벗어나 좀 더 실제적인 대상으로서 이성을 접하게 되므로 이성을 대하는 태도를 세련되게 적합하게 가꾸어갈 수 있게 된다.

(3) 사회화의 기능

이성과 교제를 하는 동안 두 남녀는 서로에 대한 지식을 증가시키고 남성과 여성 사이의 유사성과 차이점을 배운다. 데이트에서 이성과 어떻게 대화를 풀어나가야 할지, 어떻게 상대를 배려하면서 반응해야 할지를 배우게 된다. 즉 의사소통 능력이 향상되고, 이성과의 접촉에서 다양한 상황을 경험하고 갈등을 해결해 나가는 동안 대처능력이나 문제해결능력, 배려하고 협력해 나가는 기술과 같은 사회적 기술이 개선됨에 따라 이성교제뿐 아니라 전반적인 사회생활에서 친밀하고 원활한 상호작용을 증진시키는 데 도움을 준다. 또한 그 사회가 기대하는 성인 남녀의 역할을 이성교제를 통해서 배우고 실천함으로써 예비사회화의 기능을 수행한다.

(4) 인성발달의 기능

이성과의 접촉은 사회가 일반적으로 기대하는 건강한 인격을 길러 주는 데 중요한 역할을 한다. 즉 이성과의 상호접촉에 의해 자신에 대한 평가와 자아의식을 상대방의 반응을 기초로 더욱 성숙시킬 수 있다. 이렇게 함으로써 개인은 끊임없이 나에 대해 생각하면서 자신과 타인의 행동에 대한 이해가 깊어지며 이를 기초로 자제력을 기를 수 있고 장점과 단점에 대한 인식이 정확해지는 것을 바탕으로 정신적인 안정과 자아의식을 발달시킬 수 있으며 건강한 인격성장을 이루어 나가게 된다.

(5) 배우자 선택의 기능

이성교제의 중요한 기능은 역시 배우자 선택에 있다. 즉 젊은이들이 친해지고 잠정적인 결혼 상대자를 고르는 기본 과정을 이성교제가 제공하게 된다. 결혼의 행복은 자기가 선택한 사람에 의해 크게 영향을 받으므로 이성교제를 통해서 인격적으로 서로 어울리며 사랑할 수 있는 배우자를 선택한다는 것은 매우 중요한 일이다.

이성교제가 지니는 기능은 이외에도 여러 다른 기능들이 있을 수 있으며, 또한 한 가지의 기능만이 나타나는 것이 아니라 중복되어 나타나는 것이 일반적이다. 또한 최근에는 과거와 달리 인터넷을 통해 이성교제의 상대를 만나는 방법들이 다양하게 나타나고 있다.

인터넷 만남이 늘고 있다

요즘 온라인 상에서의 만남이 새롭게 뜨고 있다. 인터넷 상에 온라인 미팅, 소개팅 업체들이 우후죽순 생겨나고 경쟁도 심해지고 있으며, 예전 채팅을 통한 오프라인 만남이 아닌 실명 인증과 핸드폰 인증, 호적 인증, 재직증명 등을 통해 확실하고 체계적인 관리를 통한 만남이 이루어지고 있는 것이다. 온라인 소개팅 전문업체 로엠클럽(www.roemclub.co.kr)은 하루에도 수백 명씩 회원가입을 하고 수십 명씩 커플로 이루어진다. 하루에 몇 커플, 많게는 몇 십 커플이 온라인을 통해 만나고 프러포즈를 하고 실제 커플로 이루어지고 있다.

로엠클럽이 이달 2일부터 일주일간 성인남녀 1,023명을 대상으로 온라인 소개팅을 하는 이유에 대해 설문조사를 한 결과 1위가 부담 없이 만날 수 있어서(47%)라고 답했으며, 2위 여러 사람을 만나볼 수 있어서(24%), 3위 접하기 용이해서(13%)라고 답했다. 로엠클럽 팀장은 "시간적 여유 없이 바쁘게 살아가는 현대인들이 자신의 배우자를 찾기란 쉬운 일이 아니다"라며 "시간적 제한을 덜 받고 자신의 이상형에 가까운 이성을 찾아 만남을 가질 수 있다는 매력이 채팅과는 조금 차별화를 둔 점이고 이 점이 온라인 소개팅이 뜨는 이유"라고 밝혔다. 온라인에서의 만남이 좋지 않다고 보는 시선도 아직 더러 있지만, 앞으로 인터넷이 사회생활에 한 부분을 차지함으로써 온라인 소개팅, 미팅 시장은 한층 더 발전해 나아갈 것으로 보인다.

| **출처** | 뉴스와이어(2010. 8. 13.).

02 이성교제의 발달 과정

알트만과 타일러(Altman & Taylor, 1973)는 이성관계의 발달 과정을 정밀하게 분석하여 사회적 침투 과정을 5단계로 나누어 제시하였다(최혜경 외, 2003 재인용).

1) 첫인상의 단계 (first impression stage)

이 단계는 상대방을 만나 주로 외모나 행동의 관찰을 통해 인상을 형성하게 된다. 상대방에게 호감을 갖게 되면 관심이 높아져 더 알고 싶은 마음이 생기게 되며, 개인적인 정보에 대해서도 관심을 갖게 된다.

2) 지향 단계 (orientation stage)

이 단계에서는 서로 자신에 대한 피상적인 정보를 교환하고 상대방을 탐색한다. 또 상대에게 좋은 인상을 주려고 노력하며 상대방이 자신에게 호감을 가지고 있는지 아닌지를 타진해 본다. 즉, 자신을 긍정적으로 제시하려 하면서 타인에 대해서도 비판을 미루는 다소 긴장된 상태를 유지한다. 이 단계에서는 개인적인 정보에 근거하여 관계지속의 여부가 결정되는데, 많은 만남이 여기서 종결된다. 이 단계에서는 상대의 거부로 인해 자존심이 상할 수는 있지만 마음의 상처는 그다지 크지 않다.

3) 탐색적 애정교환의 단계 (exploratory affective exchange stage)

이 단계에서는 조금 더 친밀한 태도를 취하고 대화의 내용이 더 풍부하고 깊어지며 자발성도 증가하게 된다. 상대방에 대해 호감 이상의 초보적인 애정감정 또는 사랑 감정을 느끼게 되며, 자신의 좋아하는 감정을 상대방에게 알리려고 노력하고 상대방도 자신을 사랑하는지 확인하려고 한다. 이 시기는 다소 예민하고 불안정한 단계이므로 상대방의 사소한 행동과 말에도 예민해지고 가슴을 조이게 되며, 상대방의 반응에 따른 감정의 기복도 심한 것이 특징이다. 특히 한 사람의 애정감정의 발달속도가 상대방에 비해 지나치게 빠른 경우에는 짝사랑이 될 수도 있다. 이 단계에서는 감정이 이미 개입되었기 때문에 관계가 종결될 경우 상당한 아픔을 경험하게 된다.

4) 애정교환의 단계 (affective exchange stage)

이 단계에서는 마음 놓고 상대를 칭찬도 하고 비판도 한다. 서로 사랑하며 연인 사이라는 것을 암묵적으로 인정하고 좀 더 확실한 방법으로 사랑을 표현하고 전달한다. 빈번한 데이트가 이루어지고 선물이나 편지가 교환되며 농담과 장난을 주고받으면서 친밀감이 형성된다. 그러나 이 단계에서도 다소 조심스러움이 있으며 마음속 깊이 있는 속마음을 털어놓지 않는 부분이 있다. 더불어 자신의 약점과 단점은 보이지 않으려 애쓴다. 사랑에 대한 결심이나 약속이 공식적으로 이루어진 상태가 아니기 때문에 아직 상대방의 사랑에 대한 확신이 부족하다. 이 단계는 상대방의 사랑을 확인하고 신뢰를 형성해가는 단계라고 볼 수 있다.

커플들의 이성교제 각본

1. 만남
2. 가벼운 이야기를 나눔
3. 한 명이 다른 한 명에게 전화를 함
4. 정식으로 데이트를 시작함
5. 실제적으로 애정을 겉으로 표현함
6. 함께 시간을 나눔
7. 개인적인 정보를 드러냄
8. 성관계를 가짐
9. 상대방의 부모님께 인사를 드림
10. 선물이나 꽃 등의 기념물을 교환함
11. 상대방의 인생목표와 계획에 관심을 보임
12. 보다 장기적인 관계에 대해 이야기함
13. 결혼

| **출처** | 최혜경 외(2004). 사랑학. p. 183.

5) 안정적 교환 단계

이 단계에서는 서로 속마음을 터놓고 이야기하고 서로의 소유물에도 편하게 접근하다. 또한 자신의 단점이나 약점도 두려움 없이 내보이게 된다. 이 단계에서는 상대방의 사랑에 대한 확신을 가지게 되고 신뢰와 친밀감에 바탕을 두고 안정된 애정교환이 이루어진다. 흔히 이 시기에 약혼이나 결혼약속을 하게 되고 서로의 신체적인 접촉도 활발하게 이루어진다. 이러한 안정된 애정교환 단계를 지속하다가 결혼에 이르게 되는 경우는 행복한 경우이다. 그러나 이 단계에서 부모의 반대나 유학, 질병과 죽음 등의 여러 가지 이유로 결혼에 이르지 못하고 헤어지게 되는 경우에는 마음의 상처가 크다.

03 이성교제와 관련된 문제

현대사회에서 이성교제에 대한 선택의 권리가 개인에게 있고, 이성교제에 대한 부모나 사회의 통제가 감소하고, 젊은이 자신에게 새로운 책임감이 부여되지만 사회적 기대나 성교육은 아직 정립되지 않아 이성교제 시 문제점이 발생할 수 있다. 즉 결혼 전의 성행위 통제가 문제시되거나, 데이트 관계에서 일방적인 관계로만 유지될 경우 '폭력' 으로 이어질 수 있는 부분도 있을 것이며, 이성교제 중에 관계를 종료해야 하거나 원치 않은 실연의 경험도 있을 수 있다. 그러나 아직 우리 사회는 이성교제에 대한 올바른 기준이나 지침이 제대로 마련되지 못하여 이러한 상황에서 어떻게 대처해야 되는지에 대한 준비가 미비하다.

이성교제는 미혼 남녀에게 성공적인 결혼을 위해 필요한 과정이기도 하지만, 동시에 교제 시 문제가 발생할 수도 있음을 인식할 필요가 있겠다.

1) 혼전 성관계

(1) 혼전 성관계의 의미와 실태

이성교제가 자유로워지면서 혼전 성관계에 대한 허용도도 높게 나타나고 있다. 즉 '상대방을 진심으로 사랑하면' 이라는 혼전 성관계의 전제는 결혼하지 않은 사람들의 성경험이 많아지는 원인이 되고 있다. 물론 성행위에 대한 기준과 가치는 각 사회, 문화 그리고 시대에 따라 달라지지만, 오늘날 혼전 성행위는 비교적 자유롭고 개방적이 되고 있다.

한국대학신문이 전국 200여 개 대학 남녀 대학생 2,001명을 대상으로 한 '2010 전국 대학생 의식 조사' 에 따르면(헤럴드 경제, 2010. 10. 12.), 대학생의 43.0%가 성경험이 있는 것으로 나타났다. 전체 응답자 중 남학생은 58.1%가, 여학생은 30.0%가 "성경험이 있다"고 답하였다. 즉, 대학생 10명 중 4명은 성경험이 있는 것으로 나타났는데, 이는 성개방 의식이 가속화되면서 남녀 모두 성경험이 있는 비율이 증가한 것이다. 특히, 2009년 조사 결과와 비교할 때 남학생보다 여학생의 증가세가 더욱 컸다. 지난해(2009) 성경험이 있다고 답한 남학생은 51.5%로 올해 6.6% 증가한 데 비해 여학생은 지난해(17.8%)보다 12.2% 증가한 것으로 나타났다. 학년이 높아질수록 성경험이 있는 학생의 비율도 늘어났다. 대학 4학년의 경우 남학생은 55.1%, 여학생은 44.9%가 성경험이 있다고 답했다. 또한 혼전 성관계에 대해서도 10명 중 9명 가까이가 "가능하다"고 답하였다. 혼전 성관계에 대해 전체 응답자의 56.2%가 "사랑이라는 조건이 전제된다면 가능하다"고 답했다. "결혼이 전제된다면 가능하다"는 의견은 21.1%, "특별한 전제 조건 없이 가능하다"는 반응도 12.2%에 달하는 것으로 나타났다. "절대 불가능하다"는 답변은 10.5%로 2009년 조사 결과(12.4%)에 비해 약 2% 감소한 것으로 나타났다.

이처럼 오늘날 혼전 성관계에 대하여 비교적 자유롭고 개방적이 되면서 자연스럽게 남녀 간의 신체적 접촉 또한 높아지고 있는 것이 사실이다.

커플들이 처음으로 성관계를 가질 준비가 되었을 때, 성관계에 대한 결정에 영향을 미치게 되는 요인들이 있다. 크리스토퍼와 케이트(Christopher & Cate, 1984, 1985a; 최혜경 외, 2004 재인용)는 성적 의사결정 요인 척도를 개발하여 연구한 결과,

젊은 성인들이 첫 성관계를 결정하는 데 기초가 되는 네 가지 원인들을 다음과 같이 밝혔다.

첫째, 긍정적 감정/의사소통(예 상대방에 대한 사랑)

둘째, 각성/감수성(예 성관계 직전의 신체적 각성상태)

셋째, 의무와 압력(예 성관계를 가지자는 상대방의 압력)

넷째, 주변의 정황(예 술을 마신 정도)

이 중 어느 차원을 더 중요하게 생각하는지는 성별이나 성경험의 정도에 따라 차이가 있었다. 긍정적 감정/의사소통 차원은 여성들에게 더 중요한 차원인 반면 의무/압력은 남성들에게 더 중요한 차원으로 나타났다. 또한 성적 경험이 없는 대상자들은 긍정적 감정/의사소통을 특히 중요하게 평가하고, 성적 경험이 많은 대상자들은 각성/감수성 요인을 더 중요하게 평가하는 경향이 있었다.

커플들이 성적 경험을 시작하게 되는 시기도 다양하다. 크리스토퍼와 케이트(Christopher & Cate, 1985b; 최혜경 외, 2004 재인용)의 연구에 의하면, 커플들이 혼전 성관계를 맺는 경로는 다음과 같다고 한다.

첫째, 빠르게 성관계를 맺는 커플들(7%): 이들은 매우 빠른 시기(종종 첫 데이트 때)에 성관계를 맺는다.

둘째, 점차적으로 성관계를 맺는 커플들(31%): 이들은 첫 데이트, 지금의 데이트, 커플로서 고려를 하는 단계, 둘을 커플로 지각하는 단계를 거치면서 점차적으로 성적 행동을 증가시킨다.

셋째, 성관계를 지연시키는 커플들(44%): 이들은 자신들을 커플로 고려할 때까지 성적인 관계를 지연하려는 경향을 보인다.

넷째, 성관계 의존도가 낮은 커플들(17%): 이들은 자신들을 커플로 느끼고 있지만 성적으로는 아직 가깝지 않은 커플들이다.

빠르게 성관계를 맺는 커플들은 다른 경로의 커플들에 비해 자신의 높은 성행동 수준을 정당화하기 위해 비교적 높은 수준의 사랑을 보고하기도 하는 반면, 관계의 초기에 겪는 갈등의 수준도 높은 것으로 나타났다.

결국 개인들이 새로운 관계를 시작할 때에 그들이 이전에 가지고 있었던 성에 대한 태도와 성적 행동의 역사가 현재의 성적 행동의 내용과 성적 행동의 진행속도, 그리고 그 행동이 파트너에게 주는 의미 등에 영향을 미치게 되는 것이다. 보다 건강하고 친밀한 관계를 유지하기 위해서는 이성관계에서 나타나는 다양한 상황과 위기에 대처할 수 있는 능력을 계발할 수 있도록 성에 대한 적절한 정보와 지식의 습득이 필요하다.

(2) 혼전 성관계에 대한 점검

남녀의 성관계는 사람들마다 각자 다르고 커플마다 각기 다르다. 그 차이를 인정하고 받아들이고 조정하는 것이 건강한 성관계를 유지하는 방법이다. 그러나 간혹 남녀 간의 성적 통념과 오해로 인해 파트너끼리 거리감이나 문제가 발생할 수도 있다.

무엇보다 혼전 성관계는 상대방에 대한 배려가 전제되어야 한다. 두 사람 중에서 누구라도 원하지 않거나 준비가 되어 있지 않다면 성관계를 하지 말아야 할 것이다. 현재 사랑한다는 이유로 상대방이 원하지 않는 성관계를 가진다면 서로에 대한 신뢰와 믿음이 사라지게 될 수도 있기 때문이다. 성관계에 대한 결정은 상대방이 하는 것이 아니라 자기 자신을 가장 먼저 점검하고, 두 사람 모두의 결정을 존중하는 마음이 우선되어야 할 것이다.

다음의 혼전 성관계에 대한 '자기점검' 질문을 통하여 파트너 관계를 검토해 보도록 한다(정현숙 외, 2003).

첫째, 개인적 원칙으로써, 나의 행동은 나 자신과 타인에게 신체적 혹은 심리적으로 부정적 영향을 줄 것인가? 이 행동 후 야기될 성병과 임신 및 자녀양육에는 어떻게 대처할 것인가? 성으로 인하여 얻게 되는 병에 대하여 나는 얼마나 알고 있는가? 등이다.

둘째, 사회적 원칙으로써, 지금 나의 행동은 사회적으로 바람직하게 받아들여지는 것인가? 이러한 성적 행동이 건전한 사회를 구축하는 데 기여할 것인가 아니면 그 반대인가? 등이다

셋째, 종교적, 도덕적 원칙으로써, 나의 동료나 후배에게 나의 혼전 성관계를 알릴

수 있는가? 나의 이 행동은 그들에게 권장할 만한가? 아니라면 그 이유는 무엇인가? 나의 이 성행동에 대하여 나의 종교는 무엇이라고 말하는가? 나는 나의 종교적 원칙과 도덕적 신념을 따를 수 있는가 혹은 따르려고 노력하는가? 등이다.

넷째, 심리적 원칙으로써, 나의 이러한 성행동 후에 죄책감이 따를 것인가? 그 죄책감을 어떻게 다룰 것인가? 혼전 성경험은 결혼 후 나의 성에 대한 태도와 질에 어떤 영향을 미칠 것인가? 임신을 하게 된다면 어떻게 할 것인가? 낙태를 할 것인가? 출산하여 자녀를 양육할 것인가? 혹은 입양할 것인가? 그 후에 결혼은 어떻게 할 것인가? 등이다.

이상과 같은 다각적 측면의 진지한 자기 진단적 숙고는 자신과 상대방에게 책임감 있는 행동을 하게 할 것이며, 무분별하거나 일시적 쾌락 위주의 성행동으로부터 분별력을 가지게 할 것이다.

2) 데이트 폭력

(1) 데이트 폭력의 개념과 실태

이성교제에 대하여 개방적이고 이성교제를 시작하는 시기가 점차 빨라지고는 있지만, 보다 진지하게 데이트 관계가 시작되는 경우는 대학생 시기이다. 결혼 전 데이트는 미혼남녀가 서로 이성에 대한 관심을 가지고 친밀감을 형성하며 이성 간 기대되는 역할을 학습하는 기회를 제공하며 궁극적으로는 미래 배우자를 선택할 수도 있는 중요한 기능을 한다. 그러나 이러한 긍정적인 측면과 더불어 부정적인 측면도 공존하고 있는데, 데이팅 동안 서로의 양립성을 조율하는 과정에서 파트너들은 많은 갈등을 겪으며 갈등해결 과정에서 폭력을 경험하기도 한다(김예정 · 김득성, 1999).

데이트 폭력은 미혼의 남녀가 결혼 전에 교제하는 과정에서 상대방에게 해를 끼칠 의도로 행한 모든 언어적 · 신체적 행위를 의미한다(송진숙 외, 2006). 그러나 데이트 관계에서 여성의 의사에 반하였으나 폭력이나 협박이 없이 일어난 행동은 문제시되기가 어렵다. 친밀한 관계이기 때문에 더욱 엄격한 기준이 요구된다. 부부강간을 처벌하는 「가정폭력특례법」의 경우도 '폭행이나 협박의 경우가 현저해야 하며, 단순히 배우자의 동의 없는 강제적 성관계'는 배제된다. '때리면서 또는 때린 뒤 강제적 성관계를 맺거나 원치 않는 변태적 성관계를 물리력을 동원해 강요하는' 정도가 되어야 처벌대상이 되고 있다.

데이트 성폭력에서 문제되는 것 중의 하나가 남성들이 여성들의 피해에 대해 잘못 인식하는 것이다. 한 예로 남성들은 가까운 사람으로부터 강간 당하는 것이 모르는 사람에게 당한 것보다는 나을 것이라고 가정한다. 아는 사람에게 당했을 때 감정적 외상이 덜 할 것이라는 것이다. 하지만 여성들은 자신이 믿었던 사람이냐 모르는 사람이냐에 관계없이 피해로 느끼며 오히려 신뢰했던 경우에 더 상처를 입는다(이재경 외, 2007).

데이트 상대의 폭력성 점검

아래와 같은 사항을 점검함으로써 당신의 데이트 관계가 건강한지, 아니면 폭력적 성향을 가지고 있는지 점검해 볼 수 있다. 또한 자기 자신이 폭력적인 통념이나 행동들을 '낭만적'이거나 '남자다운' 것으로 잘못 받아들이고 있는지에 대해서도 생각해 볼 수 있다.

- 날 못 믿어? 날 사랑하지 않아?
- 나만 믿어!
- 긴장하는 거 같다, 괜찮아~ 어깨에 손을 올려도 돼?
- 네가 날 얼마나 사랑하는지 보여줘.
- 길거리에 깔린 게 여자야!
- 내가 너한테 쓴 돈이 얼마인지 알어?
- 너는 나를 너무 흥분시켜!
- 너는 특별해, 다른 여자들 하고는 달라.
- 내가 널 얼마나 사랑하는지 보여 줄게.
- 같이 잠만 자자. 섹스는 안 할게.
- 어차피 결혼할 건데 어때? 혹시 날 그냥 지나가는 남자로 생각하고 있는 거 아니야?
- 술도 깰 겸 잠시 쉬었다 가자. 아무 짓도 안 할게.
- 내가 나쁜 짓 할 것도 아닌데 왜 그래? 내가 치한이라도 되나?
- 끝까지 가지는 않고 키스랑 애무만 할게.
- 너랑 하나가 되고 싶어. 우리 사이가 더 가까워질 거야.
- 절대로 헤어지지 않을 테니 걱정 마!
- 순결을 지켜야 하는 시대는 이미 지나갔어. 남녀가 평등해지려면 구시대적인 순결 이데올로기는 버려야 한다고!

| **출처** | 연세대학교 성폭력 상담소(2011).

한국여성의 전화 성폭력상담소에 따르면(프레시안 뉴스, 2009. 11. 26.), 2007~2008년 이뤄진 총 954건의 성폭력 피해 상담 가운데, 가해자가 데이트 상대자인 경우는 275건(25.3%)으로 가장 높은 수치를 기록했다. 직장 동료 172건(18.0%), 모르는 사람 94건(9.8%), 친인척 87건(9.1%)이 뒤를 이었다. 데이트 폭력의 피해 유형으로는 스토킹 156건(56.7%), 신체적 폭력 55건(20%), 강간 47건(17.1%) 순이었고, 피해 연령은 20대가 135건(49.1%)으로 가장 많았다.

한국여성의 전화는 2009년 9월부터 한 달간 서울지역 11개 대학의 796명(여성 61.85%, 남성 38.2%)을 대상으로 '서울 지역 대학생 데이트 폭력 실태조사'를 실시하였다. 정서적 · 언어적 · 신체적 · 성적 폭력 등 4개 범주로 구분하여 데이트 폭력 경험률을 본 결과, 여성 77.8%와 남성 69.4%가 정서적 폭력을, 여성 61.4%와 남성 59.3%가 언어폭력을 경험한 적이 있다고 응답하였다. 신체적 폭력은 여성 32.7%, 남성 41.5%로 여성보다 남성의 신체적 폭력의 경험률이 더 높은 점이 특징적이다. 10명 중 4명꼴로 원치 않는 신체적 접촉 · 성관계 강요 · 강간 · 음담패설 등 성폭력을 경험했다고 밝혔으며, '내 기분에 관계없이 키스한 적이 있다'(여 24.2%, 남 17.3%), '내가 원하지 않았는데 가슴과 성기를 만진 적이 있다'(여 15.6%, 남 6.2%), '성관계를 강요받았다'(여 12.1%, 남 6.6%) 등의 응답이 많았다. 성폭력이 있었지만 관계를 유지한 이유에 대해 여성 응답자의 절반은 '항상 그러는 것은 아니어서'라고 대답한 반면, 남성의 45.9%는 '사귀는 사이에 자연스러운 일이므로'라고 응답하고 있었다. 여성들은 한번 참아보자는 것이고, 남성들은 폭력을 데이트의 한 특성으로 받아들이는 것으로 성별에 따른 인식 차이를 엿볼 수 있다. 이처럼 친밀한 관계에서 발생하는 폭력은 사랑의 감정과 혼합되어 있어 가해자나 피해자 모두 범죄행위로 인식되지 못하는 경향이 있고, 적당한 구실을 대어 합리화하며 지나가곤 한다. 데이트 폭력을 예방하기 위한 방안으로는 '사회적 인식 전환을 위한 캠페인'(56.1%), '스토킹 처벌법 마련'(19.1%), '데이트 폭력 예방 교육'(9.9%), '성평등 강좌 증설'(9.2%) 등을 꼽고 있어 개인적 차원에서의 노력이나 시도보다는 사회적 차원의 방안을 제시하고 있는 것으로 나타났다.

(2) 건강한 데이트 관계

데이트 폭력은 결혼생활 이후에도 지속되기 쉽다는 점을 인식하고 이성교제 시 다양한 점검을 통해 건강한 관계를 갖도록 한다.

데이트 시 '건강한 관계'를 형성할 수 있는 지침은 다음과 같다(연세대학교 성폭력상담소).

① 적절한 신뢰관계를 형성한다.

② 일단 자신을 조금 드러내고, 상대방이 어떻게 반응하는지 확인한 후 다음 행동을 결정한다.

③ 상대방이 신뢰관계를 유지할 수 있는가를 확인한 후, 그 사람과의 관계를 만들어 간다.

④ 새로운 사람과 관계를 형성하는 것이 자신에게 어떠한 영향을 미칠지 먼저 생각해 보고 결정한다.

⑤ 친밀한 관계로의 발전은 천천히 진행한다.

⑥ 자기 자신의 발전에 늘 초점을 맞추어서 행동한다.

⑦ 성적인 행동은 나 자신의 행동에 따라서 결정하되, 행동하기 전에 결과에 대하여 심사숙고한다.

⑧ 상대방이 무엇을 원하든 상관없이 자신의 규범과 가치를 지킨다.

⑨ 상대방이 언제 자기 자신의 영역에 침범하는지 주의한다.

⑩ 자신이 원하지 않는 선물, 접촉, 성행위에 대해서 "NO"라고 말한다.

⑪ 신체적 접촉을 하기 전에 상대방의 의사를 묻는다.

⑫ 상대방의 의사를 존중한다.

⑬ 나의 이익을 위해 상대방의 관대함을 이용하지 않는다.

⑭ 자신의 자존심을 지킨다. 즉 상대방이 자신을 좋아해 주기 바라는 마음에서 지

나치게 베풀지 않는다.

⑮ 상대방이 자신의 관대함을 이용하지 않도록 주의한다.

⑯ 자신이 어떤 사람인지, 그리고 자신이 무엇을 원하는지 잘 알고 있어야 한다.

⑰ 표현하지 않아도 상대방이 내 마음을 잘 알아 줄 것이라고 생각해서는 안 된다.

⑱ 자신의 욕구와 필요를 분명하게 이야기한다. 하지만 당신이 거절당할 수 있다는 사실도 알고 있어야 한다.

⑲ 자기 자신을 늘 친절, 사랑, 존경으로 대한다.

데이트 폭력 알아 둡시다!

1 이것도 데이트 폭력!!

- 물건을 집어던져 위협을 느끼게 한다.
- 술을 마시고 행패를 부린다.
- 원치 않는 행위를 집요하게 강요한다.
- 평소에도 잦은 폭언으로 상처를 준다.

2 이런 사람 데이트 폭력 행사 가능성 높다.

- 질투심과 소유욕이 강한 사람
- 자신의 잘못을 두고 책임을 다른 곳으로 돌리는 경향이 있는 사람
- 갑자기 분노를 표출하거나 욱하는 성질이 있는 사람
- 예전에 폭력을 행사했거나 경험했던 사람
- 술을 마신 후 술버릇이 좋지 않은 사람
- 데이트 상대의 행동에 이래라저래라 하는 사람
- 술이나 기타 약물을 상대방에게 강요하는 사람
- 너무 빨리 스킨십을 요구하거나 성관계를 강요하는 사람

출처 | 아주대학교, 성폭력 상담센터(2011).

3) 이성관계의 해소

많은 사람들은 이성교제를 하면서 긍정적인 면을 보여주려고 애를 쓴다. 즉 이성교제를 하면서 매력적이고 흥미롭게 유지하기 위한 노력은 하지만, 서로의 차이에 대해 진지하게 이야기하거나 문제를 해결하는 데에는 미숙하다. 물론 좋은 면만을 보여주려는 것이 잘못된 것은 아니지만 이것이 서로를 있는 그대로 이해하는 데 걸림돌이 될 수 있으며, 시간이 지나면 심각한 갈등이 초래될 수 있다. 또한 서로 '사랑' 이라고 생각하면서 관계를 유지하다가 어느 상황에서 파트너를 정리하고 싶은 시기도 경험하게 된다.

(1) 이성관계 해소 모델

이성관계가 파국에 이르게 되는 단계를 설명하는 모델은 여러 가지가 있다. 그 가운데서도 사회심리학자 덕(S. Duck)의 '관계 해소 모델' 은 이성관계가 끝나는 과정을 다음과 같은 4단계로 설명하고 있다(이철우, 2008).

① 1단계: 개인 내 단계

처음에는 좋기만 하던 사람이지만 계속 지내다 보면 흠도 보이고 불만이 생긴다. 사소한 불만이라도 계속 쌓이다 보면 두 사람의 관계는 악화되기 쉽다. 게다가 이러한 불만들을 바로바로 해소하지 않으면 어느 순간 더 이상 참을 수 없다고 생각하는 단계에 이르게 된다. 바로 이 단계가 '개인 내 단계' 이다. 이 단계에서 사람들은 연애 자체를 다시 생각해보게 된다. 지금의 연애가 제대로 된 연애인지 심각하게 의심해보기 시작하는 것이다. 그리고 무엇 때문에 여기까지 이르게 됐는지 곰곰이 생각해 보기도 한다. 이러한 이유나 원인을 찾는 것은 관계를 발전시키기 위해서가 아니다. 사람들은 이 단계에서 상대방에게 직접 불만을 내뱉지 않는다. 행동이나 말투에서 은연중 불만을 드러낸다. 따라서 언어 소통뿐 아니라 비언어적 소통을 통해 불만이 나타나는 것이 일반적이다. 이 단계에서는 친밀함을 보여주는 행동들은 눈에 띄게 사라지고 대화를 할 때도 건성으로 대답한다. 물론 만남의 횟수도 두드러지게 줄어들고, 만나도 과거의 열렬했던 시절과 같은 분위기는 절대 찾아볼 수 없다.

개인 내 단계가 첫 단계이긴 하지만 연애가 파탄 나느냐 여부는 전적으로 이 단계에 달려 있다. 이 단계에서 슬기롭게 대처하지 못하면 그 연애는 이미 돌아올 수 없는 다리를 건너게 된다.

② 2단계: 관계적 단계

'관계적 단계'는 언어를 통한 관계의 해소가 본격적으로 시작되는 단계이다. 이 단계에 접어들면서 상대에게 직접 불만을 이야기한다. 즉 서로의 관계 자체에 대해 이야기를 하기도 하고 그동안 쌓였던 불만을 터트리기도 한다. 그러면 상대방 역시 그동안의 불만을 노골적으로 이야기하면서 싸움으로 발전하는 경우가 많다. 물론 이 단계에서 타협점을 못 찾는다고 해서 연애가 바로 끝나는 것은 아니다. 마음속으로 상대방이 내 뜻대로 변하거나, 혹은 변하는 모습을 보여줌으로써 관계를 회복했으면 하는 바람이 아직 남아 있다.

만약 이 단계에서 연애의 종말을 먼저 이야기한 쪽은, 연애가 끝난 뒤 서로 어떻게 처신할지에 대해 이야기하고 상대가 받아들이도록 시도한다.

③ 3단계: 사회적 단계

이 단계는 두 사람이 헤어졌다는 것을 주위 사람들에게 알리고, 이에 대해 변명이나 해명을 하게 되는 상황이 발생한다. 이러한 해명은 자신의 자존심을 보존하기 위한 수단이 되기도 하고, 새로운 사람과 사랑을 해야 할 경우를 위한 대비책이 되기도 한다. 이런 과정을 통해 독신으로서 사회적 지위를 회복하거나 다른 사람의 연인으로 자리를 옮겨 앉기도 한다. 미련이 많은 사람들은 이 단계에서도 자신의 연애가 끝났다는 것을 받아들이지 못하는 경우도 있지만, 시간이 지나면서 그 사랑은 다시 재개될 가능성이 거의 없다는 것을 알게 된다.

④ 4단계: 추억의 매장 단계

사회적 단계를 거친 후에는 좋았던 시절의 기억과 감정을 정리할 필요가 있다. 따라서 상대방의 기억을 완전히 지우는 방법으로 서로 주고받았던 사진이나 편지, 선물 등을 정리하는 것이 필요하다. 그러나 마지막 단계를 제대로 처리하지 못하는 사람들이 상당히 많다는 것이다. 이 단계가 정리되지 않으면 새로운 사람과 만남을 시작한다 해도 본인에게나 상대방에게도 도움이 되지 않으며 제대로 실연의 극복이 이루어지지 않는다는 것을 명심해야 할 것이다.

(2) 이성교제 해소 시 고려할 사항

이성교제 중에 해결해야 하는 것은 교제 과정에서 자신의 파트너가 적합하지 않다고 판단될 때 이를 정리하는 것이다. 다음은 더 이상 관계를 유지시키고 싶지 않은 파트너와 헤어질 때 고려해야 할 사항들의 실질적 지침이다(김정옥 외, 2000).

첫째, 관계를 끝내는 것이 자신이 원하는 것이라고 결정해야 한다. 어떤 경우에는 그 파트너와의 관계를 정리하고 다른 사람을 만나는 것보다 그 관계를 '조정' 하는 것이 더 쉬울지도 모른다. 차이점을 절충하는 것, 타협하는 것, 기대를 변경하는 것, 그 관계에 시간을 더 많이 제공하는 것 등은 관계를 끝내는 것에 대한 대안이다. 그러나 어떤 경우에는 감정이 상한 관계를 살리려고 노력하는 것보다 끝내는 것이 더 현명할지 모른다.

둘째, 자신이 관계를 끝낼 때 상대방이 상처를 받을 것임을 인정하고 받아들여야 한다. '나는 더 이상 그(그녀)와 만날 수 없다. 그러나 또한 나는 그(그녀)에게 상처 주기를 원하지 않는다' 라고 한다면, 그 두 가지는 모순되는 것이다. 자신이 사랑하는 어떤 사람과의 관계를 끝맺는 것은 일반적으로 그 사람에게 상처를 주는 것이다.

셋째, 관계를 끝내기로 결정하는 것이 목표이며 파트너에게 상처 주는 것은 피할 수 없으므로, 명확한 이유(예 나는 더 많은 자유를 원한다. 나는 다른 도시에 있는 대학원에 가기를 원한다. 나는 마음 붙일 준비가 되어 있지 않다 등)를 들어 관계를 지속하기를 원하지 않는다는 것을 파트너에게 이야기해야 한다. 파트너를 비난하거나 파트너에게 사태가 더 좋아질 수 있는 여지를 주지 말아야 한다. 자신의 요구에 명확한 이유를 제공함으로써 파트너로부터 멀어지는 선택을 해야 한다. 파트너에게 이야기하는 방식은 직접 말로 할 수도 있으며 간접적인 방법(전화, 메일)을 택할 수도 있다.

넷째, 관계를 완전히 끊어야 한다. 만약 관계를 끝내고자 하는 마음을 가지고 있었다면 파트너와의 관계에 덜 몰두했을 것이다. 몰입 수준이 낮을수록 상처를 덜 받고 쉽게 다른 사람을 만날 수 있다. 그럴 경우 파트너는 힘든 시간을 보낼 것이지만, 만약 내 자신이 완전히 떠난다면 더 빨리 치유될 것이다. 자신의 인생에 그 사람이 머물도록 하는 것은 상대방의 상처를 살아 있게 하는 것이다. 일단 관계를 끝내기로 결정했다면 그 관계를 완전히 끝내버리는 것이 필요하다.

다섯째, 새로운 관계를 시작하는 것도 좋다. 다른 사람과 사귐으로써 관계를 끝낸다는 것을 헤어진 파트너에게 알려 줄 수도 있다. 또한 헤어진 파트너가 다른 사람을 만나는 것을 권할 수도 있다. 시간은 헤어진 후의 관계를 정리하고 상처를 치유하는 데 중요한 역할을 한다.

(3) 실연의 극복

파트너 관계를 해소할 경우 내가 먼저 관계를 끝냈건, 상대방이 끝냈든지 간에 서로가 시간을 가지는 것이 도움이 될 수 있으며, 이러한 경험을 통해 분명히 배우거나 알게 되는 것이 있다. 지난 관계에서 경험했던 결과가 다음의 새로운 파트너 관계에서 더 성숙되고 성장할 수 있도록 노력해야 한다.

실연이란 자신의 사랑을 상대방이 받아주지 않음으로써 불행감과 더불어 자긍심과 체면에 손상을 주고 때로는 사회적으로 매우 곤란한 상황에 빠지게 되는 불행한 사건일 수 있다(김중술, 1994). 실연은 사람마다 유형마다 다를 수 있고, 여러 가지 심리적 후유증을 남길 수 있다. 상실경험으로 인해 정서적으로는 슬픔과 우울감이 나타나거나, 헤어진 연인에 대한 미련과 후회, 거부당한 것에 대한 분노와 적개심, 복수심 등이 복합적으로 나타나기도 한다. 이때 인지적인 기능도 저하되고, 특히 자신에 대한 부정적인 생각에 휩싸이기도 한다.

실연의 고통에서 벗어나는 것은 쉬운 일이 아니다. 실연당한 사람은 초기에 아픔에서 벗어나지도, 다시 사랑할 수도 없을 것이라고 생각하기 쉽다. 그러나 대부분의 사람들은 실연의 아픔을 극복하게 되는데 일반적으로 세 단계를 거치게 된다(최혜경 외, 2004).

① 충격과 고통의 시기

실연 직후의 슬픔, 우울, 미련, 배신감, 분노의 감정에 휩쓸리는 고통스러운 시간이다. 이 시기에 실연의 고통을 부인하거나 자신을 기만하지 말고 자신이 실연으로 고통스럽고 괴로워한다는 사실을 마음속 깊이 받아들이고 자신의 감정과 행동은 실연한 사람들의 자연스럽고 정상적인 반응임을 깨닫는 것이 중요하다.

② 치유의 시기

여러 가지 노력을 통해 실연의 상처가 서서히 아물게 된다. 즉 실연의 고통을 주위 사람들에게 표현하여 도움을 요청하거나 새로운 환경의 변화를 꾀하거나 여행을 통해 기분전환을 하거나, 일에 몰두하면서 실연 전의 일상적인 생활로 되돌아가는 것도 하나의 선택이다

③ 성숙의 시기

실연의 아픔을 극복하며 자기점검을 하게 되고, 한층 성숙해지며 사랑에 대해 새로운 시각을 갖게 된다. 즉 사랑을 잃어 버렸다고 해서 사랑하는 능력이나 사랑받는 능력까지 없어진 것은 아니다. 상실의 정도가 클수록 감정도 더 격렬하고 치유되는 시간도 많이 걸릴 수 있으므로, 이러한 치유 과정을 통하여 다시 한 번 실연의 원인을 재정리하면서 보다 성숙되고 성장된 '자신' 을 발견하도록 한다.

이외에 실연을 극복하는 방법으로써(송웅달, 2009) 첫째, 단순하면서도 가장 좋은 방법으로 더 많은 보상, 더 많은 기쁨을 가져다 줄 새로운 상대를 만나 사랑에 빠지는 것이다. 사랑의 상처는 또 다른 사랑으로만 치유될 수 있는 법이다. 그러나 실연 후 외로움과 결핍감 때문에 상대에 대한 올바른 판단을 할 수 없을 수도 있음을 유의해야 한다. 둘째, 사랑하는 사람으로부터 받은 카드와 편지들, 선물들을 다 버려야 한다. 그 사람을 생각나게 하는 모든 것들을 제거해야 함은 물론이다. 셋째, 사랑의 금단 현상을 피하기 위해 운동만큼 좋은 게 없다. 건강한 몸매는 새로운 사랑을 더 빨리 시작하도록 도움을 줄 수 있다. 더불어 야외에 나가 햇볕을 쪼이면 기분전환에 도움이 된다. 슬픔에 젖은 뇌를 밝은 햇볕 아래 보송보송 말려야 한다. 넷째, 행복한 사람들과 함께 어울려 시간을 보낸다. 혼자 있게 되면 슬픔이 밀려 올 수 있기에 절대 혼자 있으면 안 된다. 다섯째, 자신을 좋아하고 또 자신이 좋아하는 친구들과 함께 어울리도록 한다. 이러한 방법들을 참고해 볼 수 있다.

실제 대학생들을 대상으로 '실연에 대한 반응' 에 대한 연구에 의하면(Glenn Willson, 김정범 역, 2009), 여성보다는 남성이 지난날의 연인의 꿈을 꾸거나, 공상을 하는 과정을 더 많이 경험한다는 것이다. 이는 남성들이 시각적인 경향을 가지고 있음을 반영하는 것이다. 또한 두 사람의 관계 중 즐거웠던 일 쪽이 불유쾌한 장면이나 에피소드보다도 훨씬 많이 마음에 남아 있었다.

우리는 흔히 현재의 행복을 과거의 행복에 관련시켜서 판단하곤 한다. 그런데 연

인과의 즐거웠던 시간들을 헤어진 후에도 기억하고 있다는 것은 역설적인 것 같기도 하지만 체념적이고 방어적인 자세보다 훨씬 깊은 상처를 받았음을 의미한다. 여성이 깨어진 사랑의 상처에서 회복하는 데 남성보다 시간이 조금 더 걸렸다. 그리고 일부이기는 하지만 대단히 긴 시간이 걸리는 사람도 있었다. 실제로 남성의 7%, 여성의 11%는 회복하는 데 1년 이상의 기간이 필요했다.

실연에 대한 학생들의 반응

반응 양상	남성(%)	여성(%)
자주 만났던 장소에 몇 번이나 간다.	11	10
자주 만났던 장소를 피한다.	3	3
우연한 만남을 피한다.	5	5
우연한 만남을 시도한다.	6	4
즐거웠던 일만을 생각한다.	16	16
불쾌했던 일만을 생각한다.	2	4
파트너의 일을 꿈꾼다.	16	11
헛된 공상에 빠진다.	14	11
상상에 의해 재인식한다.	6	8
닮았기 때문에 좋아하거나 싫어하거나 한다.	6	5
모방적인 매너리즘에 빠진다.	2	2
기념품을 간직하고 있다.	7	11
옛 편지를 되풀이해서 읽는다.	7	9

| **출처** | Glenn Willson, 김정범 역(2009). 사랑의 미스터리 성심리학으로 풀다. p. 108.

07

Chapter

배우자 선택

1 배우자 선택이론

2 배우자 선택의 기준

3 배우자 선택 시 고려해야 할 점

배우자 선택은 인간이 살아가면서 하게 되는 의사결정 중 중요한 선택 중 하나이다. 수많은 사람들이 결혼에서 느끼는 행복과 불행은 처음에 그들이 어떻게 맺어졌느냐에 좌우된다고 해도 과언이 아니다. 결혼을 성립시키고 가족 형성의 시발점으로서 배우자를 선택하는 것은 개인뿐 아니라 가족과 사회의 입장에서도 중요하다. 과거 전통사회에서 결혼은 가문의 영속과 번창을 위하여 가문 대 가문이 결합하는 것을 의미하였기 때문에 부모가 주체가 되어 중매혼에 의한 배우자 선택이 이루어졌다. 그러나 오늘날은 결혼에 대한 가치관이 변하면서 개인의 행복을 목적으로 사랑에 기초한 결혼을 하기 때문에 개인의 의사에 따라 자유롭게 배우자를 선택함으로써, 부모의 결정권은 약화되었다. 행복한 결혼생활을 위한 건강하고 성숙한 배우자의 선택은 개인의 책임이 되었고 자신에게 적합한 배우자감을 식별하는 지식과 판단력이 더욱 필요한 시점이라 하겠다.

본 장에서는 배우자 선택의 다양한 이론, 배우자 선택의 기준, 배우자 선택 시 고려해야 할 사항에 대하여 살펴보도록 한다.

01 배우자 선택이론

배우자란 개인적으로는 일생의 동반자로서 인생의 희로애락을 함께 하며 사회적 지위와 관계망까지 결정하는 반면에 가족과 사회에서는 양가의 가족지위, 관계망에 영향력을 미친다. 이러한 배우자 선택의 범위나 통제는 사회, 문화, 시대적 상황에 따라 다르게 나타난다.

개인을 기초로 하는 사회는 애정, 사랑, 정서적 매력 등 개인이 추구하는 욕구의 범위 내에서 이루어지나 친족 중심의 사회에서는 가족의 기능 및 유대를 적절히 보장하고 보완할 수 있는 범위에서 통제되고 결정되기도 한다(Adams, 1980, 김정옥 외, 2000, 재인용).

배우자 선택과 관련된 다양한 이론 중 가장 빈번하게 제시되는 이론을 중심으로 살펴보도록 한다.

1) 교환이론

배우자 선택은 일종의 교환 과정으로 설명할 수 있다. 인간은 배우자 선택 상황에 비용(costs)보다는 더 많은 이득(benefits)을 얻으려 하는 경향이 있으며, 그 결과 자신에게 가장 많은 보상을 주는 사람을 배우자로 선택하게 된다는 것이다. 즉 이론에서는 우리가 인정을 하든 안 하든 배우자 선택이 결혼 시장(marriage market)에서 행해지며, 다른 시작과 마찬가지로 남성과 여성이라는 상품을 중심으로 교환이 이루어진다. 교환 과정에서 비용이나 보상은 시대나 사회에 따라 차이가 있지만, 일반적으로 사회계층이나 신체적 매력, 직업, 학벌, 가문, 경제력 등이 중요한 기준이 된다. 사회적, 개인적으로 바람직스럽다고 생각되는 특성이 무엇이든 누구나 그러한 특성, 즉 자원을 가능한 한 많이 지닌 상대방을 선택하려 한다.

2) 보완욕구이론

윈치(Winch, 1958)는 사람들이 서로 비슷한 사람보다는 서로를 보완해 줄 수 있는 요인이 있을 때 매력을 느끼고 이러한 특성이 배우자 선택에서도 작용한다고 보았다. 자신과 비슷한 특성보다는 서로의 성격이나 욕구가 다르다는 것이 보완적 역할을 하여 서로에게 매력을 느끼고 배우자로 선택하게 된다는 것이다. 그는 이러한 보완에는 두 가지 유형이 있다고 하였는데, 첫 번째는 어떤 분야에 높은 욕구를 가지고 있는 사람은 그렇지 않은 사람에게 매력을 느낀다는 것이다. 마치 말하기를 좋아하는 사람이 과묵한 사람에게 매력을 느끼는 경우와 같다. 두 번째 유형은 만족하려는 욕구 분야가 서로 다를 때 매력을 느낀다는 것이다. 즉 서로가 다른 소질을 가졌을 때 매력을 느끼는 경우이다. 이러한 보완욕구이론은 아직까지 경험적으로 완전히 검증되지 않고 있으나 배우자 선택이론에서 가장 보편적으로 제시되어 왔다.

3) 여과망이론

최초로 배우자 선택의 여러 요인을 발달적 모형으로 인식한 학자는 케르코프와 데이비스(Kerkoff & Davis, 1962)였다. 이들은 배우자 선택이 단순히 사회적 배경과 욕구에 의해 결정되는 것이 아니라 일련의 여과망을 거치면서 이루어지며, 이 여과망보다 사회적 배경이나 집단 성원 의식, 가치관과 흥미, 보완적 욕구 등이 관계 진전에 영향을 미친다고 보았다. 유드리(Udly, 1971)는 이러한 견해를 좀 더 확대시켜서 하나의 모형을 제시하고 있다. 이 모형에 의하면 배우자 선택 과정은 모든 가능한 데이트 상대로부터 관계를 맺기 시작하여 결혼에 이르기까지 다음의 여섯 개의 여과망을 거치면서 최종적으로 한 사람을 선택하는 것으로 구성되어 있다.

(1) 근접성 여과망

이 여과망을 통하여 가능한 모든 대상 가운데 지리적으로 가깝고, 만날 기회와 상호작용의 가능성이 많은 사람들로 그 대상이 제한된다. 즉, 가능성이 있는 수많은 파트너로부터 시간과 공간상 가까운 지역에 살면서 접촉하기가 쉬운 사람들만 선택하게 된다. 이 단계에서 성격은 그다지 중요하지 않다. 성격 자체가 중요하지 않다는 것이 아니라 이 단계에서는 당사자들이 그들의 성격을 잘 드러내지 않기 때문에 성격 차이 때문에 헤어지는 경우는 드물다. 이 단계에서 사람들이 종종 사용하는 전략은 바로 '자기제시(Self-presentation)'다. 자기제시란 다른 사람으로부터 호의적인 평가나 물질적인 보수 등의 이익을 얻어내기 위해 자신에 대한 긍정적인 정보를 다른 사람에게 의도적으로 전달하는 행위이다(이철우, 2008). 즉 데이트를 시작하면서 사람들은 보여주고 싶은 것만 보여주고, 보여주고 싶지 않는 것은 감추는 식으로 상대방에게 자신에 대한 이미지를 조정한다.

(2) 매력의 여과망

이 여과망을 통하여 상호 간에 매력을 느끼고 끌리는 사람들로 그 대상은 다시 좁혀진다. 매력을 느끼는 요인은 개인차가 있지만 인성, 외모, 능력 등이 주요 요인이 된다.

(3) 사회적 배경

이 여과망을 통하여 인종, 연령, 종교, 직업, 교육수준 등의 사회적 배경이 유사한 사람들로 더욱 범위가 축소된다. 즉 이 단계에서 사회적 배경이 다른 사람들은 다시 한 번 걸러진다.

데이트 시 나타나는 행동

1| **자기제시(Self-presentation)** 사람들은 연애관계에서는 물론 인간관계에서도 상황에 따라 나름대로 전략을 구사하고 있다. 사람들이 인간관계에서 사용하는 대표적인 전략이 자기제시이다. 즉 다른 사람으로부터 호의적인 평가나 물질적인 보수 등의 이익을 얻어내기 위해 자신에 대한 긍정적인 정보를 다른 사람에게 의도적으로 전달하는 행위이다. 사람들은 대개 거짓된 자기를 보여주기보다는 보여주고 싶은 것만 보여주고, 보여주고 싶지 않는 것은 감추는 식으로 자신에 대한 이미지를 조정한다.

2| **자기개시(self-disclosure)** 보통 자신에 관해 남에게 이야기하는 것을 말하는 것으로 평소 다른 사람에게 보여주고 싶지 않았던 부분을 의도적으로 보여줌으로써 상대방과 좀 더 친밀한 관계로 진전시켜가는 것이다. 자기의 속마음을 열고 보여준다는 의미에서 '개시'라는 말을 쓰는 것이다. 친밀한 관계로 진전되기 위해서는 반드시 자기개시가 필요하다. 자기개시가 없으면 형식적인 관계에서 발전하기 힘들다. 연애관계에서도 마찬가지다. 따라서 이 단계에서는 자신의 약점이나 결점을 솔직하게 이야기하는 자세가 필요하다. 물론 정색하고 노골적으로 자기의 약점이나 결점을 이야기할 필요는 없다. 지나가는 식으로 자연스럽게 이야기하는 것만으로도 충분하다. 주의할 점은 솔직한 사람이라는 것을 보여주기 위해 처음부터 모두 이야기해서도 안 된다는 것이다. 자기개시란 교제가 어느 정도 진전된 상태에서 하는 것이 가장 바람직하고 편안하다.

| **출처** | 이철우(2008). 심리학이 연애를 말하다. pp. 117-118.

(4) 의견일치 여과망

이 여과망을 통하여 인생관이나 결혼관 등 중요문제에 대하여 동일한 가치관이나 견해, 태도를 가진 사람들만 남게 된다.

(5) 상호보완 여과망

이 여과망을 통하여 상호 간의 욕구와 필요를 서로 충족시켜줄 수 있고, 단점을 보완해 줄 수 있을 때 결혼가능성은 높아진다.

(6) 결혼준비 상태 여과망

이 여과망을 통과함으로써 비로소 결혼에 이르게 된다. 결혼에 대한 부모나 사회의 압력, 결혼에 대한 욕구 등이 결혼준비 상태에 영향을 주게 되며, 병역을 마치거나 취업을 하는 등 결혼에 적절한 준비가 갖추어져야 실제적으로 결혼준비 상태에 이르게 된다.

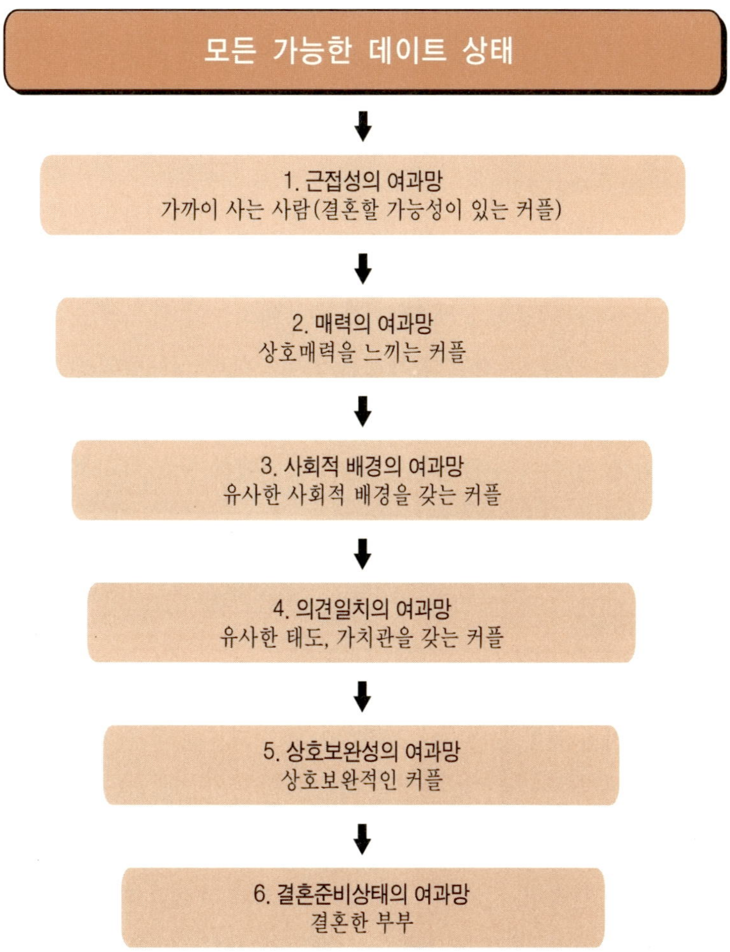

● 그림 7-1 여과망 이론

| 출처 | Udry(1971). The Social Context of Marriage; 유영주 외(2008). 가족관계학. p. 134.

4) 자극–가치–역할이론 (Stimulus-Value-Role Theory: SVR이론)

머스테인(Murstein, 1980)은 배우자 선택이 자극, 가치, 역할의 3단계를 거치면서 진행된다고 보았다.

(1) 자극 단계(Stimulus)

최소한의 상호작용만 존재하는 단계이므로 사람들은 외적으로 나타나는 특성에 의해 상호 매력을 느낀다고 한다. 우리가 배우자감을 만나면 외모나 직업, 사회계층과 같은 외적 특성에 기초하여 서로가 잘 맞을지 검토하게 된다. 두 사람이 가진 자극 속성들이 공평하게 균형을 이룬다고 판단하게 되면 서로에게 끌리고 관계가 지속된다.

(2) 가치 단계(Value)

인생관, 결혼생활, 자아실현 등에 대한 가치나 태도들이 서로 공존하고 양립할 수 있는지가 평가된다. 만약 두 사람의 가치관이 비슷하면 상대방의 의견이나 태도에 동의해 주기 쉽다. 서로가 상대방의 판단이 옳다는 것을 지지해 주기 때문에 두 사람 사이에는 갈등이 잘 일어나지 않는다. 이러한 측면에서 상호 유사성을 느끼게 되면 관계는 더욱 발전해 그 다음의 단계로 넘어간다.

(3) 역할 단계(Role)

두 사람이 하나의 단위로 기능할 수 있는가에 관심을 갖는 단계이다. 즉 두 사람이 부부로서의 여러 가지 역할에 얼마나 적합한지 측정되는데 이 단계에서는 특정한 상황에서 각자에게 기대되는 처신과 역할을 정립하는 것이 중요하다.

이상의 세 단계는 연속적, 단계적으로 이루어지기도 하지만 반드시 순서대로 진행되는 것만은 아니며 세 단계가 동시에 이루어질 가능성도 있다. 이러한 SVR 단계를 넘어서면 드디어 결혼에 이르게 된다. 지금 우리 사회에는 연애나 결혼에서 돈과 외모가 모든 것을 결정짓는다는 의식이 팽배해 있다. 특히 사회 경험이 부족하고 나이가 어린 사람일수록 이런 의식이 강하다. 하지만 돈과 외모는 단지 자극일 뿐이다. 이런 조건들은 연애의 첫 단계에 해당할 뿐이며, 그 순간에는 강력하게 작용할지 모르지만 연애의 마지막까지 이끌어주지는 못한다(이철우, 2008).

02 배우자 선택의 기준

결혼이란 개인과 개인의 결합으로 배우자 선택 과정에서는 몇 가지 개인 본위의 기준을 내세워 상호적응 가능한계를 설정해 놓게 되는데, 이때 상대방의 성격과 건강, 경제력 등 여러 가지 조건이 따르게 된다. 이에 따라 일반적인 배우자 선택의 기준은 배경, 외모, 건강, 경제력, 공동의 관심, 행동의 기준 등으로, 여기서 말하는 배경이란 집안의 경제적, 사회적 지위를 말하는 것이 아니라 개인이 자라온 양육 과정 중의 심리적, 감정적 배경을 뜻한다. 부부는 일생 동안 같이 살아갈 동반자이므로, 공동의 인생관, 가치관 또는 생활태도를 갖는 것이 좋다. 또한 건전하고 뚜렷한 행동의 기준은 배우자 선택에 있어서 매우 중요한 조건이 된다. 개인의 경제력은 교육적 배경, 직업 등과 밀접한 관계를 맺고 있는데(정현숙 외, 1998), 현대사회에서 개인의 경제력은 중요한 배우자 선택의 기준이 되고 있다.

배우자 선택기준은 상대방의 조건이 자신과 비슷해야 더 공감이 가고 서로 이해와 적응이 쉽게 이루어질 수 있는 요인들로 다음과 같이 제시되고 있다(김정옥 외, 2000; 이기숙 외, 2009; 정현숙 외, 1998).

1) 사회적 계층

사회적 계층은 직업, 수입, 거주지, 교육 정도, 부모의 지위 등에 의해 결정되며, 일반적으로 이러한 사회계급의 수준이 서로 유사한 사람들끼리 배우자로 선택하는 경향이 있는데, 그 이유는 유사한 계층의 사람들끼리 접촉의 기회도 많고 흥미나 취미, 생활태도가 비슷하여 서로 친숙해지기 쉽기 때문이다. 이에 따라 상류층에 가까울수록 그들만의 생활방식을 향유하기 때문에 이러한 동류 집단 간의 배우자 선택은 더욱 빈번하다. 상류층의 경우 배우자 선택 경향은 자기 집단의 사회적 지위를 계속해서 유지하고 과시하는 하나의 수단이자 통로가 되기도 한다.

2) 연령

연령도 배우자를 선택하는 하나의 중요한 기준이 된다. 우리 사회에서 연령은 주로 배우자 선택에 있어서 하나의 내면화된 규범으로써 작용을 한다. 즉 남자가 여자보다 서너 살 많게 서로 짝이 맺어져야 한다는 것이 보편적으로 받아들여지는 사회적 규칙이자 통념이다.

이에 따라 대부분의 사람들은 일정한 연령범위 내에서 배우자를 선택하는데, 그러한 경향은 두 남녀의 연령이 비슷할 때 서로 공감대를 형성할 수 있고 쉽게 적응할 수 있기 때문이다. 일반적으로 배우자 선택 기준으로서의 연령은 시대와 사회에 따라서 다르지만 남자가 여자보다 많아야 한다는 것이 지배적이다. 그러나 이러한 사회적 규범도 최근에는 변하고 있어 연상의 여자 상대와 결혼하는 남자가 증가하고 있다.

3) 근접성

지역적으로 가깝게 살고 있는 사람들끼리 결혼하는 경향이 강하다. 왜냐면 근접성은 서로 가까운 곳에서 살고 있으면서 자주 만날 수 있는 기회를 만들어 주기 때문이다. 즉, 빈번히 만나게 되는 많은 사람들 중에서 특별히 매력이 있고 호감이 가는 상대를 발견하게 되는 기회를 근접성이 만들어 주기 때문이다. 이러한 기회가 만들어진 이후에는 좋아하는 상대방을 만나서 즐거운 상호작용을 하게 되리라는 기대심리가 더욱 친근감을 상승시킨다(Myers, 1994). 이러한 의미에서 캠퍼스 커플로 만나 결혼하는 것이 같은 공간에서, 서로 자주 접촉할 수 있는 기회가 많아지면서 배우자 선택의 가능성이 많기 때문이다.

미혼남녀가 원하는 배우자 기준?

1 | **이상적 배우자의 연령** 남성은 '3~4세 연하'(33.26%)와 '1~2세 연하'(20.5%)를 가장 선호하고 여성은 '3~4세 연상'(38.6%)과 '1~2세 연상'(23.2%)을 가장 선호하는 것으로 나타났다. 특히 남성은 나이가 들수록 나이 차이가 많이 나는 여성을 선호하는 것으로 나타났다. 연상의 배우자를 원하는 남성의 비중은 전체의 15.48%(74명)이었던 반면, 연하의 배우자를 원하는 여성의 비중은 9%(45명)에 머물러 '누나'를 배우자로 원하는 남성들의 비중이 '동생'을 원하는 여성보다 많은 것으로 집계됐다.

2 | **이상적 배우자 직업** 남성은 배우자의 직업으로 '교사'(15.11%)와 '공무원/공사'(13.45%)를 가장 선호했으며 다음으로는 '일반사무직'(9.08%)과 '간호사/기타의료사'(6.83%), '약사'(6.36%)를 선호했다. 반면 여성은 '공무원/공사'(14.24%)를 가장 선호했으며 다음으로는 '일반사무직'(7.61%)과 '회계사/변리사/감평사/세무사'(7.61%)가 공동 2위를 차지했다.

3 | **이상적 배우자 학력** 남녀 공히 '4년제 대졸자'를 원하는 비율이 가장 많았다. 남성의 경우 43.72%(209명), 여성은 56.6%(283명)가 4년제 대졸자를 이상적 배우자로 생각했다. 남성은 '상관없다'(39.45%)라고 답한 비율이 여성(22.2%)에 비해 높은 응답을 보였으나, 여성의 경우 '대졸자'(56.6%)를 원하는 비율이 응답자의 절반을 차지하며 '대학원 졸업자'(7.4%)라고 답한 응답과 함께 남성에 비해 상대적으로 높은 비중을 차지했다.

4 | **이상적 배우자 연 소득** 여성이 바라는 남성의 연 소득 평균값은 '4,342만 원'이었으며, 남성이 바라는 여성의 연 소득 평균값은 '3,210만 원'으로 집계됐다.

5 | **이상적 배우자의 자산규모** 여성이 바라는 남성의 자산규모는 '2억 4,104만 원'이었고, 남성이 바라는 여성의 자산규모는 '1억 6,045만 원'으로 조사되었다.

6 | **배우자 선택 고려사항** 배우자를 선택할 때 가장 중요하게 생각하는 것으로는 남녀 공히 '성격'을 1순위(남 31.1%, 여 29.7%)로 꼽았고 그 외의 조건으로 남성은 '외모'(22.5%), '경제력'(9.2%), '가치관'(7.2%), '직업'(7.6%), '가정 환경'(6.8%)을 선택했다. 여성의 경우 '경제력'(21.8%), '직업'(10.7%), '가정 환경'(9.4%), '외모'(8.9%), '가치관'(6.3%) 순으로 답했다.

7 | **결혼적령기와 본인의 결혼계획** 결혼적령기를 묻는 질문에 남성의 경우 '31~32세'라는 답변이 32.22%로 가장 많았으며 '29~30세'가 25.1%로 응답해 '29~32세' 사이에 집중되었다. 여성의 경우 '29~30세'가 30.8%로 가장 많았으며 '27~28세'가 28.4%로 뒤를 이어 '27~30세' 사이를 결혼적령기로 생각하는 것으로 나타났다.

| **출처** | 스포츠조선(2010. 12. 9.).

4) 종교

배우자를 선택하는 데 있어서 종교를 믿는 대부분의 사람들은 타 종교와의 결혼을 반대하고 가능하면 같은 종교를 가진 사람을 찾는다. 이는 종교가 부부가 서로 적응해 가고 가족생활을 영위해 나가는 데 있어서 기본적인 가치관이나 생활태도에 영향을 미치기 때문이다(유영주 외, 1996). 또한 타 종교인과의 결혼은 신앙적인 헌신을 약화시키고, 부부간의 생활과 시가와의 관계에서 자주 갈등을 일으킨다고 보기 때문이다(이기숙 외, 1998).

03 배우자 선택 시 고려해야 할 점

건강한 결혼생활을 위해서 배우자 선택을 현명하게 하는 것이 필수조건이다. 다음에서는 배우자 선택 시 고려해야 할 여러 가지 사항에 대하여 살펴보기로 한다.

1) 충분한 교제기간을 가져야 한다

교제기간이 길다고 결혼의 행복이 보장되는 것은 아니지만 교제기간이 너무 짧은 경우 상대방에 대한 파악이 제대로 이루어지지 않을 수 있다. 몇 번의 만남으로 상대방에 대해서 어느 정도 알 수는 있으나 내면적인 부분, 즉 성격이나 정서적인 특성, 성숙 정도 등을 올바로 파악하기란 쉽지 않다. 사계절을 함께 보내면서 충분한 시간을 두고 다양한 경험을 해 보는 것이 상대방을 잘 알 수 있는 방법이다. 또한 상대방의 가족관계와 가족문제, 집안 분위기 등을 충분히 알지 못하여 결혼 후 적응에 어려움이 생길 수 있다.

2) 상대방을 있는 그대로 수용해야 한다

자신이 상대방의 있는 그대로를 수용할 수 있고, 단점을 보완해 주며 상대방의 성장을 격려할 마음이 있는지 고려한다. 상대방을 평생의 동반자로 선택하는 것은 용기가 필요하며 이는 결혼의 충분조건이다. 아무리 상대방을 열정적으로 사랑한다 해도 상대방의 취약점을 용납하고 보완해 줄 용기가 없으면 결혼하기가 부담스러워진다.

3) 부모로부터 정서적, 경제적 독립이 이루어져야 한다

결혼하려는 당사자들은 먼저 자신의 원가족, 특히 부모로부터 건강하게 분화가 이루어져야 한다. 그렇지 못하면 자기 부모와 해결하지 못한 관계의 일부를 배우자 속에서 완성시키려 함으로 상대방을 있는 그대로 받아들이지 못하게 된다. 이상적인 상황은 배우자들이 결혼 전에 원가족으로부터 독립한 상태이면서 친밀하고 따뜻한 유대를 갖는 것이다. 많은 부부들이 부모와의 관계에서 경계를 설정하려고 노력하지만 부모의 경제적 지원에 의존하면서 정서적으로 독립한다는 것은 어려운 일이다. 따라서 부모로부터 정서적으로 독립해서 자신에 관련한 문제를 스스로 해결하고 결정할 수 있는 능력이 있으면서 경제적 능력도 갖출 필요가 있다.

4) 이상적으로 생각하는 배우자 상을 분명히 하고 상대방을 잘 알아야 한다

누구나 좋은 면만 지닌 사람이란 없으며, 부족한 면이 함께 있기 마련이다. 막연히 머리로만 생각해서 설정한 이상형은 실제로 자신과 맞지 않는 경우도 많다. 무엇보다 이 세상에는 완벽한 사람이 드물다는 것을 인식하고 자신이 상대방에게 원하고 기대하는 가장 중요한 것이 무엇인지 우선순위를 정한다. 따라서 상대방을 알 수 있는 가장 좋은 방법은 자신이 생각하는 기준을 자세하게 정하는 것이다. 흔히 연인관계에서 상대방에게 바라는 부분들이 있다. 그러나 그 내용들은 너무 추상적이거나 애매모호한 부분들이 많게 된다. 예를 들면 "나한테 잘해 주면 된다", " 나를 사랑해 주면 된다"는 식으로 상대에게 기대를 하게 된다. 그러나 상대방이 나에게 어떻게 해 주기를 바라기보다는 내가 원하는 것을 자세히 알리는 것이 훨씬 파트너와의 관계를 건강하고 성숙되게 만드는 것이다. 배우자 선택 시 간혹 자기 내면에 어릴 때의 성장 과정이나 부모로부터 받은 영향으로 어떤 콤플렉스가 있는지를 먼저 파악하고 그 콤플렉스가 배우자 선택 시 자신의 눈을 가리는 맹점이 되지 않도록 해야 한다. 그리고 상대방의 욕구, 성격, 관심, 가치관을 잘 알고 자신과 조화되는지를 판단한다.

무의식적 결혼

무의식적 결혼은 이성친구나 배우자를 선택할 때 부모를 통해 해결되지 않았던 감정과 과제를 해결하려고 그런 모양새를 한 사람에게 이끌려 결혼하게 된다는 것을 말한다. 그런데 이 과정을 다 인식하는 게 아니라 왠지 느낌이 좋아서 강렬하게 이끌리게 되었으므로 사랑이라고 착각하면서 결혼한다는 것이다. 그래서 이 만남은 무의식적이다.

예를 들면 어린 시절에 정서적으로 무덤덤한 아버지를 보며 아버지가 좀 살갑고 자신을 예뻐해 줬으면 하는 마음을 품고 자란 여성은 자신을 예뻐해 주고 이를 적극적으로 표현하는 남자가 아닌, 정서적으로 무덤덤한 아버지를 꼭 닮은, 그래서 자신에게 좌절감을 주는 남편을 만나 어릴 적 패턴을 그대로 답습한다. 이때 남편은 진짜 아버지와 비슷한 점이 많을 수도 있고 그녀가 무의식적으로 그렇다고 단정 짓고 그렇게 대하는 것일 수도 있다. 그녀가 애초에 이런 남편을 선택한 건 아버지를 보며 안타깝게 그런 감정이 자신에게 익숙하고 편하기 때문이기도 하고, 어린 시절 해결되지 않았던 그런 감정을 다시 불러일으키는 대상을 만나 담판을 짓고 해결해 보고 싶은 무의식적 욕구가 있기 때문이기도 하다. 그녀가 자신의 무의식적 욕구와 좌절을 조금만 더 이해했다면 자신의 욕구를 채워주고 좌절감을 보다 쉽게 치유해줄 남자를 만나 결혼을 할 것이다. 그런데 그녀는 잘해주는 남자가 어색할 뿐 아니라 그런 남자에게는 잘 안 끌릴 수 있는 것이다.

'무의식적 결혼'은 가정폭력을 휘두르는 취약한 아버지 밑에서 자란 여성들이 왜 또 비슷한 유형의 남자를 선택하게 되는가에 대한 가설적인 대답이 될 수 있다.

따라서 나의 무의식적 선택 과정을 모른다면 관계에 있어서 어쩔 수 없이 봉착할 수밖에 없기에 무의식적인 환상의 거품을 걷어내면 나도 상대도 더 잘 보게 된다. 있는 그대로 사랑하기가 더 쉬워지게 되는 것이다. 당신이 왜 이끌리는지 알아야만 당신과 그 사람의 방향성이 더 분명해진다. 건강한 욕구는 키워주고, 심리적 취약성은 서로 보듬어주는 방향으로 말이다.

| **출처** | 선안남(2009). 심리학, 사랑에 빠지다. pp. 297-300. 부분 발췌.

5) 결혼에 대한 비현실적인 기대, 환상에서 벗어나야 한다

결혼은 환상이 아닌 현실이라고 하는 말은 결혼이 결코 행복한 관계만은 아니라는 것이다. 그러나 연애기간에 있는 연인들은 서로를 이상화시키고, 친밀한 관계를 설정하는 데 초점이 맞춰져 있으며 장차 문제로 나타날 수 있는 어려움을 회피하려는 경향이 있다. 즉 행복한 면만을 보려는 낭만적인 시간을 갖기 때문에 결혼을 해서 문제가 악화되어 표면화되기 전까지는 그 심각성을 간파하지 못한다.

바람직한 파트너 점검하기

결혼 전에 다음과 같은 질문들을 스스로 묻고 답하여 파트너가 어떠한 사람인지를 평가해 본다.

1 그(그녀)에게는 가까운 친구가 있는가?

친밀한 관계를 만드는 사람은 이러한 능력을 결혼관계에서도 잘 적용한다. 만약 당신 파트너와 친한 친구관계를 맺지 않는다면, 당신은 왜 그를(그녀를) 좋아하는지 고려해야 한다.

2 당신은 파트너를 친구나 친지들에게 소개하는 것을 미루고 있는가? 혹은 당신 파트너가 당신을 파트너의 친구나 친지들에게 소개하는 것을 미루고 있는가?

왜 그런가? 파트너를 당신의 가장 중요한 사람들에게 보여 주기를 주저하는 것은 관계의 불확실성을 나타내는 하나의 징표일 수 있다.

3 사랑하는 관계가 끝난다고 하더라도 당신은 여전히 서로가 친구로서 남을 수 있는가?

이것은 두 사람이 더 이상 성적으로 친밀한 관계를 유지하지 않더라도, 두 사람이 충분한 정도의 존중과 관심을 공유할 수 있는가이다. 결혼은 성적인 매력뿐 아니라 동료로서 느끼는 사랑도 포함된다.

4 당신은 그의(그녀의) 침대에서 벗어나서 대부분의 시간을 보내는가?

이 질문에 '예'라고 대답하는 것은 두 가지 문제 중 한 가지를 나타내는 것이다. 즉 '궁합'이 안 맞든지, 아니면 친밀한 관계에서의 성의 중요성에 대한 생각이 다르다는 것을 나타낸다.

5 당신은 다른 사람을 대하는 파트너의 방식이 마음에 드는가?

당신 파트너가 주로 다른 사람에게 겸손하거나 혹은 무례한(심지어 폭력적인) 태도를 보인다면, 나중에 결국 당신도 같은 태도를 보일 것이다. 파트너가 부하직원, 식당 종업원, 파출부, 슈퍼마켓 계산원, 주차요원, 전화교환원들을 어떻게 대하는지 유심히 관찰하라. 또한 파트너의 가족구성원들이나 친한 친구에게 하는 행동도 유심히 관찰하라. 파트너가 사람들을 대하는 데 있어서 당신이 원하는 방식대로 하지 않는다면 당신 파트너는 당신에게도 그렇게 할 가능성이 있다. 데이트하는 동안에는 그렇게 하지 않겠지만 나중에는 그럴 수 있다.

6| 당신은 파트너의 성적 취향을 아는가?

7| 당신은 지금의 파트너와 만나기 전에 더 흥미로웠고 만족하였는가?
당신의 불만족스러운 생활을 만족스러운 생활로 바꾸기 위해서 파트너가 필요하다고 해서 절대로 당신 자신을 다른 누군가에게로 구속시키지 말아야 한다.

8| 당신은 가끔 지금의 파트너와 결혼하게 될 경우 미래가 행복할지에 대해 걱정이 되는가?
약간 당황하는 것은 정상이지만, 걱정이 점차 커지는 것은 곤란하다. 낙관할 수 없을 정도로 걱정이 많이 된다면 지금 관계에 대한 경고 표시이다.

9| 서로가 토론하지 못하는 금기 시 된 주제가 있는가?
바람직한 관계는 신뢰, 존중, 자발성, 그리고 적은 스트레스 등에 기초한다. 이러한 모든 것에 대하여 자유롭게 대화할 수 있어야 한다. 비록 서로의 견해는 다를 수 있다 하더라도 금기 시 되는 주제가 많아서는 안 된다.

| 출처 | Lammanna. M., & Riedmann, A.(1981). Marriage and families: Making choices and facing change; 정현숙 외(1998). pp. 182-183. 재인용.

이 세상에 변하지 않는 것은 없다. 사랑 역시 변하게 된다. 특히 젊은 남녀가 서로의 매력을 느껴 반한 사랑은 얼마든지 변할 수 있다. 과연 이 세상에 나를 이상형으로 생각하는 단 한 사람이 존재할 수 있을까? 이것 역시 불가능하다. 내가 찾는 이상형은 이 세상 어디에도 존재할 수 없다. 서로가 살다 보면 외모도 변하고, 기억력도 쇠퇴하고, 변화하게 되어 있다. 상대방의 단점과 약점을 받아들이고 나한테도 이러한 약점이 있음을 받아들일 때 서로가 성숙해진다. 서로에게 최선이라고 생각하는 것들을 이끌어 내고 이상적인 모습들을 잘 만들어 갈 수 있도록 도와주는 것이 서로의 관계에서 만족을 느끼는 커플들의 모습이라고 볼 수 있다. 이런 특징을 가진 현상을 '미켈란젤로 효과' 라고도 하는데, 사랑을 하면 상대방이 이상적인 모습이 되어가

도록 지원할 수 있는 것을 말하는 것이다(CNB 뉴스, 2009. 12. 28.). 즉 만족스럽고 안정적인 파트너 관계는 비교적 상대방을 이상적이라고 여기기 때문에 상대방 역시 긍정적인 인식을 강화시키게 된다. 이러한 인식의 강화는 이상적인 모습이 실제로 가능한 것이 될 수 있도록 가능성을 높여주게 된다고 한다. 이러한 관점에서 볼 때 배우자 선택 시 중요한 것은 완벽한 배우자를 찾는 것이 아니라 서로가 지지하고 격려할 수 있는 '관계'에 초점을 맞추어야 할 것이다.

미켈란젤로 효과

'미켈란젤로 효과'란 조각가 미켈란젤로가 대리석 덩어리를 다듬어 이상적인 형태를 만들듯 사랑을 하면 연인을 이상향으로 만들 수 있음을 가리키는 말이다.

미국 노스웨스턴대, 영국의 런던대, 네덜란드의 암스테르담대 연구진은 미켈란젤로 현상에 대해 각각 연구한 논문 7개를 공동으로 재검토했다. 연구진은 연구에 참여했던 사람이 연인에게 어떻게 영향 받아 자신의 이상에 근접했는지를 알아보았다. 초기연구에서는 개인의 현재 모습과 이상향, 연인이 어떻게 보는지에 대해서 물어봤다. 또 객관적 시각을 얻기 위해 참여자 친구가 참여자에 대해 실제로 어떻게 보는지를 물었다. 연구 전체를 통틀어 봤더니 사람들은 파트너가 자신의 이상향에 대해 동조할 때 자신의 목표를 성취하면서 바람직하게 성장했다. 이러한 효과는 연인끼리 단순히 상대방을 지지해주는 데 그치지 않고 상대방의 이상향에 대해 이해하고 이에 대한 노력을 촉진할 때 더 증진되는 것으로 나타났다.

연구에 참여한 커플은 서로가 가진 특징과 특기를 방해하기보다는 증진시켜줌으로써 서로의 목표성취를 도왔다. 또 파트너의 이상적 목표가 막연한 생각이든, 비교적 명확하든 간에 이를 지지해주면 현실과 이상의 괴리를 줄이는 데 조금이라도 기여하는 것으로 나타났다. 하지만 자신의 이상향을 애인이 존중하지 않거나 혹은 노력해서 이뤄낸 것에 대해 정확하게 칭찬하기보다 "귀엽다"는 등 주변적인 요소만 강조하면 관계가 안 좋아질 가능성이 큰 것으로 나타났다.

연구진은 "동반자를 결정할 때에는 내가 지금 좋아하는 사람이 10년 뒤에도 내가 여전히 원하는 사람일지에 대해 생각해봐야 한다"며 "서로가 끊임없이 갈고 닦아줄 수 있다고 여겨지면 훌륭한 파트너가 될 것"이라고 조언했다.

| **출처** | CNB 뉴스(2010. 12. 28.).

08

Chapter

부부간의 적응과 역할

부부관계란 서로 다른 가정에서 자란 두 남녀가 결혼이라는 의식 또는 제도에 의하여 이루어지는 관계로서 비혈연적이기는 하나 가장 밀접한 인간관계이다. 부부는 서로 간의 생리적, 심리적, 사회적, 정신적 욕구를 충족시키는 상호보완적인 관계이다. 서로 다른 가정에서 자란 두 개인의 인격이 표출되어 부딪히면서 가장 만족스러운 관계형성을 위하여 끊임없이 노력을 해야 하는 관계이다.

본 장에서는 부부관계에 대한 기초적 이해로써 부부간 적응과 역할에 대하여 살펴보도록 한다.

01 부부간의 적응

적응이란 주어진 환경에 자신을 맞추는 과정과 자기의 욕구를 충족시키기 위해서 환경을 변화시키는 과정으로 구성되는 것으로, 부부간의 적응이란 부부쌍방 간의 내적인 적응에만 한하는 것이 아니고 여러 가지 사회경제적, 인간적인 환경 등 외적인 조건에의 적응도 포함되는 것이라 할 수 있다. 부부가 행복과 만족을 느끼는 결혼생활은 적응이 잘된 것이라 할 수 있으나 반면, 긴장과 갈등이 표출되는 결혼생활은 적응이 잘못된 경우라 하겠다.

적응이 잘된 성공적인 부부관계라 파악할 수 있는 구체적인 경우를 제시해 보면(유영주 외, 1995), 다음과 같다.

첫째, 부부 모두가 자신들의 관계를 행복하다고 느끼고 있을 때

둘째, 기본적인 정서적 욕구에 두 사람 모두 만족감을 가질 때

셋째, 서로 상대방의 삶을 풍요롭게 할 때

넷째, 결혼하여 각자의 성격이 성숙하여지고 한 인간으로서의 충분한 잠재성을 가지게 될 때

다섯째, 정서적으로 서로 지지해 주고 상대를 편안하게 해 줄 때

여섯째, 서로를 이해하고 수용해 줄 때

일곱째, 서로 상대에게 관심과 배려를 나타내고 존경하며 상대방에게 자발적으로 우러나오는 책임감을 가질 때이다.

부부간의 행복을 위해서는 서로에 대한 이해의 폭과 영역을 넓히고 서로의 결점과 장점을 보완하면서 적응하려는 의지가 필요할 것이다.

1) 부부 적응에 대한 관점과 원리

부부 적응에 있어서 필요한 요소들을 무엇으로 보느냐의 관점과 적응에 필요한 원리들은 다음과 같다(최외선 외, 2003).

(1) 부부 적응에 대한 관점

첫째, 차이점 조종이다. 부부간의 적응의 측면을 결혼생활에서 드러나는 생활습관, 사고, 행위 등 모든 생활 영역에서 나타나는 부부간 차이점으로 인한 상호갈등이나 부조화 없이 생활해 나가는 과정으로 보는 관점이다.

둘째, 관계에서의 기능적 변화를 보는 것이다. 결혼한 부부의 상호관계나 상호작용을 결혼 이전과는 다르게 변화해 나가는 과정으로 보는 관점이다. 함께 지내면서도 각자의 사생활을 어느 정도 가질 수 있도록 결혼생활을 재조정하는 측면이 된다.

셋째, 사회화 과정이다. 결혼은 개인의 생애주기에서 새로운 역할로의 전환을 의미하며 개인의 인성을 결혼생활이나 성인생활에 적절하게 조정해 나가는 측면이다. 즉, 결혼의 적응을 새로운 역할에 대한 사회화 과정의 한 부분으로 보는 관점이다.

넷째, 일상적 과업에 대한 학습 과정이다. 결혼 전과는 상이한 새로운 과업들을 수행하기 위하여 결혼생활에서 요구되는 일상적 과업들을 학습해 가는 과정으로 보는 관점이다. 부부간 적응을 위해서는 개개인의 일상적 과업들을 부부의 생활로 새롭게 조직화하여야 한다.

다섯째, 두 사람의 생활양식 적응 과정으로 적응의 과정을 두 사람의 독자적 생활양식을 융합하는 과정으로 보는 관점이다. 두 사람의 이전 생활양식의 통합 정도는 결혼 전의 독립적 생활양식의 정도에 따라 영향을 받게 된다. 두 사람 간의 동질적 특성이 많으면 상이한 차이점을 줄여 나가는 데 도움이 될 것이다.

(2) 부부간 적응에 대한 원리

첫째, 대인관계는 결코 정적이지 않다. 사람과의 관계는 계속적으로 변화한다. 따라서 결혼에서도 관계의 변화는 불가피한 부분이다. 관계에서의 변화는 통제가 필요하고 방향제시가 요구된다.

둘째, 적응은 결혼 전에 이미 시작된다. 한 쌍으로서 데이트와 구애기간을 통해 서로를 알아가는 과정은 결혼 전에 이루어지는 적응의 한 측면이다. 결혼 전에 자녀양육이나 돈 관리, 시가나 처가와의 관계 등의 중요 영역에 대해 인식하고 논의하는 것은 결혼 후의 성공적 적응에 도움이 된다.

셋째, 조기 적응이 바람직하다. 결혼 전의 적응이 커플에게 중요하고 바람직한 것만큼 결혼 후에 이러한 적응이 가능한 빨리 이루어지는 것이 중요하다. 대부분의 결혼에서 초기에는 각 배우자가 상대방의 욕구와 기대에 상당히 민감하고 행동의 변화가 이 단계에서 성취되기 쉽다. 그러나 문제나 차이가 계속 남아 있게 되면 각자가 변화하기 힘들게 되고 적응력이 떨어지게 됨에 따라 두 사람의 관계에서 습관적으로 감정을 상하게 하는 문제가 되기도 한다.

넷째, 결혼 후에 큰 변화는 기대하기 어렵다. 결혼 후에 자신이나 배우자가 크게 변화할 수 있을 것이라는 기대나 자동으로 더 나아질 것이라는 기대는 실망으로 이끌게 된다. 교제기간 동안은 좋은 점만 보여주다가 결혼 후에 실망스런 모습이 나타나기 쉽고 특히 바람직하지 못한 인성특성이나 행동 패턴은 대부분의 사람들에게 결혼할 나이에 이르면 깊게 뿌리내리기 때문에 결혼 후의 현저한 변화는 어렵다.

다섯째, 적응은 일생에 걸친 지속적 과정이다. 결혼 초기에 성공적으로 적응하더라도 가족생활주기의 발달 단계에 따른 변화와 가족생활의 위기에 따르는 변화는 적응을 필요로 하고 부부간의 사랑의 관계는 지속적인 관심과 노력을 통하여 유지되고 발전될 수 있다.

2) 부부 적응의 영역

부부간의 적응이 필요한 영역을 크게 성적인 면, 인격적인 면, 경제적인 면으로 나누어 살펴볼 수 있겠다(유영주, 2000; 최규련, 2007).

(1) 부부간의 성적 적응

결혼생활에서 부부간의 성생활이란 자연스러운 일이며 모든 사회는 결혼이나 그에 관련되는 제도적인 규범을 통해서 이성 간의 성행위를 통제해 왔다. 인간에게 있어서 성행위는 기본적으로 생식과 성적 쾌락의 두 가지 중요한 기능을 수행한다. 과거에는 부부간의 성행위는 가계유지를 위한 생식적인 기능을 담당하는 것으로 주로 인식하였으나 오늘날 부부간의 성생활에 대한 태도는 점차 행복감이나 쾌락을 위해 필요하다는 인식을 가지게 되었다. 즉 부부의 성생활이 자녀를 생산하기 위한 것이라는 전통적 사고방식에서 성은 쾌락을 즐기기 위한 것이라는 관념으로 바뀌어가고 있는데 이것은 남녀평등의 이념과 성에 대한 과학적 지식이 보편화됨으로써 초래된 현상이다. 이러한 성생활에 대한 부부 상호 간의 이해를 위해서는 부부가 인격적으로 동등한 위치에서 서로의 심리적, 신체적 상태에 대한 깊은 이해가 있어야 한다.

성적 적응이 부부의 결혼생활의 만족을 결정하는 유일한 요소는 아니지만 중요한 기본적인 요소가 되며, 성생활의 만족도는 결혼생활의 행복에 많은 영향을 미치고 있다. 최근의 결혼만족이나 부부 적응에 대한 많은 연구들은 애정이나 성 등의 심리적인 요인이 부부관계 만족에 미치는 영향력이 크다고 밝히고 있다.

로크(Locke)는 결혼생활에서 성적 만족이 부부관계를 지속시키고 서로의 밀접한 관계를 유지하는 데에 도움이 된다고 하였으며, 상호 만족스러운 성적 관계는 행복한 부부 적응과 관련됨을 확인하고 성적 적응과 부부간의 적응이 어떤 조건하에서는 동시에 높아지는 경향이 있음을 발견하였다. 그 조건들을 보면, 첫째 성적 상호접촉이 서로의 희망에 따라 발생하는 경우, 둘째 부부가 그들이 원할 때에 기꺼이 상호접촉하는 경우, 셋째 부부가 서로에게 성적 매력이 있음을 인식하는 경우이었다.

콕스(Cox)는 친밀한 인간관계를 이룰 수 있는 성행동의 특성으로서, 첫째 자신의 성적 표현이 자신의 자존감을 높여주는 것일 때, 둘째 자신의 성행동이 상대방을 잃을까 하는 염려나 두려움에서가 아닌 스스로 원하고 자발적일 때, 셋째 자신의 성행동이 만족스럽고 즐길 만한 것이라고 느껴질 때, 넷째 자신의 성행동에서 비롯되는 임신은 자신이 진정 원하고 바라는 믿음이 있을 때라고 규정짓고 있다.

부부간의 성문제는 단순히 육체적 행위에 그치는 것이 아니라 여러 가지 감정적 ·

인격적 요인들이 복잡하게 얽혀진 문제이다. 부부간의 만족스러운 성적 적응은 결코 쉬운 일이 아니며 부부의 성격, 성장배경, 교육수준, 사회적 조건 등에 따라 성에 대한 태도나 가치관이 다르기 때문에 꾸준한 인내와 노력이 요구되어진다.

다음은 부부간 성적 적응의 방해요소와 부부 성생활의 지침에 대한 내용이다.

① 부부간 성적 적응의 방해요소

일반적으로 지적되고 있는 성 성취감이나 만족감에 방해가 되는 요소들은 다음과 같다.

첫째, 인간관계로 빚어지는 정서심리적인 측면이다. 즉 부부간에 해결되지 못한 갈등이나 적개심, 분노, 거절당함, 조종 혹은 비판 등과 같이 위협적이며 지지적이지 못한 상호작용은 성에 흥미를 잃게 하고 결국 불행한 성생활을 초래한다.

정서적으로 멀어지게 만드는 것

1| **공동의 목표를 위한 한 팀인데도 공동의 활동을 함께 하지 않는 것** 함께 있는 것을 목표로 같이 무엇인가를 할 때 부부는 서로에게 친밀감을 느낀다. 함께 식사준비를 하거나 볼일을 같이 보는 것 등이다.

2| **정서적인 경험을 나누지 않거나 이해받는다는 느낌을 받지 못하는 것** 친밀한 관계형성에 가장 중요한 것은 깊은 감정을 공유하고 그것을 들어주고 이해해 주는 것 그리고 서로 따뜻하게 챙겨주는 것이다.

3| **미래에 대한 목표나 꿈을 공유하지 않는 것** 부부는 한 가지 목표를 공유할 때 정서적으로 연결되어 있다고 느낀다. 여기에는 화단 가꾸기부터 20년 후의 장기적인 목표와 삶의 의미 등의 영적인 목표까지 포함하는 것이다. 미래에 대한 목표를 공유하는 것은 현재 경험하는 일에 대한 감정을 공유하는 것만큼 중요하다.

4| **함께 즐길 시간을 따로 마련하지 않는 것** 웃음을 공유하고 같이 즐기고 함께 할 수 있는 활동을 하고 운동을 하거나 같이 휴식을 취하는 것 등은 부부 사이의 유대감을 다질 수 있는 방법이다.

| **출처** | 권정혜 외 역(2010). 다시 행복할 수 있을까. pp. 265-269. 발췌, 재구성.

둘째, 성에 대한 무지와 비현실적인 기대감이다. 성에 대한 지식이 부정확한 것일 때 실제가 아닌 잘못된 성개념과 인식을 가지게 된다. 예를 들면 오르가슴에 대하여 잘못 이해하고 있으면 그에 대한 과잉기대를 가진 채로 다른 부부의 성생활과 비교하여 그로 인하여 좌절하거나 실패감이나 불행감을 가질 수 있다. 성반응의 남녀 차에 대한 무지 또는 옳지 못한 정보 역시 불만족스러움과 불행감을 경험할 수 있는 요소가 된다.

신체적으로 멀어지게 만드는 것

1 | **신체적 친밀감을 표현하는 가벼운 스킨십이나 포옹 등에 인색한 것** 대체로 아내가 남편보다 신체적 접촉을 더 원하고 편안해 한다. 종종 신체적 접촉에서 느끼는 편안함의 차이는 신체적인 애정표현을 얼마나 많이 한 가정에서 자랐는가와 관련이 있다.

2 | **성적 욕구수준의 차이** 남성의 15%와 여성의 20% 정도는 성관계에 무심한 것이 그들 자신이나 부부관계에 문제가 된다고 보았다. 대부분의 부부들은 성관계를 중요한 관계의 한 부분으로 보고 자신의 성적 욕구를 표현하는 것을 자연스러워하며 성관계를 요구하고 그 요구에 반응해 줄 때 성적인 친밀감이 커진다고 느꼈다. 죄책감, 압박감, 비난은 성관계의 즐거움을 감소시키며 불쾌감이나 분노, 전반적인 결혼생활의 불만족도 성관계를 즐길 수 없게 만든다.

3 | **성관계의 질에 불만족** 현실적으로 보면 성관계 때마다 모든 부부가 다 만족하는 것은 아니다. 약 40~50%는 두 사람 모두 만족스럽고, 약 20~25%는 나쁘지는 않았지만 썩 훌륭하지는 않고, 나머지 10~15%는 평범하거나 만족하지 못한다. 부부의 성관계에 대한 만족감은 이처럼 다양하다는 것을 알 필요가 있다.

4 | **성관계에 대해 이야기하지 않는 것** 성관계의 횟수나 상대방의 취향 등의 진솔한 이야기를 나누고 이에 대한 절충안을 마련하기 위해 두 사람이 무엇을 하고 있는지, 할 수 있는지에 대한 논의가 필요하다.

5 | **성적 친밀감을 방해하는 요소** 업무나 자녀양육에서 불거지는 시간의 제약이라든가 한쪽 배우자의 성적 장애로 인한 요소들이 있을 수 있다. 여성의 50%와 남성의 30% 정도는 성적인 문제를 한번쯤은 경험한다. 그러나 이러한 성적인 문제들이 바로 성적인 만족감이나 결혼생활의 전반적인 행복과는 관련이 없다는 것이다. 단지 이러한 문제 때문에 상대방이 자신을 원하지 않고 사랑하지 않는다는 부차적인 감정이 생길 수 있으며 이때 정서적으로 신체적으로 유대감이 결여되어 있다고 느끼는 것이 두 사람간의 장애가 되는 것이다.

| **출처** | 권정혜 외 역(2010). 다시 행복할 수 있을까. pp. 265-269. 발췌, 재구성.

셋째, 피로와 스트레스이다. 직장이나 가사 일에서 심한 스트레스를 받거나 항상 긴장해야 하고 제한받는 생활을 하게 되면 육체적으로 피로하고 지치게 되며 이러한 피로나 스트레스는 성생활에 부정적인 영향을 미쳐 성만족감을 저해한다.

넷째, 신체적 질병이다. 당뇨와 간질병, 호르몬의 불균형, 약물 부작용이나 고혈압 등은 성욕망이나 성반응을 감소시킨다.

건강한 에너지 갖기

건강해지기 위해 에너지를 증가시키는 가장 효과적인 방법은 우리에게 기쁨과 만족감을 주는 일과 의미 있는 일에 집중하는 것이다. 그리고 에너지가 상당히 낮을 경우에는 그냥 의식적인 호흡을 하면 된다. 단순히 숨을 들이쉬고 내쉬는 것에 의식을 두면 된다. 그런 다음 지금 바로 이 순간에 상쾌하고 아름다운 것에 집중하면서 스스로를 위해 작은 미소를 짓는다. 지금 내가 있는 방의 적당한 온도도 될 수 있고 앉아 있는 소파의 편안함도 될 수 있다. 또 한낮의 아름다움이나 우리를 둘러싼 자연의 아름다움도 될 수 있다. 그렇게 해서 에너지를 증가시키는 것이 매우 중요하다. 특히 중병을 앓고 있어서 에너지가 거의 없고 기운을 북돋아 줄 만한 것에 집중할 수 없는 사람의 경우에는 더욱 그렇다.

| **출처** | 이영돈(2006). KBS 특별기획 다큐멘터리 마음. p. 156.

② 부부 성생활의 지침

부부 적응의 영역에 있어서 부부들이 자유로이 그들의 잠재력을 발휘하여 성생활을 보다 충만하게 누릴 수 있도록 돕는 일은 중요한 차원에 속한다. 다음은 하워드 클라인벨(Howard, J. Clinebel, 1995, 이종현 역)이 제시하고 있는 성생활의 즐거움을 더하기 위한 지침이다.

첫째, 성에 대해 자유로운 태도를 지녀라.

우리 인간 존재는 전체 동물류 가운데 성에 대한 인식이 가장 고도로 발달된 존재이다. 이중적인 기준에 입각한 예전의 상투적인 표현과는 정반대로, 성적인 감응력에 있어 여성은 적어도 남성만큼의 풍부한 잠재력을 가지고 있다. 우리에게 성적인 만족을 누릴 수 있는 능력을 갖추어 주셨다는 것은 그와 동시에 우리가 성생활을 즐겨야 한다는 것을 뜻하는 것이다.

둘째, 총체적인 관계의 부단한 성장은 성생활의 개선에 이바지한다.

인간에 있어 성생활은 강력한 형태의 의사소통이다. 결혼생활의 여타 국면에서 의사소통과 돌봄, 그리고 우애를 향상시키는 것이라면 어떤 것이든지 성생활을 보다 행복하게 하는 데 이바지할 것이다. 올바로 이해해 주기를, 어루만져 주기를, 긍정적으로 받아들여 주기를 갈구하는 상대방의 마음의 굶주림을 정기적으로 채워 주게 되면 성적인 감응력은 대개 늘어날 것이다.

셋째, 사랑을 하려 하기 이전에, 덧쌓인 상처와 울분과 노여움 등을 남김없이 털어놓음으로써 지워 버려라.

부정적인 감정을 똑바로 마주 보지 않으면 그것은(타오르는 분노의 벽이든 아니면 차갑게 얼어붙은 분노의 벽이든) 장벽으로 세워지게 된다. 성적인 흥분을 일으키는 감각적인 사랑의 감정흐름이 이 장벽으로 말미암아 점차 잦아지게 된다. 결혼 생활에서의 불공정한 요인과 불평등한 요소들이 제거되면 대개의 노여움은 설자리가 없어진다. 서로 동등하고 해방된, 성장하는 두 사람, 서로 돌보는 사람으로 굳게 맺어진 두 사람 사이의 성생활은 풍요롭고 전인적인 성생활에 아주 가까이 다가가 있다.

넷째, 결혼 생활 현 단계에서 고유한 낭만을 찾아 즐겨라.

연구 결과에 의하면, 한 부부가 총체적인 관계를 잘 이루어 가는 이상 건강하고 원숙한 성적 즐거움은 말년에 이르기까지 거의 무한정 지속될 수 있다고 한다. 성적인 쾌락이란 '주로 젊은 시절 이야기다' 라는 것은 오류이다. 싸우기도 하고 좋아하기도 하면서 연륜이 거듭하여 풍요롭게 성장함에 따라 성생활은 향상될 수 있다는 것이 더 사실이다.

다섯째, 상상력을 발휘해서 어린이처럼 천진난만하게 함께 어우러질 수 있는 새로운 방법들을 창안하라.

일주일에 한 차례씩 한두 시간을 별도로 내어 서로를 즐겁게 하는 모임을 가져라. 외식, 해변에서의 오후, 숲속의 산책, 함께 하는 샤워, 혹은 다른 지역에서의 하룻밤 등은 어른으로서의 갖가지 책임들을 한동안 잊고 오직 뛰놀 수 있는 작은 휴가들의 많은 방법 중의 몇 가지이다. 성생활은 사랑하며 함께 나누며, 생에 활력을 불어넣어 주는 레크리에이션 형태이기도 한 것이다.

여섯째, 각자 가장 성적으로 즐기는 것을 찾아내라. 또한 즐거움을 극대화할 수 있는 방법에 관해 서로 코치하라.

나름대로 특히 좋아하는 즐거움을 찾아내기 위하여 탐구하고 실험하라. 어떤 향기가, 어떤 말이, 어떤 그림이, 어떤 농담이, 어떤 애무가, 어떤 접촉이, 어떤 체위가, 어떤 음악이, 당신이 가장 황홀한 육체적 흥분감을 갖는 데 도움이 되는지 알아내고 배우자에게 성행위 중에 이들을 어떻게 섞어 넣을 것인지에 관해 코치하라.

일곱째, 여유 있게, 강요하지 않고 서로 즐겁게 하는 모임을 터득하고 즐겨라.

성생활에 더 열심히 접근해야 한다는 생각을 떨쳐 버려라. 그것은 막다른 골목이다. 다른 어떤 목표나 계획을 염두에 두지 말고 그저 긴장을 풀고 즐거움을 주고받기를 즐겨라.

여덟째, 성적인 감응에 때때로 문제가 있다고 해서 스스로 속단해 버리지 말라.

우리네 문화 풍토에서는 사람들 대부분이 성생활에 대한 금기나 억제 사항을 얼마간 지니고 있다. 서로 보살펴 주고 참을성 있는 명랑한 사랑의 관계에 있어서는, 금지하는 낡은 태도가 오히려 무지한 것일 수 있다. 많은 남자들이 흔히 피곤하다거나 너무 많이 술을 마시거나 했을 때 일시적인 성교 불능 상태를 경험한 에피소드가 때때로 있다. 얼마 동안 서로 강요하지 않고 즐겁게 하는 시간을 보내도록 변화를 주면 실패에 대한 두려움과 성공해야 된다고 스스로 걸머지는 강박감을 해소함으로써 대개는 성교 능력을 되찾을 수 있게 된다.

아홉째, 삼중의 올가미인 초조하게 서두르는 것, 피곤함, 지나친 음주 등에 걸리지 않도록 하라.

흔히 이 세 가지는 특히 중년과 그 이후에 있어서 성생활에 대한 건강한 만족을 방해한다. 성행위는 시간을 요한다. 항상 성생활을 다른 모든 일이 끝난 뒤로, 그리하여 둘 다 기진맥진해진 다음으로 제쳐 놓지 말라.

열째, 남의 손을 빌지 않고 손수 해보는 이러한 방법들이 성생활의 향상에 도움이 되지 않을 때에는 훈련을 받은 성생활 치료자의 도움을 받도록 한다.

가슴 중심의 성 에너지 만들기

성은 모든 면에서 당신을 재충전시킨다. 억눌려 있는 감정적, 신체적 고뇌를 풀어주어 스트레스를 감소시키며 편안한 수면을 취하게 하고 우울증과 고뇌를 줄여준다. 게다가 성행위는 호르몬의 균형을 바로잡고 혈액순환을 향상시키는 역할을 한다. 성적으로 깨어 있을 때 당신의 에너지장은 전기와 같은 성질을 띠게 되어 다른 사람들이 그 좋은 기운을 감지할 수 있다. 사랑하는 사람과 섹스를 하고 난 직후에 사람들은 자기 스스로에게 더 매력을 느끼게 되며, 자기 자신을 사랑할 때 사람들 또한 그들을 더 좋아하게 된다. 긍정적인 성 에너지를 가지기 위해서는 단순이 성기 중심이 아닌 가슴을 중심으로 하는 성적 접촉이 필요하다. 여기에는 자기 자신과 배우자를 '어떻게 대할 것인가' 하는 문제가 포함된다. 가슴을 중심으로 하는 성 에너지란 따뜻함과 배려하는 마음, 기분 좋은 성욕 같은 감정이 멋지게 배합된 것이다. 반면 부정적인 에너지는 정반대다. 물론 부정적인 에너지도 강한 성적 매력과 공존할 수 있지만 그것은 차갑고 껄끄러우며 불편한 느낌을 준다. 최악의 경우엔 무자비함이나 지배, 강박과 학대로 나타난다.

에너지가 줄어들면 열정은 사라진다. 우리를 끊임없이 녹초로 만들어 버리는 원인에는 다음과 같은 요인들이 있다. 그러므로 친밀한 관계를 해치는 나쁜 습관들을 고치는 것이 중요하다. 성 에너지를 감소시키는 요인들을 보면,

- 지나치게 피로하다.
- 조급하다.
- 억제된 적대감과 분노가 있다.
- 열등감 때문에 상처를 입었다.
- 자신의 욕구를 말하지 않는다.
- 신선함이 사라져 흥미를 잃었다.

성적인 반응성은 아주 정교한 척도다. 의사소통이 없는 성관계를 지속하면 제일 먼저 성적인 반응성이 사라진다. 성관계는 자기 인식과 함께 장애물을 없애려는 마음가짐이 필요하다(일을 너무 많이 하는 사람은 피로를 줄이려는 노력도 해야 한다). 장담컨대 장애물을 없애려는 노력이 지속되는 한 성 에너지는 사라지지 않을 것이다.

또한 성 에너지를 회복하려면 먼저 성적인 상처를 치유해야 한다는 것이며, 명심해야 할 것은 이 정신적인 충격이 자신을 지배하도록 내버려두지 말아야 한다는 점이다. 그 한 가지 사건으로 규정될 수 없을 만큼 당신의 영혼은 위대하다. 아무리 충격적인 사건이었다 해도 말이다. 이 점을 염두에 두고 그러나 그러한 상처가 주는 영향을 과

소평가하지도 말고 자신의 성적인 상처를 확인하라. '오래 전 일이잖아. 잊어버리자구!' 하고 합리화하거나 '그까짓 작은 일로 뭘 그렇게 야단이야!' 라고 생각해선 안 된다. 사건은 끝났지만 상처는 상처다. 당신은 자신의 느낌을 일기에 적고 그 느낌을 안전한 친구에게, 상담사에게 이야기함으로써 상처를 치유하기 위한 노력을 할 수 있다. 그러나 더욱 중요한 것은 깊숙한 곳에 남아 있는 고통을 털어내고 성 에너지 센터나 다른 에너지 센터에 붙어 있는 감정의 찌꺼기를 발산하는 것이다. 자신의 에너지 센터에 집중해서 거기에서 느껴지는 감각을 설명하고 '죽어 있는 감정'을 호흡을 통해 방출하도록 한다. 호흡은 에너지에 남은 상처의 잔재를 제거해 준다.

| **출처** | 주디스 올로프(2004). 김소연 역. 포지티브 에너지. pp. 188-205. 발췌, 재구성.

(2) 부부간의 경제적 적응

금전은 부부로 하여금 같은 공동목표를 향해 노력하게 하는 결합의 요소가 되기도 하지만 부부간의 갈등을 유발할 수 있는 가장 보편적인 주제이기도 하다.

경제적인 문제가 가족 내의 갈등을 초래하는 이유는 다음과 같다(Olson & Defrain, 2003; 정옥분 외, 2009 재인용).

첫째, 금전적인 문제는 많은 사람들이 금기시하는 주제로 특히 이성교제 기간 동안 재정적 문제에 대한 이야기를 나누는 커플은 거의 없다. 그러나 일단 결혼하게 되면 금전적인 문제는 가장 보편적인 논쟁의 대상이다.

둘째, 대다수의 부부는 예산을 세우는 데에 시간이나 노력을 투자하지 않고 예산을 세운다 하더라도 이를 지키려 하지 않는다.

셋째, 대다수의 부부는 자신들의 소득수준이나 지출에 대해 비현실적인 기대를 갖는 경향이 있다.

넷째, 어떤 가족은 지나치게 신용카드에 의존하며 과다한 지출을 한다.

다섯째, 부부 상호 간에 상이한 지출이나 저축의 방식을 가질 수 있다.

여섯째, 어떤 사람은 상대방을 통제하기 위한 수단으로 금전을 사용한다.

일곱째, 부부 상호 간에 금전의 의미에 대해 서로 상이한 생각을 가질 수 있다.

이러한 여러 가지 이유로 인해 재정적인 문제에 대한 갈등이 생길 수 있다. 결혼생활에서 부부의 경제적인 적응은 수입이나 금전에 비례하는 것이 아니라 수입을 사용하는 방법에 대한 부부의 태도에 따라 달라진다. 그러므로 금전에 대한 건전한 사용방법과 적절한 태도로서 부부 모두가 현명하게 계획을 실천할 수 있어야 한다. 부부는 그들 자신의 욕망 · 능력에 맞도록 수입의 사용을 서로 협의하고 노력해야 하며, 이러한 부부간의 경제적 적응을 위해서는 부부의 기호, 선택, 욕망을 적당히 판단하고 수입 및 지출의 유형을 조절하여 최소한의 비용으로 최대한의 만족을 얻을 수 있는 현명한 자세를 가져야 할 것이다.

경제적 적응을 위해 제시되고 있는 일반적 방법들은 다음과 같다(옥선화 · 정민자, 1992).

첫째, 예산계획 및 가계부 기록을 남겨 가족원 모두가 어느 정도 만족할 수 있는 물질배분 및 재정계획을 세운다. 또한 무절제한 지출을 없애고 예산범위 내에서 경제활동을 기록함으로써 한 집안의 경제상황을 공유하는 것이 좋다. 특히 가계부 기록을 남겨 놓지 않으면 돈을 쓴 흔적도 없이 낭비해 버린 것으로 생각하여 부부싸움의 소재가 될 수 있다.

가계부 어떻게 쓰는 것이 좋을까?

1 **저축이나 투자에 대한 지출 계획을 먼저 세워야 한다.** 지금 쓸 돈보다 미래에 쓸 돈을 해당 금융상품에 넣어 월급날 자동이체로 먼저 지출한다. 카드의 유혹에서 못 벗어나는 사람들은 어쩔 수 없다는 핑계를 대지만 한 달만 습관을 고치면 평생의 돈 관리 시스템이 달라지게 된다. 그리고 남은 돈의 범위 내에서 최대한 맞춰 생활한다.

2 **영수증을 모두 모아야 한다.** 요즘은 현금을 사용해도 영수증을 발급받을 수 있다. 그리고 기억에 의존해서는 가계부의 정확도를 기할 수 없다. 또 영수증을 모으는 자체가 불필요한 지출을 억제하는 효과가 있다. 안 주는 곳에서는 구체적인 메모라도 해야 한다.

3 **가족 모두 참여해야 한다.** 가장의 용돈, 자녀 문구류 비용처럼 두루 포함하는 형식이 아니라 남편 점심값 5천 원, 아들 지우개 5백 원같이 최소 단위까지 사용 내역을 모두 적어야 효과가 커진다. 주부 혼자 아무리 아끼고 모아봐야 씀씀이 헤픈 가족 1명의 용돈보다 적을 수 있기 때문이다.

4 **예산 개념이 있어야 한다.** 국가 예산은 국회에서 여당과 야당이 격한 논쟁을 하면서 새해 전까지 세우고 통과시키는 것이다. 가계 예산도 이에 못지않게 중요하다. 월간 총수입에서 총지출이 벗어나지 않게 하고, 총지출 중에서 다시 세부 지출을 할당하는 형태로 사전에 예산을 배정해야 한다. 그래야 한 달 마감 후 어느 항목에서 초과로 지출했는지, 절약했는지를 알 수 있기 때문이다. 만약 항상 초과 지출되는 항목이 있다면 몇 달 후에는 예산을 확대해서 잡아야 한다.

5 **양식을 단순화해야 한다.** 일상생활 자체도 복잡하고 머리 아픈데 가계부까지 신형 휴대폰 사용 매뉴얼처럼 복잡하면 금세 흥미를 잃게 될 수 있다. 품목은 자세히 적더라도 양식 형태는 왼쪽에 수입 항목, 오른쪽에 지출 항목 그리고 맨 우측은 잔액 정도만 적어도 효과가 있다.

6 **가족구성원끼리 회의를 하는 것도 하나의 방법이다.** 부모들은 수입과 지출에 대해서 서로 대화하고 서로 이해하며 양보하며 맞춰갈 수 있으며, 자식들은 어려서부터 경제에 대한 개념이 수립될 수 있기 때문이다. 무엇보다 서로 이해할 수 있고 또 재무 이외에 가족 간의 일에 대해서도 같이 회의를 한다면 더욱 화목한 가정이 될 수 있다.

| **출처** | http://withsmurf.tistory.com/56.

둘째, 한국에서는 재정 관리를 대체로 부인이 하고 있으나 장래 계획, 지출에 대한 의사결정 양식은 부부공동형이 바람직하다. 특히 자녀교육 및 주거 마련 계획, 투자, 부채 등은 가계의 방향을 결정하는 주요인이므로 부부가 함께 의논하여 관리하는 것이 좋다. 그리고 주말에 함께 시장을 봄으로써 현재의 물가동향, 소비의식을 공유하는 등 소비 영역도 부부가 함께 참여하는 것이 바람직하다.

재정 관리를 위한 3가지 법칙

1 **1-10-30 소비법칙 & 4·3·3 투자 모델** 1-10-30 법칙은 돈을 쓸 때 생각할 시간을 알려주는 법칙이다. 1만 원을 쓸 때는 1시간을 고민하고, 10만 원을 쓸 때는 10일을 고민하고, 100만 원을 쓸 때는 30일을 고민하라는 것이다. 4·3·3 투자는 자산의 40%는 주식 및 펀드에 투자하고, 30%는 예금과 적금에 투자하고, 나머지 30%는 연금 및 보험에 투자하는 것을 말한다. 다만, 남성은 결혼 이후를 대비하여 부동산에 일부 투자하는 것도 고려해야 한다.

2 **신혼부부를 위한 5·3·2 법칙** 신혼부부를 위한 재무 설계의 기본으로 5·3·2 법칙이 있다. 먼저 수입의 50%는 무조건 저축하는 것이다. 특히 신혼부부의 경우 자녀를 갖기 전까지가 가장 많은 자산을 모을 수 있는 시기이므로 이 기간 동안 최대한 저축 비중을 높여야 한다. 그런 의미에서 반드시 수입의 절반은 저축하는 것이 좋으며 저축을 할 때는 적극적인 투자 마인드를 가지는 것이 바람직하다. 저금리 현상으로 은행 예금이나 적금만으로 자산 증식을 꿈꾸는 저축의 시대는 지나갔다. 소득 규모가 비교적 큰 젊은 신혼부부의 경우에는 전체적인 자산 배분을 할 때 적극적으로 투자 상품의 비중을 확대해서 수익률을 높일 수 있도록 해야 한다. 그리고 30%는 꼭 필요한 생활비로 지출하고, 나머지 20%는 자기계발비로 투자한다. 아직은 젊고 한창 일할 나이이고 현재보다 가능성이 많은 시간이므로 자기계발에 투자하는 것이 장기적으로 부자가 되는 지름길이다. 신혼부부 시절, 어떻게 돈을 관리하느냐에 따라 재정에 구멍이 나느냐 돈이 쌓이느냐가 결정된다는 점을 명심해야 한다.

3 **100-나이의 법칙** '100-나이'의 법칙은 100에서 자신의 나이를 빼고 나온 숫자의 비율만큼 수익성 위주의 자산에 투자하고 나머지는 안전성 위주의 자산에 배분하는 것이다. 예를 들어 월 100만 원을 금융상품에 가입한다고 하면, 나이가 30세인 경우에는 70%(100-30)인 70만 원은 주식이나 펀드 등의 수익률이 높은 상품에 투자하고, 나머지 30만 원은 은행예금이나 채권 등 원금보장이 되는 안정적인 금융자산에 가입하는 것이 바람직하다. 반면에 60세인 경우에는 반대로 40%만 위험자산에, 나머지 60%는 안전자산에 투자하는 것이 좋다는 것이다.

| **출처** | 경제비타민(2008). KBS 2TV 경제비타민 제작팀.

셋째, 인간의 욕망은 무한하므로 유한한 경제자원을 합리적으로 잘 쓰는 것이 중요하다. 여건만 된다면 부부 공동의 가계부양자가 되는 것이 현대가족에서는 바람직하다. 즉, 부인도 정기적인 수입을 갖는다면 가계부양자의 역할을 할 뿐만 아니라 현대경제의 흐름 파악과 자신의 의사결정권 확보 및 자아실현의 기회를 가질 수 있다.

넷째, 소비 형태에서 부부간의 불일치는 심각한 문제를 초래할 수 있다. 경제적인 문제에 대해 부부간에 일치된 의견을 갖는 것은 친밀감 형성에 중요한 요인이 됨을 인식하면서 서로 간의 소비 형태에 대한 의견조율이 필요하다. 행복한 결혼생활을 하는 부부가 불행한 결혼생활을 하는 부부에 비해 경제적인 문제에서 상호 간의 신뢰도나 의견일치도가 높게 나타나고 있음을 기억해 볼 필요가 있겠다.

표 8-1 행복한 부부와 불행한 부부의 재정관리 일치도

내용	행복한 부부의 일치비율	불행한 부부의 일치비율
금전사용방법의 의견일치	89%	41%
배우자의 금전소비방식에 걱정 없음	80%	32%
저축에 대한 의사결정에 만족	73%	29%
중요한 부채가 문제가 안 됨	76%	35%
재정적 의사결정에 어려움이 없음	80%	32%

출처 | Olson, D. H., & Olson, A. K.(2000); 정옥분 외(2009). p. 183. 재인용.

(3) 부부간의 인격적 적응

부부간의 인격적 적응이란 심리적이며 내적인 적응으로서 다른 어떠한 어려운 문제가 발생하더라도 이겨낼 수 있는 힘의 기초가 된다. 그러나 인격은 고정된 것이 아니라 계속적인 환경과의 적응으로 변화, 발전하는 것이고 인간의 상호관계 속에서 계속 변화될 수 있는 것이며 상호이해와 노력으로 서로의 인격을 적응시킬 수 있다.

행복한 결혼생활을 영위할 가능성이 많은 성격상의 특성을 요약해 보면 다음과 같다.

첫째, 다른 사람에게 친절하다.

둘째, 쉽게 화를 내지 않으며 타인에 대한 배려가 있다.

셋째, 사회적인 관계를 경쟁적인 관계로 생각하지 않으며 협조적이다.

넷째, 타인의 충고를 기분 나쁘게 생각하지 않는다.

다섯째, 타인을 위해서 도움이 되는 일과 인정을 베푸는 것을 좋아한다.

여섯째, 계획적이고 근면하며 책임감이 강하다.

일곱째, 성도덕을 존중하고 성윤리에 호의적인 태도를 보인다.

여덟째, 자신감이 있고 낙관적인 생활태도를 지닌다.

유영주 외(2000)는 부부간의 인격적 적응을 위해서 인식해야 할 사항을 다음과 같이 제시하고 있다.

첫째, 부부간의 갈등은 당연하고 정상적이라는 것이다. 인간관계에서의 갈등은 필연적인 것이며 오히려 역동적인 힘으로 작용할 수 있는 요인이 되는 것이다. 부부관계는 자기 나름의 독자적인 인격과 행동 목표를 가지고 있으므로 결혼생활에 어느 정도의 충돌과 갈등은 있기 마련이다. 결혼생활에 영향을 미치는 것은 갈등의 발생이 아니라 갈등을 어떻게 다루는가의 문제이다. 부부의 적응도와 만족도는 갈등 상황에서 서로를 비난할 때 부정적으로 나타나며 상대적으로 적게 비난하고 그 갈등을 통제할 수 있다고 믿을 때 좀 더 만족하는 것으로 나타나고 있으므로 결혼생활에서 갈등이 발생하였다면 이것을 정상적인 것으로 인식하고 발전적인 방향으로 해결할 수 있도록 협상할 수 있는 자세가 필요하다.

둘째, 상대방의 인성과 행동 특성을 이해하도록 해야 한다. 인성이란 개인의 관습, 행동, 사상, 정서적 반응이나 기분, 태도 등의 총체적인 측면으로서 외부에 나타나는 것도 있고 개인의 내면에 잠재해 있는 것도 있다. 인성이란 선천적인 것이 아니며 계속적인 환경과의 적응으로 변화 · 발전되는 것으로 부부는 상대방의 인성 일부에서 나타난 면만 보고 그릇된 판단을 하지 말고 그 면을 시정하고 새로운 방향으로 나아가도록 상호 이해하는 자세가 필요하다.

셋째, 모든 행동에는 원인이 있음을 알아야 한다. 행동의 원인은 보는 사람의 입장에 따라 달라진다. 그러므로 부부는 상대방이 그러한 행동을 하게 된 이유를 알려고 노력하고 상대의 입장에서 이해하도록 한다.

결혼행복 증진을 위한 지침

1. **자신의 감성지수 향상을 위해 노력하라.** 감성지수는 자신의 감정을 조절하고 표현하는 능력, 충동을 통제하는 능력, 다른 사람의 감정을 알아차리고 배려하고 공감하는 능력을 의미한다.

2. **자기 자신의 인격적 성숙을 위해 노력하라.** 인격적 성숙이란 자신을 존중하고 자기비하나 남에 대한 원망을 하지 않으며 자기반성을 하고 자제력과 인내심, 책임감, 융통성이 있는 것을 말한다. 그리고 상대방을 존중하고 수용하며 현실적인 기대를 가진다.

3. **상대방의 변화를 기대하지 말고 부부조화를 위해 자기변화를 시도하라.** 배우자를 변화시키는 힘은 단점을 지적하고 비난하는 것이 아니라 상대방의 긍정적인 면을 격려하고 협조적인 태도로 대하는 데서 나오는 것이다.

4. **남편과 아내는 집안일, 경제, 자녀문제 등을 상의해서 결정하고 평등한 역할분담을 하라.**

5. **남편은 아내와의 친밀감을 유지하고 가정적인 남편이 되도록 노력하라.** 예로 귀가시간 지키기, 기념일을 기억하여 아내가 사랑받고 있다고 느끼게 해주기, 아내의 말을 경청하고 자주 애정표현하기, 아내에게 일정 몫의 경제권을 주기, 집안일을 함께 하기, 본가식구와 아내 사이에서 중간역할을 잘하기, 처가식구들에게 잘하기 등.

6. **아내는 남편을 이해하고 자존심을 세워주며 남편을 기쁘게 하는 일을 하라.** 예로 남편이 좋아하는 음식을 자주 하기, 정리정돈 잘하기, 규모 있게 살림하기, 남편에게 짜증스런 잔소리보다 격려와 칭찬하기, 시댁에 자발적으로 잘하기 등.

7. **부부가 함께 하는 취미활동과 여가활동을 즐겨라.** 가능한 부부 둘만의 외출과 활동하는 기회를 정기적으로 가지며 친밀감을 증진시킨다.

8. **부부는 말하기 기술과 경청기술을 사용하여 대화하는 습관을 생활화하라.** 대화할 때는 솔직한 자세와 상대방을 존중하고 소중히 여기는 태도를 가진다.

9. **부부간에 갈등이 있을 때는 갈등해결 기술을 사용하여 준비된 대화를 하라.** 갈등해결 과정에서 인신공격적인 말이나 자존심을 상하게 하는 말, 과거의 실수나 다른 문제들을 이야기하거나 책임전가식의 말을 하지 말아야 한다.

10. **부부는 어떤 상황에서도 분노조절을 잘하고 서로 예의 바르게 대하라.** 남과의 관계만이 아니라 배우자와의 관계에서 매너 있는 부부가 되어야 한다.

| **출처** | 최규련(2001). 행복한 결혼생활을 위한 부부대화법. pp. 52–53.

넷째, 상대방의 독립성을 인정하도록 해야 한다. 부부는 각기 다른 가정에서 다른 경험으로 성장하므로 동일한 사건에 대해 각기 다른 개념을 가질 수 있다. 그러므로 상대방의 독립성을 인정해주고 솔직하면서 개방적인 대화를 끊임없이 하도록 노력해야 할 것이다.

3) 부부관계의 적응의 유형들

안정된 부부관계유형은 여러 가지 모습으로 나타날 수 있다. 큐버와 하로프(Kuber & Harrof)는 지난 10년 동안 심각하게 이혼을 고려하지 않았던 부부들을 대상으로 면접, 조사한 결과로서 소위 정상적이며 안정된 부부관계를 다음의 6가지 유형으로 분류하였다.

(1) 주기적인 부부관계

주기적인 부부관계의 유형에 있어서 남편과 아내는 극심한 갈등상황을 경험하면서 서로 불만족하게 되고 힘들어하지만 관계가 악화되지는 않고 화해와 회복으로 만족감을 다시 찾고 평정을 누리게 되는 관계이다. 이들 부부는 과정상 극에서 극으로 이어지는 상황을 주기적으로 경험하면서 부부관계를 맺어가는 유형이다.

(2) 갈등이 습관화된 부부관계

이 유형의 부부는 심한 긴장과 피할 수 없는 갈등을 가지고 있다. 이들의 갈등은 사소한 일상생활의 견해 차이에서부터 도덕률, 종교, 정치문제 등에까지 이르며, 단지 함께 있는 것 자체만으로도 싸움이 일어날 충분한 이유가 된다. 그러나 싸움이 결혼을 해체시킬 만한 이유가 되지는 않으며 따라서 불안정한 결혼이라고 할 수는 없다. 이들은 싸우면서 살아가는 관계이다.

(3) 활기가 약화된 부부관계

신혼 초기에는 낭만적 사랑과 친근감에 휩싸여 활기차고 강력한 감정적 교류가 있었으나 결혼생활이 지속됨에 따라 부부관계는 생기를 잃고 피상적인 관계에 머무르고 있다. 같이 지내는 대부분의 시간을 의무적으로 계획하고 즐기며 가족과 같이 지내는 것은 자발적이기보다는 책임감에 따라 행동하게 된다. 그러면서도 여전히 그럭저럭 서로 간의 관계를 유지하며 살아나가면서 결혼 상태에 머물러 있기를 바라는 관계인 것이다.

(4) 냉담으로 일관된 부부관계

이 유형의 부부들은 처음부터 상대방에 대하여 높은 정도의 정서를 품은 일이 없다는 점에서 활기가 약화된 부부관계와 구별된다. 이 관계는 정서적인 친밀성보다는 경제적 안정, 재산확대, 명예, 출세, 전문성의 성취, 자녀에 관한 희망 등에 관심의 초점을 두는 것이다. 이들은 결혼에 대하여 높은 기대를 걸기보다 그저 편리하고 안락한 삶의 한 방편으로 생각한다. 그리고 자신의 관심과 창조적 역량은 생업, 전문성, 사업 등에 쏟으며 자신의 직업생활과 사회관심사에 몰두하기를 원한다. 이들은 결혼생활을 공리적으로 받아들이는 경향이 있으며 부부관계의 정서적 친밀감에 대하여 비현실적인 기대를 하는 부부보다 이혼을 하는 경우가 적다. 이 유형은 상대방의 배우자에게 개입하기보다는 체념한 상태로 만족감도 없으며 그렇다고 그것으로 인해 갈등이 발생하지도 않는다.

(5) 활력적인 부부관계

근본적으로 서로의 개인적 감정으로 결합된 유형으로 부부가 많은 시간을 함께 보내며 즐기는 것이다. 활력적인 부부관계는 부부가 서로의 심리적인 만족감에도 관심을 갖게 되며, 각자가 독자성을 가지면서 솔직하고 개방적인 의사소통을 한다. 이들은 부부관계 자체가 각자에게 중요하다고 느끼고 있으며, 가정생활을 중심으로 자신들의 생활에 만족하며 직업활동과 사회활동 등에서도 성공적이다. 그러나 이 유형에게 갈등이 없는 것은 아니다. 그러나 갈등이 발생하더라도 실제적인 문제의 핵심을 파악하고 가능한 한 빨리 갈등을 해결하려고 노력함으로써, 관계를 유지하고 발전시켜 나가게 된다. 활력적인 부부의 유형은 갈등이 발생할 때 곧 조정과 적응할 수 있는 능력이 있기 때문에 갈등으로 인한 긴장의 시간이 짧다.

(6) 전체적인 부부관계

이 유형은 부부가 생활의 보다 많은 측면에 걸쳐서 함께 참여한다는 점에서 네 번째 유형인 '활력적인 부부관계'와 구별된다. 부부는 비슷한 직업, 같은 직장, 공저, 부부가 공동으로 운영하는 사업 등과 같이 일을 함께 하며 생활한다. 이 유형은 갈등을 최소화시키고 하나로 통합하려고 노력하는 부부관계이다. 이들이 갈등을 최소화시키는 목적은 바로 자신들을 위해서이며 갈등해결의 첫 번째의 고려는 누가 옳고 그른가가 아니라 그 문제를 그들의 '관계'를 상실시키지 않고 해결할 수 있느냐에 있다. 이 유형은 모든 일상생활이 부부 중심이어서 부부간에 너무 친밀하고 깊이 몰두하여 때로는 자녀들에게 소외감을 줄 수도 있다.

이와 같이 6개의 유형을 살펴보았는데, 이 유형들은 단지 결혼생활의 종류와 적응의 방법을 제시하는 것으로 이것을 그대로 결혼만족도의 정도로 해석할 수는 없다. 그리고 모든 부부관계에 있어서 한 종류의 유형만으로 평생 이루어지는 것이 아니고 단지 지속되어지는 유형으로서 존재한다. 또한 결혼생활에서 일어나는 사건의 수용성도 다르다. 예를 들어 배우자의 부정이 '전체적인 부부관계'에서는 결혼생활의 끝으로 수용되는 반면 '갈등이 습관화된 부부관계'에서는 싸움으로 통제되어 다시 결혼생활이 지속될 수 있는 것이다.

따라서 각각의 유형에 대한 객관적인 판단은 성급한 논리이다. 그들의 부부관계를 지속케 하는 후면의 요인이 고려되어져야 하며 부부간의 적응 모습은 각기 다르게 이루어질 수 있음도 고려되어져야 할 것이다.

02 부부간의 역할

가족 안에서 이루어지는 부부의 역할은 '부부가 가족의 기능을 완수하는 반복적인 행동패턴'이라고 볼 수 있다.

사람들은 고정적이고 변하지 않는 역할의 이미지를 가지고 있는데 아버지 혹은 남편과 같은 사회적 지위에 따라 특정한 기대를 한다. 이러한 기대들은 상황이 어떻든 간에 하나의 역할이 어떻게 수행되어져야 한다는 신념이 내포된 구조적인 관점에서의 역할이다. 반면, 상호작용적 관점에서의 역할은 가족 안에서 부부 혹은 부모의 지위에 대한 고정된 견해를 취하기보다는 역할의 변화되는 측면과 사회적 상호작용에서 발달되는 행동의 정규성을 강조한다. 상호작용적 접근은 '아버지' 혹은 '남편'과 같이 명명된 사람들이 경험하는 대면적 성격을 고려하고 역할의 상호교환적인 특성을 반영한다.

나이와 맥라프림(Nye & McLaughlim)은 현대사회에서는 부부가 공동으로 가족을 위한 역할을 수행하여야 함을 강조하면서 부부의 역할을 다음과 같이 제시하고 있다 (최규련, 2007 재인용).

첫째, 경제적 소득을 주로 하는 경제적 부양역할, 둘째 의식주 생활과 관련된 가사역할, 셋째 애정교환 및 성적 역할이다. 남편과 아내로서 애정교환과 성의 파트너가 되는 것으로 감정적 교류와 대화를 통하여 친밀감을 나누는 것과 불가분의 관계를 이루며 동반적 관계를 추구하는 현대사회에서 부부관계 유지를 위해 중시되는 역할이다. 넷째, 치료적 역할로써 부부가 서로의 고민과 어려움을 털어놓고 문제해결을 돕는 상담자 역할이다. 가치관과 생활양식이 급변하고 경쟁력이 요구되는 현대사회에서 정신적 건강을 잘 유지하고 부부간의 조화를 이루기 위해 필요한 역할로 부부간에 이 역할을 잘 수행하지 못하는 경우에는 부부관계에 틈이 생기고 각자가 외로움과 고독감을 경험할 수 있다. 다섯째, 오락 및 휴식의 역할로 심신의 피로와 긴장을 해소하는 역할이 현대사회에서는 중시되고 있고 부부 공동의 노력이 필요하다. 여섯째, 자녀양육 및 사회화의 역할이다. 자녀를 바르게 키우고 부부가 협조해서 자녀의 성장과 발달을 돕는 일은 부부에게 보람과 행복을 주는 중요한 일이다.

이외에 우리나라 문화에서는 친인척과의 관계유지 역할이 부부역할에서 여전히 중요한 비중을 차지한다. 부부 두 사람의 관계는 친인척과의 관계와 밀접하게 영향을 주고받게 되어 있어서 부부 두 사람만이 독자적으로 존재할 수 없다.

1) 변화하는 부부의 역할

대다수의 모든 사회는 결혼과 가족제도에 있어서 남편과 아내의 역할을 구분하고 있다. 파슨즈(Parsons, 1955)는 부부의 역할구분에 대하여 남성은 과업수행 · 문제해결 · 직업 등의 도구적 역할을 담당하며, 여성은 가족성원들 간의 통합관계 · 긴장완화 · 정서적 안정 등의 표현적 역할을 담당한다고 하였다. 즉, 도구적 역할은 경제적 · 재정적 보장, 지역사회에서의 가족의 지위와 관련된 가치와 규범 등을 포함하며 표현적 역할은 정서적 · 애정적 욕구충족, 동료감, 인성발달에 수반되는 가치와 규범을 포함한다. 성별에 의한 이러한 역할구분은 '결혼관계 속에서 경쟁을 최소화시키는 메커니즘으로 부부의 결속을 강화하는 기능' 까지 한다는 것이다.

이와 같은 파슨즈의 주장은 한국사회의 부부관계에도 받아들여져 남편은 부양책임자로서 직업에 종사하고 부인은 남편의 내조자로서 가정적 역할에 대한 일차적 책임을 갖는다는 기본적 전제가 유지되고 있다.

산업화에 따르는 가족 기능의 약화와 함께 가족의 정서적 기능이 강조되고 있는 현대의 결혼생활에서 부인의 애정적 · 정서적 역할에 대한 책임부여는 여전히 지속되고 있고 가족치료가 및 정신의학가들은 냉담하고 완고한 부인과 나약하고 무능한 남편이 부부관계에 파괴적 존재임을 주장하고 있어, 현대 부부관계에서도 일차적으로 남편은 수단적 · 도구적 역할을, 부인은 표현적 · 정서적 역할을 담당해야 한다는 기본적 전제를 고수한다.

그러나 사회의 변화에 따른 핵가족화 현상, 여성 고등교육의 보편화, 남녀평등의식, 가족계획 등으로 인한 여성일생주기의 변화, 여성의 사회진출 등으로 부부의 역할분화가 보다 융통성 있게 변화하고 있어 남편의 역할, 아내의 역할에 대한 고정적 · 전통적 구분은 사라지고 그 내용도 다양해지고 있다.

아담스(Adams, 1980)는 부부간의 역할변화 과정에 대하여 전통주의, 신전통주의, 평등주의로 설명하고 있다.

전통주의는 부부간의 역할구분이 뚜렷하여 남편과 부인은 각기 분리된 채 역할수행을 하게 되며 서로의 역할에 관여하지 않음을 뜻한다.

신전통주의란 남녀가 모두 취업할 수 있으나 남편의 직업이 주거지나 수입 면에서 우선한다. 여성에게도 가정적 역할 이외에 직업적 역할의 기회가 제공되어 전통적 역할구분으로부터 탈피하였으나 그것은 여성이 직업적 역할과 가정적 역할의 이중 역할을 감당할 수 있을 때에만 허용된다. 즉, 신전통주의의 역할구분에서는 여성의 생산적 역할에로의 진출은 경우에 따라 인정하되 그에 따른 남편의 가정적 역할의 보충은 일어나지 않는다.

평등주의는 남편 · 부인이기 이전에 한 사람으로서, 자신의 삶의 목표 · 능력에 따라 원하는 역할을 선택적으로 수행할 수 있는 것을 말한다. 부부직업형, 역할공유형, 역할전환형 등이 평등주의에서 가능한 역할유형이다. 부부직업형은 부부 각자가 자기실현을 이룰 수 있는 직업을 가지고 있어서 직업생활에서 생의 만족을 얻고 상대방의 성취를 통해서 간접적 만족도 얻는다. 역할공유형은 경제적 생산의 역할, 가사역할, 의사결정 등의 모든 역할을 남녀가 공평하게 분담하는 것이다. 역할이 평등한 사회에서는 선택에 따라 여자가 경제적 생산의 역할, 남자가 가정적 역할을 담당할 수도 있는 것이다. 역할평등이라는 것이 자유로운 선택을 의미한다면 공평한 역할분담뿐만 아니라 역할전환형도 가능한 대안 중의 하나일 것이다.

이와 같은 사회와 시대적 변화를 고려해 볼 때, 더 이상 부부의 역할을 '남자의 일' 또는 '여자의 일' 이라고 고정된 틀을 강요할 수 없다. 사회경제적 변화는 부부생활에도 많은 변화를 초래하고 있어, 여자들로 하여금 가정에 얽매여 전통적 위치를 고수하라고 강요할 수 없는 것이 현실이다. 그러나 가정생활의 유지는 최소한의 누군가의 역할수행이 필요하다. 남편과 가족들은 여성의 역할이 이전에 비해 확대되고 복잡하게 된 현실을 파악하고 깊은 이해와 분담이 필요하며, 여성들은 한 가족구성원으로서의 역할인식과 함께 짧은 시간에 효율적으로 수행할 수 있는 각 가정의 상황에 맞는 가정관리의 방법을 연구하면서 가정의 올바른 유지를 위해 노력해야 할 필요가 있다.

현대사회에서 부부가 수행해야 하는 행동유형으로써의 역할이 원만히 수행되기 위해 필요한 조건들을 살펴보면 다음과 같다(최규련, 2007).

첫째, 남편과 아내 각자가 여러 부부역할에 대하여 가지고 있는 태도가 일치되어야 한다. 남편과 아내가 같이 전통주의 역할을 가진다면 배우자의 역할에 대한 기대수준과 자기역할 인지수준이 일치되므로 갈등이 적을 것이다. 반대로 아내가 평등주의이고 남편이 전통주의 태도일 때 역할기대와 역할인지가 불일치되기 때문에 갈등이 클 수밖에 없을 것이다.

둘째, 부부는 자신과 배우자의 역할평가가 긍정적이도록 노력을 하여야 한다. 이를 위해서는 먼저 자신의 역할인지 수준과 배우자에 대한 역할기대 수준을 현실적으로 낮추는 일이 필요하다. 예를 들어 아내가 도중에 취업을 하게 되면 아내와 남편은 각각 역할인지 수준과 역할기대를 조정할 필요가 있는 것이다. 또한 배우자의 역할기대를 충분히 이해하고 이에 대한 존중이 있어야 하며 이에 자신의 역할인지를 조정하면서 배우자의 역할기대에 부응하는 역할수행을 하는 노력이 필요하다. 예를 들어 남편이 아내에게 아침밥을 챙겨주기를 기대한다면 아내는 그 기대를 존중하고 그 역할을 수행하도록 조정해 보는 것이 부부관계를 긍정적으로 끌어가는 방법이 될 것이다.

셋째, 부부가 역할에 대하여 유연한 자세를 가지고 개방적인 대화를 하는 것이 필수적이다. 오늘날은 모든 것이 급변하고 있고 예측할 수 없는 상황도 발생하는 것이 현실이다. 부부역할에 대한 유연한 태도와 역할에 대한 기대와 인지에 대해 충분한 대화를 나누는 것이 필요하다. 현대사회는 남편이 부양자, 아내는 가사전담자라는 성역할 분업의 경계를 완화시켜서 평등주의 관점에서 역할을 공유하고 융통성 있게 역할을 수행하는 동반자적 부부관계를 지향하고 있다. 부부 각자가 부양자 역할, 가사와 자녀양육 역할 등의 고정된 역할관념에서 벗어나 개방적으로 협력하는 자세가 필요하며 이러한 생활수단으로서의 역할 외에 부부간의 애정과 성적 역할, 치료적 역할 등의 정서적 역할에 비중을 두고 수행하는 것이 부부친밀도를 높일 수 있다.

넷째, 역할수행에서 부부간에 균형이 맞는 것이 중요하다. 상황에 따라 일시적으로 어느 한편에게 역할이 집중될 수는 있지만 지속적으로 역할수행에서 부부간의 균형이 깨지면 역할과다 문제와 역할과소 문제가 발생한다. 역할과다인 경우에 가정의 중심이 되고 피로와 시간갈등 문제가, 역할과소인 경우에 가정에서 소외되고 외로움, 무력감 문제가 발생할 수 있다.

성인의 평일 가사노동 시간

• **2009년 성인의 평일 가사노동 시간** (단위: 분)

남자		여자	
음식준비	0:09	음식준비	1:29
의류관리	0:01	의류관리	0:21
청소 및 정리	0:07	청소 및 정리	0:31
집관리	0:04	집관리	0:04
장보기, 쇼핑	0:03	장보기, 쇼핑	0:15
가족 보살피기	0:09	가족 보살피기	0:48
총	**0:34**	**총**	**3:31**

| **출처** | 통계청(2009).

통계청이 발표한 '2009년 생활시간조사'에 따르면 20세 이상 성인 남자의 가사노동 시간은 34분으로 5년 전보다 6분 증가했다. 반면 여자는 3시간 31분으로 5분 감소했다. 하지만 격차는 무려 5.6배로 집안일은 여전히 여자들이 책임지고 있는 것으로 조사됐다. 맞벌이 부부도 예외는 아니다. 맞벌이 가구의 가정관리 시간은 남편이 24분, 주부가 2시간 38분이었다. 이는 5년 전보다 남편이 4분 증가하고 주부는 9분 감소했지만 절대 시간으로 따질 경우 맞벌이 부부조차 아내의 가사노동 강도가 훨씬 높은 상황임을 보여주고 있다. 비맞벌이 가구의 경우 남편이 19분, 주부가 4시간 11분으로 격차는 맞벌이 가구보다 더 컸다.

2) 부부간 역할평등의 과제

가족과 사회의 긍정적인 변화와 진보를 가져오는 데 있어서 필수적인 것을 하나만 고른다면 그것은 부부관계에서 진정한 의미에서의 동반자 관계 형성을 위한 평등부부라고 할 수 있겠다.

남성과 여성의 진정한 역할평등은 부부가 동반자적 관계를 형성할 때 이루어질 수 있다. 산업화 초기 단계에서는 생산양식의 변화가 직접적이며 주된 영향을 미친 대상이 남성이었다면 산업화가 진행되면서 최근의 경제적 변화는 여성을 공적 영역에

끌어들임으로써 여성에게 직접적 영향을 미쳤고 이는 남성과 여성의 생활양식을 변화시키게 되었다.

더욱이 핵가족화 경향과 여권운동의 영향으로 평등한 부부관계가 이상적인 결혼 규범이 되면서 남성의 가사일과 자녀양육에의 참여가 촉구되고 있고 가족 내에서의 남성에 대한 정서적 요구도 예전에 비해 커지고 있다.

1994년 유엔이 정한 세계가족의 해 이후 우리나라에서도 동반자적인 관계인 평등부부에 대한 관심이 증대되면서 평등부부상을 제정하여 수상하기도 하였다. 유엔이 제시하고 있는 평등한 부부의 개념은, 협동적 구조, 평등한 권리와 권력의 사용, 성역할 개념의 융통성, 함께 하는 가족활동, 가사 일의 공평한 분배, 경제적 책임의 공유, 자녀양육의 공동책임, 공동의사결정, 그리고 변화에 대한 개방성 등이다.

표 8-2 평등한 부부의 평가범주와 세부 항목

	평가범주	세부 항목
1	의사결정	• 중요한 가정사는 의논을 통해 결정하는가? • 서로의 인격을 존중하는가? • 폭력이 철저히 배제되는가? • 존중하는 호칭과 언어를 사용하는가? • 상대방 의견을 존중하는가?
2	가사분담/자녀양육	• 가사는 공동 분담되는가? • 가사노동의 경제적 가치를 인정하는가? • 자녀양육에 공동 책임을 지는가? • 대외활동에 함께 참여하는가? • 평등한 성역할 의식을 갖고 있는가?
3	경제적인 면	• 가정경제를 공동으로 운영하는가? • 재산의 소유, 증식에 공동 책임을 갖고 있는가? • 부부 공동명의의 경부조금을 지출하는가? • 전업주부의 용돈지출 자율권을 인정하는가?
4	심리적 · 정서적인 면	• 자유로운 의사표현이 가능한가? • 배우자의 자아실현을 위해 배려하는가? • 성생활에서 상호존중하는가? • 취미 · 여가생활을 이해하고 공유하는가? • 배우자 가족에 대해 이해하고 관심을 가지고 있는가?

| **출처** | 한국여성개발원(1992). 평등한 부부, 좋은 엄마; 최규련(2007). p. 134. 재인용.

[표 8-2]는 평등한 부부를 판단하는 몇 가지의 구체적 평가기준이다. 평등한 부부는 의사소통과 의사결정, 가사분담과 자녀양육, 경제적인 측면, 심리적 · 정서적 측면에서 어떤 의식을 가지고 있으며 어떤 생활을 실천하고 있느냐에 따라 전통적 부부와 구별된다.

이를 놓고 볼 때, 평등한 부부관계를 위해서는 무엇보다도 남편의 적극적인 가족역할 수행이 전제되어져야 함을 알 수 있다. 그러나 남성은 여성이 변화하는 사회적 필요와 기호에 적응하여 변화하는 속도만큼 여성의 변화에 빨리 적응하여 변화하지 못하기 때문에 사회에서의 문화지체 현상이 가정 내에서 남녀지체(gender lag)로 전환되어 나타나면서 부부갈등의 주요 원인이 되고 있기도 하다. 또한 우리나라의 부부관계는 여전히 한국 가족생활의 고유한 가족문화와 양식이 부부관계를 지배하고 개인적 가족가치관보다는 가족집단적 가치가 존중되는 가족규범 속에서 평등한 부부되기가 개별부부의 의식만으로 실천되기 어려운 부분이 있다.

부부의 평등한 관계 확보에 가장 필요한 남성의 가족역할 수행의 확대를 위해서 지지되어져야 하는 사회적 논의들을 보도록 한다.

첫째, 집안일에 대한 인식과 가치평가를 변화시킬 수 있는 방법들이 모색되어져야 할 것이다. 집안일이라는 사적 영역이 역사적으로 낮게 평가되어 왔기 때문에 이제 여성이 공적 영역에 진출하고 남성이 가정에 참여할 것이 요구되는 것을 마치 남자들은 여성의 지위는 높아지고 남성의 지위는 낮아지는 것으로 지각하여 역할변화를 보는 시각이 더 부정적이고 이러한 부정적 인식으로 행동의 변화로 이어지지 않고 있다. 따라서 집안일에 대한 정서, 태도 면에서의 변화가 우선되어져야 할 것이다.

둘째, 남성다움에 대한 사회적 정의, 남성의 역할에 대한 여성의 기대들도 변화되어져야 한다. 경제적 부양자로서 그리고 직업에서의 성공이 남성의 정체감, 자아가치 평가의 핵심이라고 생각하는 사회적 잣대와 여성들이 기대하는 남성의 모습이 있는 한 남성들의 가정 내 역할참여는 제한적일 수밖에 없다. 이는 남성들의 삶의 질에도 치명적인 부정적 결과를 초래하고 있다. '40대 사망률 세계 1위', '자살률 여자의 2배' 등의 통계에서 그리고 아래의 진술문 등에서 남성성에 대한 과중한 압박, 여전히 경제적 부양자로서의 의무 등에 시달리고 있는 남성의 삶의 무게를 엿볼 수 있다.

남성의 삶

• **47세 남자로 세상을 살아가기**(기혼남성, 직장인) 아이들은 항상 아버지란 존재는 강하고 모든 것을 해결할 수 있는 존재로 안다. 하지만 나이가 먹어감에 따라 아이들에겐 더 이상 강하지도 못하고 그들의 문제를 모두 해결하기란 더욱 버거워진다. 세월이 흘러감에 남자들은 세상을 살아가면서 피로감, 공허감, 상실감, 불안감, 박탈감, 패배감, 무기력함을 경험하게 되며, 이러한 모든 것을 겪게 되는 순간 자신감과 자존감으로 삼아왔던 내가 무너져감을 느낀다.

• **30대 남성의 선택**(미혼남성, 자유업) 자본주의 안에서 비생산적인 직업으로서의 생활고는 많은 걸림돌을 만들어낸다. 유교적 분위기 집안에서 결혼은 부모에 대한 효의 근본이며, 2세를 잇는 일은 인간으로의 의무로까지 이어진다. 하지만 맞벌이나 커리어우먼이라는 단어들이 보여주듯이 가장이 생계를 책임지는 과거 가부장적인 사회전반의 분위기는 옛 이야기가 되어버렸다. 그런데 문제는 사회구성원들의 의식구조로 남성은 여전히 가장으로서 책임의 척도가 경제력이며, 여성들 역시 신데렐라 같은 인생역전을 꿈꾸며 산다는 것이다. 기혼남성들의 경제력의 부재가 가져오는 파경의 경우도 상당수로 안다. 그래서 나는 그런저런 복잡스런 문제들에서 초연해지고자 혼자의 삶을 선택했노라.

| **출처** | 저자와의 인터뷰 자료 중(2009. 1.).

셋째, 남성의 직업역할이 가족생활을 방해하게 되는 과정을 세 차원에서 설명할 수 있는데, 즉 일에 투자하게 되는 시간이 다른 역할의 수행을 위한 시간을 감소시키고(시간 방해요소), 일에 심리적으로 몰입해 있어 가족생활에 신경을 덜 쓰게 하고(심리적 방해요소), 일을 하면서 생산된 피로 때문에 다른 활동을 위해 필요한 에너지가 남아 있지 않게 되는 것(에너지 방해요소)으로 본다. 실제 우리 사회에서 남성들이 일에 투자하는 시간을 고려해 볼 때 근무시간, 근무형태의 융통성 증가 등과 같은 직업구조의 변화, 즉 사용자 측의 지지와 변화 없이 남성에게 '성공은 기본으로 하고 가정 내 영역 참여까지' 요구하는 것은 슈퍼우먼과 같은 슈퍼맨을 기대하는 것이라 하겠다. 최근 건강가정지원센터에서 한 달에 1회 실시하고 있는 '가족 사랑의 날(구, 패밀리 데이)'은 제도적으로 가족 간의 시간을 함께 가지게 함으로써 남성들이 가족 속으로의 편입을 가져오게 하는 시도로 볼 수 있다.

넷째, 남성과 여성을 대상으로 한 부부교육, 부모교육 등의 가족생활교육 프로그램을 통하여 평등한 부부역할에 대한 인식과 체계적인 훈련이 필요하다. 부부간의 효율적인 의사소통, 자녀와의 상호작용방법, 양성평등에 입각한 교육 등을 학습함으로써 좀 더 바람직한 가족 간의 상호작용방식과 양성평등적 시각에 대한 도움을 받을 수 있다.

09

Chapter

부부간의 갈등과 의사소통

1 부부간의 갈등

2 부부간의 의사소통

3 비폭력 대화

한 신문자료를 인용(동아일보, 2008. 12. 26.)해 보면, 인터넷 설문조사에서 새해 소원을 묻는 질문에 10명 중 3명이 '가족의 건강과 화목'을 최우선으로 꼽았고, 또 소비 트렌드 분석센터가 전망한 내년의 10대 트렌드에 따르면 주로 집에 머물며 가족과 함께 재미와 위안을 찾는 '신 코쿤(cocoon, 누에고치) 족'이 늘어날 것으로도 전망하고 있다. 이는 가족이 가지는 정서적 충족지로서의 기능이 여전히 중요하며 때론 확대될 수 있음을 의미한다. 그러나 행복하게 결혼하는 것이 대부분의 사람들이 생각하는 주요한 목표라고 할지라도 결혼과 가족생활에서 행복을 지속, 증진시키는 방법에 대해서는 무지하거나 일치되지 못하고 있다. 행복한 결혼은 주관적이고 계속 변화하며 다양한 요인에 의해 영향을 받기 때문이다.

현대사회에 들어서면서 부부 중심의 가정생활과 결혼생활을 중시하는 가치관이 확산되고 부부관계에 대한 관심이 높아지면서 부부관계 향상 훈련이나 부부관계에 영향을 미치는 다양한 변인들에 대한 연구가 활발하다. 그 중 갈등해결과 의사소통 능력 향상이 주요 주제로 꾸준히 지적되면서 이에 대한 관심이 증대되고 있다.

본 장에서는 가족 내의 심리적 측면의 상호작용에 초점을 맞추어 가족 내에서 발생하는 갈등의 특성들에 대한 이해와 가족관계의 건강성과 만족을 위해 필요한 요건인 의사소통에 대해 살펴보기로 한다.

01 부부간의 갈등

인간의 욕구가 좌절되거나 거부당했을 때 느끼는 정서 상태를 욕구불만이라 하고 둘 내지 둘 이상의 욕구가 동시에 존재하여 해결에 곤란을 느끼는 상태를 갈등이라 한다. 갈등은 우리의 일상생활에서 가족 간에 혹은 타인과의 관계에서 빈번히 발생하고 있다. 갈등은 마치 우리의 일상생활과 인간관계의 변화를 혹은 지난날의 생활들을 그대로 나타내 주는 듯하다. 이러한 갈등은 우리의 보다 조화로운 생활에의 염원을 방해하기도 하고 나아가서는 이에 대처하려는 노력을 함에 따라 우리들을 새로운 지각과 자의식의 세계로 끌고 가기도 한다.

라이스(Rice, 1979)도 갈등이, 첫째 현실에 대해 우리가 항상 다시 생각하도록 요구하는 면에서, 둘째 인간관계의 결합 과정에서 발생하는 갈등을 우리가 인지하고 수용하는 동안 우리는 상대방의 가치나 신념들이 자신과 다르다는 사실을 받아들이게 된다는 면에서, 셋째 인간관계에서 발생하는 수많은 적의와 부정적 감정을 순환시킨다는 면에서 갈등의 긍정적 가치를 주장하고 있다.

따라서 갈등을 없애려고 하기보다는 갈등을 다루는 긍정적 방식에 대한 훈련이 필요할 것이다. 이를 위해서는 부부간 갈등의 발생원인, 해결방안 등에 대한 정보가 유용하다.

1) 갈등발생의 원인

터만(Terman)의 결혼적응 연구에 의하면 행복한 부부집단과 그렇지 못한 부부집단 모두가 그들의 결혼생활에 대해서 불만을 토로했다고 한다.

그러나 불만의 영역에서는 큰 차이가 존재하고 있었다. 즉 행복한 집단에서의 불만내용은 주로 친척관계, 친구선택, 여가활동에 관한 것이고, 행복하지 못한 집단에서의 불만내용은 '상대방이 논쟁적이다, 신랄하다, 애정적이지 못하다, 신경질적이다' 라는 내용으로 주로 상대방의 성격이나 인격에 관한 불만이 많았다.

또한 가트먼(Gottman, 1994)은 원만한 부부생활의 비결은 부부가 의견차이나 문제가 있더라도 일상생활에서 서로가 상대방에 대한 배려를 어떻게 표현하느냐가 중요한 열쇠라고 하였다. 건강한 부부는 갈등의 근본적인 차이를 받아들이고 서로를 인정해 주고 수용하며, 서로에 대한 긍정적인 감정이 다섯 번이라면 부정적인 감정은 한 번 정도로 나타나는 특성을 가지고 있다고 하였다.

이와 같이 불만내용과 표현하는 방법론에 있어서는 중요한 차이가 존재하지만 결혼생활에서는 필연적으로 갈등을 내포하고 있으며, 충돌 없이 함께 살 수는 없다.

결혼생활에서의 얼마간의 갈등은 정상적이고 예측할 수 있는 것으로 블러드(Blood)도 결혼생활이 갈등을 내포할 수밖에 없다고 하면서 다음의 네 가지 부부간의 특징을 제시하고 있다.

첫째, 친밀감이다. 일반적으로 공적 생활에는 자신의 바람직한 특성만을 나타내려고 노력하는 사람도 부부관계에서는 친밀하다는 이유로 개인의 모든 특성을 노출하게 된다. 배우자의 단점을 알게 되고 비난을 하게 되는 경우도 있다.

둘째, 항구성이다. 아무리 참기 어려운 일도 며칠은 참을 수 있다. 그러나 그것이 계속될 경우 참을 수 없게 된다. 결혼이란 며칠 만에 끝나는 일이 아니므로 자극적인 일이 노출된다고 볼 수 있다.

셋째, 경쟁성이다. 부부는 그들의 애정에 대해서뿐만 아니라 충분하지 못한 자원, 특히 금전사용에서 많은 경쟁을 하게 된다. 예를 들면, 일정한 금액에서 한 사람이 많이 차지한다는 것은 상대방이 상대적으로 적게 차지하는 것을 의미하는 것이다.

넷째, 가변성이다. 부부가 어떤 상황에 잘 적응하는 방법을 익혔다 하더라도 결혼생활의 내용은 매일 변화한다. 따라서 결혼생활에서 갈등이 일어나는 것은 당연하고 정상적인 과정이라고 볼 수 있다.

또한, 클레머(Klemer)는 결혼 갈등 발생원인을 기대의 문제로 집약하였다. 즉, 과대한 기대, 혼돈된 기대, 충분하지 못한 기대, 부부간의 기대 차이가 결혼 갈등의 원인이 된다는 것이다. 스피겔(Spiegel)은 결혼생활에 있어서의 갈등은 부부역할의 상호관계가 깨어질 때 일어난다고 보고 역할의 상호관계가 깨어지는 경우를 다음의 5가지, 즉 인지적 불일치, 목표의 불일치, 의사소통의 불일치, 수단의 불일치, 문화적 가치의 불일치로 요약하였다.

한편, 결혼생활에 있어서 대립이나 갈등은 배우자 개인의 퍼스낼리티에 의할 뿐 아니라 그들이 만들어내는 독특한 '관계' 에 바탕을 두고 있다. 그러므로 결혼생활의 갈등을 이해하기 위해서는 각 가족원의 정신내적인 세계에 바탕을 둠과 동시에 대인관계에도 원인이 있으므로 관계를 이해하는 틀을 확립할 필요가 있다.

보편적인 결혼 갈등 요인

1. **기대** 결혼에 대한 비현실적인 기대
2. **역할수행** 파트너가 기대하는 역할 기능을 수행하지 못함
3. **외적 스트레스** 직장 스트레스, 질병, 환경변화, 가족문제
4. **이질혼** 배우자와의 유사성 부족
5. **자존감** 낮은 자존감은 부정적 대처전략을 초래
6. **집안과 관련된 것** 친정과 시댁 사이의 갈등
7. **의사소통** 부적절하거나 불성실한 대화기술
8. **자녀문제** 자녀에 대한 시간과 돈의 투자
9. **정신건강** 배우자에 대한 정신건강의 유무
10. **자기개발의 조화** 자기개발로 인한 문제해결의 어려움

| **출처** | Scoresby(1977); 김정옥 외(1999) 재인용.

2) 갈등의 해결

결혼과 가족생활에서 얼마간의 갈등이 발생하는 것은 당연하고 정상적이라는 말은 갈등이 그대로 존재해도 좋다는 것은 아니다. 그것이 해결되지 않은 채 존재한다면 갈등의 긍정적 결과는 기대할 수 없다. 갈등은 그것이 해결되는 방식에 따라 가족관계에 치명적일 수도 있으며 혹은 더 친밀한 관계로 발전하기도 한다. 갈등의 해결과정을 통해 긍정적 결과를 가져올 때 건설적 갈등이라고 한다. 가트만도 갈등을 해결하는 과정에서 중요한 부분은 부부간 '화해시도'라고 하였다. 불행한 부부일수록 화해시도가 자주 일어나나, 늘 실패하기 때문에 부부관계가 악화되기 쉽다고 하면서 갈등을 어떻게 처리할 것인가를 강조하고 있다.

(1) 갈등해결의 방해요인

부부간의 갈등은 자신이나 상대방의 변화, 환경의 변화로 약화 또는 개선시킬 수

있다. 그러나 다음과 같은 조건일 때는 갈등해결이 어렵게 된다.

첫째, 미성숙이다. 미성숙한 사람은 혼란된 정보에 휩싸이게 된다. 불완전한 지식으로는 만족스러운 해결방법을 찾을 수 없다.

둘째, 의견의 불일치를 참을 수 있는 능력의 부족이다. 의견의 불일치를 참지 못하고 분노나 비난 등의 부정적인 감정을 심하게 노출하거나 관계를 끊어 버리게 되면 갈등은 해결되기보다 오히려 더 악화된다.

셋째, 무의식적 왜곡이다. 자기도 모르는 사이에 상대방을 왜곡하거나 사건을 올바르게 인식하지 못하는 상태에서는 갈등해결이 가능하지 않다.

넷째, 과음이다. 음주한 상태에서 갈등을 해결하고자 하는 의논이 언쟁으로 변화되기 쉽다.

다섯째, 피로이다. 대부분의 사람들은 피곤하면 자제력을 잃기 쉽기 때문에 다투게 된다.

한편, 골만(Goleman, 1985; 김정옥 외, 1999 재인용)은 방어기제의 사용이 갈등해결의 방해요소가 된다고 하였다. 방어기제는 자존감을 보호하려는 행동으로 방어기제 자체를 사용하는 데는 문제가 없으나 방어기제가 현실을 왜곡하거나 관계 내에서 원하는 목표에 방해되면서 광범위하게 사용될 때는 위험하다. 갈등을 지연시키거나 왜곡시킬 수 있는 다섯 가지의 방어기제는 다음과 같다.

첫째, 회피로 문제를 피해가거나 또는 주제를 바꾸려고 하는 것으로 문제의 중요성을 무시하거나 부인하게 되는 경우이다. 육체적, 정신적으로 힘든 상황을 벗어나기 위해서 문제를 회피하는 기제를 사용한다.

둘째, 합리화이다. 자신의 행동을 위한 인지적 정당화이며 행동 뒤에 있는 진실한 욕구를 차단하는 것으로 행동의 거짓된 정당화는 실제의 이유가 자존감을 위협할 때 나타난다.

셋째, 투사이다. 특정행동에 죄의식을 갖는 한쪽 배우자가 같은 행동을 하는 다른 배우자를 무의식적으로 비난할 때 일어난다. 예를 들면 외도를 하고 있는 부인이 오히려 남편이 자신에게 충실하지 못하다고 비난할 수 있다. 이러한 행동은 전형적으로 부부 모두에게 적대적이고 방어적인 분위기를 조성한다.

넷째, 전이이다. 한쪽 배우자가 다른 역할관계에서 경험한 것일 수도 있는 좌절이 다른 배우자에게 옮겨 가는 것이다. 어떤 상황에서 아무 관련이 없는 사건에 대해 감정이나 불만을 옮기는 것이다. 예를 들어, 일로 인해 상사로부터 질책을 받고 집에 와서 화를 내는 행동이다.

다섯째, 감정적 고립이다. 감정적 고립을 사용함으로써 관계는 소원해지고 멀어지게 된다. 이러한 분리 게임은 관계에 대한 개입을 줄여감으로써 그 관계가 끝나더라도 감정적 상처로 고통 받지 않는 데에는 도움을 준다.

이러한 방어기제 외에 부부들이 갈등해결에 자주 사용하는 부정적 방법으로 속이기, 비협상, 배우자에 대한 거부와 같은 파괴적 의사소통이 있다. 윌리엄 글라써(William Glasser, 2000)는 오랫동안 계속되면 어떤 결혼이라도 파괴해버리는 일곱 가지 부부관계에서의 치명적인 습관으로 비난하기, 탓하기, 불평하기, 잔소리하기, 위협하기, 처벌하기, 매수하기 등을 제시하였다.

(2) 갈등의 해결방안

고통을 겪고 있는 부부의 공통된 불만은 갈등을 관리하는 데 어려움이 있었다는 것이다. 갈등의 원인은 천차만별이나 어떤 부부는 차이를 인정하지 않고 이에 대해 논의하지 않은 반면, 어떤 부부는 자신에게 중요한 문제가 인정받거나 해결되지 않으면 좌절하거나 분노한다. 이런 부부들은 보통 요구와 철회의 악순환에 놓여 있다. 즉, 한 명은 계속해서 관심이나 불만을 표현하며 다른 한 명은 이야기하는 것을 피하거나 갈등을 무시하려고 한다. 이처럼 서로 다른 방법으로 심한 갈등을 겪는 경우에는 해결되지 않은 갈등이 쌓이게 되며, 정신적으로나 육체적으로 멀어지는 결과를 초래한다.

갈등에 수반되는 부정적인 감정을 어떻게 긍정적인 방법으로 표출시키느냐 하는 것이 갈등해결의 결정적인 실마리가 될 수 있겠다.

여기에서는 결혼생활에서 나타나는 갈등을 건설적인 방법으로 표현하는 데에 도움이 되는 몇 가지의 방법들을 살펴보기로 한다.

① 갈등의 표현은 감정을 근거로 한 언어행동으로 표현된다. 불만이 있을 때는 감정을 누르고 이성적인 언어로 명확히 표현한다.

② 갈등의 원인과 요인을 먼저 파악하고 나서 그 문제에 대한 이해와 느낌을 정확히 전달한다.

③ 항상 문제 중심으로 다루며 상대방의 약점이나 인격을 공격해서는 안 된다.

④ 한 번에 한 상황에 대하여만 논의한다. 과거의 일이나 사소한 일까지 모두 동원하면 이것을 해결이 아니라 전쟁의 시작이다.

⑤ 갈등의 표출방법이나 시간과 상황을 고려한다. 예를 들어 식탁이나 자녀들 앞에서의 부부갈등이나 부부싸움은 좋지 않다. 만약에 자녀들 앞에서 싸움을 하였다면 화해하는 모습도 자녀들 앞에서 하도록 한다.

⑥ 갈등의 해결을 위해서는 관용이나 화해, 회피, 타협, 양보, 의견 접근, 적응 등의 여러 방법이 있을 수 있다. 갈등의 주제에 따라 다양한 방법을 사용한다.

⑦ 갈등의 시작과 끝을 명확히 한다. 예를 들어 싸우다가 집을 나간다든가, 싸움을 일방적으로 끝내는 것은 바람직하지 않다. 항상 감정을 정리하고 갈등의 해결 실마리를 가지고 끝낸다.

⑧ 문제를 논쟁하기 전에 자신과 상대방의 입장을 다시 한 번 재구성해 본다. 즉, 상대방이 겉으로 드러내고 있는 부정적 행동방식보다는 상대방의 내적인 느낌, 감정을 이해하도록 하며, 나에게 있어서는 현재 내가 가지고 있는 상대방에 대한 부정적 느낌에 압도당하지 말고 내가 상대방에게 보인 행동방식을 점검해 보는 시간과 여유를 가지도록 한다.

⑨ 어떤 경우라도 부부간의 갈등 표출방식으로 폭력을 사용해서는 안 된다. 신체적 폭력뿐만 아니라 언어적 폭력도 사용해서는 안 된다. 폭력은 상처를 남기기 때문에 후유증이 크다.

⑩ 부부싸움에는 결코 승리자가 없다는 점을 인식한다. 단지 친밀감이 손상되거나 혹은 더욱 친밀해질 수 있을 뿐이다. 서로에 대한 이해와 사랑, 신뢰를 근거로

포용하는 자세를 갖고 타협자가 되려는 의식이 근본적으로 있어야 한다.

⑪ 가족 간에 나타나는 갈등과 문제는 한 개인만의 문제가 아니라 전체 가족의 상호작용에서 비롯된 것일 가능성이 더 크다. 따라서 전체 가족의 역동성을 바꾸려는 노력이 한 가족원을 비난하고 탓하는 것보다 유용하고 효과적이다.

갈등의 교훈

1. 갈등이 심할 때도 양측은 진정으로 상대방의 의견과 판단을 존중한다.
2. 이기는 것보다는 관계가 더 중요하다.
3. 필요하다면 타협하려는 마음을 갖는다.
4. 갈등을 해결하지 않고 내버려두면 엉뚱한 사람들에게까지 영향을 미친다.
5. 진실을 찾으려는 에너지로 사용하는 경우 외에는 분노는 파괴적이다.
6. 갈등 중 제시되는 모든 의견에는 핵심적인 진실이 있다.
7. 용서는 갈등해결에 없어서는 안 될 중요한 부분이다.
8. 갈등을 제대로 처리하면 모든 사람이 성장한다.

| **출처** | MacDonald. G., & MacDonald. G.. 윤종성 역(2008). 마음과 마음이 이어질 때. pp. 169-173.

3) 갈등의 대처양식

갈등의 대처양식이란 문제나 갈등에 직면해서 그것을 극복하는 효과적인 수단을 찾는 것을 말한다. 갈등 자체는 필연적으로 발생하는 것이지만 이에 대처하는 방식에 따라 결혼만족도는 달라지게 된다. 관련 연구들에서 결혼만족도는 갈등 자체보다는 갈등대처방식과 관련이 있는 것으로 보고되고 있다. 효과적으로 갈등에 대처하는 사람들은 정보추구, 적극적 행위, 부정적 행위의 억제, 숙고, 반성 등의 심리적 과정, 상황에 능동적으로 대처할 수 있는 유연성 등의 행동특성을 공통적으로 갖고 있다.

킬만과 토마스(Kilman & Thomas, 1975; 정옥분 외, 2009 재인용)는 갈등대처양식을 상대에 대한 관심과 자신에 대한 관심이라는 두 가지 대립되는 목표의 구성에 따라 회피형, 순응형, 경쟁형, 협력형, 절충형으로 분류하였다. 상대에 대한 관심이 가지는 목표는 협동이며, 자신에 대한 관심의 목표는 공격성으로 다음의 네 가지 양식으로 유형화되어진다.

(1) 회피(avoidance) 유형

이는 자신이나 상대에 대한 관심이 모두 낮은 형태이며 이러한 경우 갈등을 유발시키는 문제에 대해 대화조차 시도하지 않고 묻어두게 되는 유형이다. 이는 갈등상황을 보다 잘 해결하기 위한 시간적 여유를 가질 수 있다는 것이 이점으로 작용될 수 있으나 갈등을 회피함으로써 갈등이 심화될 수도 있게 된다.

(2) 순응(accommodation) 유형

이 유형은 자신에 대한 관심은 낮은 반면, 상대에 대한 관심은 높은 유형으로 이러한 경우 타인의 욕구는 충족되지만 자신의 욕구는 외면한다. 이 유형은 자신에게 잘못이 있는 경우에는 문제가 없으나 그렇지 않은 상황에서는 상대에 대해 분노의 감정을 가지게 된다.

(3) 경쟁(competition) 유형

이 유형은 상대에 대한 관심은 낮은 반면, 자신에 대한 관심은 높은 유형이며 이러한 경우 상대의 욕구는 염두에 두지 않고 자신이 필요한 것만을 추구하게 된다. 경쟁유형은 힘은 갖게 되지만 친밀감을 발전시켜 나가는 데는 실패하게 된다.

(4) 협력(collaboration) 유형

이 유형은 자신에 대한 관심과 상대에 대한 관심이 높은 형태이며 이러한 경우 쌍방은 자신과 상대 모두 피해를 입지 않고 중요한 문제를 성취했다고 느끼게 된다. 그러나 현실생활에서 이러한 경우는 많지는 않다.

(5) 절충(compromise) 유형

이 유형은 주어진 상황에서 각자의 욕구를 부분적으로 만족시켜 줌으로써 쌍방이 모두 수긍할 수 있는 방법으로 부부간의 친밀감과 응집력을 높일 수 있다.

표 9-1 관심의 정도와 갈등해결양식

구분	회피형	순응형	경쟁형	협력형	절충형
자신에 대한 관심(공격성)	낮음	낮음	높음	높음	적절
상대에 대한 관심(협동)	낮음	높음	낮음	높음	적절

한편 윌리암 글라써는 결혼관계에서 불만을 느끼게 된다면 '상대방을 변화시키려고 시도하는 것' 이 아니라 '관계를 향상시키기 위해 우리가 무엇을 할 수 있는가?' 에 초점이 맞추어져야 함을 강조한다. 그는 결혼 갈등을 다루는 대처방법으로 타협과 창의성을 제안하고 있다.

첫째, 서로 배려하는 언어로 지지하기, 격려하기, 존중하기, 신뢰하기, 수용하기, 타협하기 등을 사용하면서 직접적으로 부부가 타협해야 하는 방법을 배워야 함을 강조하고 있다. 타협은 둘 다 이기는 양승타협으로 두 사람 다 원하는 것을 전부 손에 넣지는 못하더라도 서로 공정하다고 생각하는 합의점을 찾아내는 과정으로 만약 의사소통이 원활해지지 않을 때에 즉시 대체할 수 있는 일이 바로 관계를 해치지 않는 '타협' 의 방식이라는 것이다. 즉, 갈등의 내용이나 갈등의 종료보다 더 중요한 것은 어떠한 상황에서라도 관계를 해치지 않는 것을 우선순위로 두어야 함을 강조한다.

둘째, 결혼관계가 갈등 속에 놓여 있을 때 발휘될 수 있는 힘이 창의성(새롭게 다르게 해보는 것)이라 하였다. 창의성이란 지금까지 해오던 갈등의 대응방식으로써 우울해 하거나 후퇴하는 방식이 아니라 다른 활동, 다른 생각, 다른 느낌 등을 창출하는 것이다. 윌리엄 글라써는 오래된 관계에서 더 가까워지는 방법 중의 하나가 결혼생활에서 서로에게 새로운 방식을 많이 찾아내는 것임을 강조하고 있다.

행복한 결혼생활을 위해서는 매일매일의 부단한 노력이 요구된다. 결혼의 행복은 함께 싸우고 변화하고 환경에 적응하는 능력과 관련 있는 것으로 지속적인 성장의 과정이다. 갈등의 해결을 위해서는 상대방의 말에 귀 기울이는 태도, 솔직함, 신체적 애정표현 및 매력, 언어적 애정표현, 확고한 자아개념, 감수성, 지지, 문제해결 능력 등이 중요한 요소들이다.

■ 다음의 항목 중에서 우리 커플이 잘하고 있는 것과 그렇지 못한 것은?

문항	잘되는 것	잘되지 않는 것
폭력 사용하지 않기		
장외 경기하지 않기		
제삼자 앞에서 싸우지 않기		
장기전 안 하기		
자기 자신의 잘못을 인정하기		
남과 비교하지 않기		
상호 인격모독 안 하기		
승부에 연연하지 않기		
같은 제목으로 연속 상영하지 않기		
상대방의 입장에서 이해하기		

| **출처** | 추부길 · 김정희(1999). 충만한 가정 만들기 초급시리즈. 한국가정사역연구소.

02 부부간의 의사소통

가족기능론적인 관점에서 볼 때 가족기능향상에 있어 중요한 요소는 부부의 의사소통이다. 결혼한 부부에게 있어서 성숙한 방식으로 의사소통을 할 수 있는 능력은 결혼의 친밀감을 성장시키는 본질적이고도 기초적인 기술이라 하겠다.

의사소통은 결혼 이전의 관계에서부터 이후의 부부관계에 이르기까지 효과적인 관계 향상에 매우 큰 영향을 미치는 요인으로 많은 가족관련 연구들에서 꾸준히 지적되고 있다. 그러나 의사소통은 그 특성상 저절로 습득되는 것이 아니고 적절한 교육과 훈련이 필요하다. 따라서 효과적인 의사소통을 위해 부부는 배우자 간의 메시지와 그에 따라 전달되는 의미의 다양한 측면을 익힐 필요가 있다.

1) 부부간의 역기능적 의사소통 유형

가트만(Gottman)이 쓴 『결혼의 수학』에 따르면, 세상의 모든 부부는 대화를 하고 감정을 교류하는 과정에서 독특한 자신들만의 패턴을 가지고 있으며, 이를 자세히 살펴보면 불행한 부부에게서 공통적인 특징을 발견할 수 있다고 하였다. 우선 결혼생활을 오래 지속하는 부부는 서로 대화를 할 때 상대에 대한 긍정적 감정과 부정적 감정의 비율이 최소 '5 대 1'은 되지만, 대부분의 불행한 부부들은 부정적 감정의 비율이 40%가 넘는 것으로 보고되고 있다. 결혼생활을 성공적으로 이어가는 부부들은 논쟁적인 대화를 나눌 때에도 서로 장난을 치거나 웃으며 정서적으로 연결돼 있다는 신호를 끊임없이 보낸다. 그러나 불행한 부부들은 논쟁을 할 때 유머러스하게 대화하는 법을 잘 몰라 사소한 말다툼을 심각한 싸움으로 치닫게 만드는 경우가 많다. 호킨스(Hawkins, 1977)는 부부간에 친밀하고 긴 대화를 할수록 결혼생활에서 높은 만족감을 가질 수 있는 반면에 한정되고 짧은 대화를 할수록 친밀감이 약해진다고 한다. 멜빈(Melville, 1983)도 행복한 부부일수록 의사소통이 많으며 언어의 선택에 신경을 쓰고 상대방의 이야기를 이해하고 있다는 반응을 더 많이 표시하며 부부간에 이야기할 주제를 넓게 가지고 있으며 상대방의 의사를 존중하며 개방적이라고 하였다.

한편, 가트만은 부부 갈등이 심화되는 것은 부부간에 문제가 된 대화 내용 자체보다도 그런 대화를 나눌 때 부부가 보이는 태도 때문이라는 사실을 강조한다. 즉 대화 내용도 중요하지만 그것을 어떤 방식으로 표현하고 있는지가 부부 사이에서는 매우 중요하며, 대화 시 보이는 태도는 그들의 내면적 관계를 적나라하게 드러내는 숨길 수 없는 지표라는 것이다. 가트먼이 지적하고 있는 의사소통 시 불행한 부부들이 보이는 네 가지 태도는 다음과 같다(존 가트만, 남은영, 2007).

(1) 비난

서로를 비난한다는 것은 곧 상대방의 성격에 대해 좋지 않은 소리를 하면서 원망하기에 급급한 상황을 연출함을 뜻하는 것으로 어떤 특정한 일에 불만을 나타내는 불평과 달리 비난은 그 사람의 성품 자체를 부인하는 것이다.

불평: 옷에다가 그렇게 돈을 많이 쓰니 돈이 절약되겠어?
비난: 이렇게 옷에다가 돈을 써? 어쩜 너는 그리 허영심이 가득하고 이기적이니?

불평: 당신이 금요일 밤만 되면 밖에서 친구를 만나기에 바쁘니 난 외롭고 허전해!
비난: 나와 애는 집에다 팽개치고 밖으로만 싸돌아다니니 당신은 너무 무책임한 사람이야, 가족은 눈에 보이지도 않지?

불평은 단순히 사실 하나만을 말하고 끝맺지만 비난은 비판과 더불어 "이렇게 해야지"라는 암시까지 덧붙이면서 상대방의 인격을 모독하게 되며, 곧 일반화의 오류로 넘어가게 된다.

(2) 경멸

경멸은 비난과 비슷하지만 더 극대화된 사례이다. 상대방을 경멸하는 것은 심리적으로나 정신적으로 마음에 큰 상처를 주는 것이다. 상대방의 행동에 반발해서 그에 대한 보복심리로 상처 주는 말을 하는 것이 경멸이다. 상대방을 경멸하는 일은 곧 그에 대한 존경과 사랑을 없애는 역할을 한다. 부부 중 어느 한쪽이(또는 둘 다) 상대방에게 경멸의 감정을 보일 경우 그들의 결혼은 심각한 적신호를 보인다고 판단해야 한다. 두 번 이상 눈알을 빠르게 굴린다거나, 어처구니 없다는 식의 표정을 짓거나, 무시하는 말을 내뱉는 경우가 여기에 해당한다. 배우자에게 상처를 주거나 항상 긴장하게 만드는 대화 환경은 이혼으로 가는 지름길이다. 가트만은 경멸이 네 가지 태도 중 가장 나쁘다고 하였다. 경멸은 오랫동안 참아 온 배우자에 대한 부정적 생각들에 의해 부추겨지고 배우자와의 차이점은 해결될 수 없다는 생각을 하게 만든다.

(3) 방어적 자세

방어적인 태도도 좋지 않은 신호다. '그래, 하지만' 등의 화술을 사용하여 동의하는 것 같지만 이내 되받는 말투를 자주 사용하는 부부들은 오해의 골이 깊었다. 갈등이 심화될 때는 누구나 자기방어를 하고 싶겠지만 지나친 자기합리화는 갈등을 더 악화시킨다. 자신만이 옳다는 생각에 빠져 상대방의 이야기에 귀를 기울이지 않기 때문이다. 이 자기방어 모드에서 벗어날 수 있는 방법은 상대방의 이야기를 인신공격으로 듣지 않고 단지 '극대화된 해석'으로 받아들이는 것이다. 나는 '이러한 의도로' 이러한 일을 했는데 저 사람은 '저러한 의도로' 잘못 해석했구나라고 생각해 볼 필요가 있다. 상대방의 말을 귀 기울여 듣다 보면 어떤 문제점이 상대방으로 하여금 화를 내게 했는지 짐작할 수 있다. 그러면 "그 일이 당신에게 그렇게 상처를 주리라고는 미처 생각하지 못했어요"라고 말하라. 자기방어에 급급하면 상대의 말이 귀에 들어오지 않는다. 상대도 마찬가지이다. 그러므로 자신의 눈과 마음을 가리고 있는 방어벽을 거둔 뒤 당신이 먼저 진심어린 말을 해야 한다.

(4) 냉담(고의적 무시)

대화가 극한 감정으로 치달으면 한쪽이 그냥 입을 다물어버리는 상황이다. 한 조사에 의하면 전체 부부의 85%는 거의 남자가 이런 역할을 하는 것으로 드러났다. 남자들은 부부생활에 문제가 생기면 대화하기보다는 대충 넘어가려는 성향이 있다. 그들은 부인이 왜 자신이 침묵하는 것에 대해 분노하고 무시당한다고 여기는지 전혀 이해하지 못한다. 그들은 단지 입 다물고 가만히 있는 것이 아내의 화를 가라앉히는 방편이라고 생각한다. 물론 고의적인 침묵이 긍정적인 효과를 낼 수도 있지만 침묵은 더 큰 문제를 일으킬 수 있다. 냉담한 반응은 싸움을 회피하는 것이지만 또한 상대방과의 관계를 회피하는 셈이 된다. 두 사람이 대화를 나누지 않으면 그 문제는 결국 풀리지 않은 채로 남아 갈등의 불씨를 간직하기 때문이다. 그러므로 대화하면서 상대방의 말 하나하나에 귀 기울여 반응하는 태도를 보여야 한다. 고개를 끄덕거리고 "그래 그래" 하는 말은 비록 작은 몸짓이지만 상대의 마음에 진정성을 안겨준다. 상대방에게 호의를 보이는 즉각적인 신체반응이 중요한 역할을 한다는 것을 잊어서는 안 된다. 그러나 서로 화가 머리끝까지 치밀어 이성을 잃겠다 싶으면 잠시 대화를 멈추는 것이 좋다.

비난과 경멸, 방어는 부부가 해로운 상호작용을 멈추지 않는다면 결혼생활에서 릴레이 경주처럼 서로 바통을 넘겨가며 계속 반복된다. 냉담은 일반적으로 비난, 경멸, 방어 갈등 단계의 초기 단계보다 나중에 나타나기 쉽다. 결혼생활에서 이 네 가지 태도가 위험한 것은 부부간의 의사소통을 점진적으로 방해할 뿐만 아니라 깨닫지 못하는 사이에 깨뜨리기 어려운 불화와 부정적 상호작용의 악순환을 만들어 낸다는 점에 있다.

역기능적 의사소통 유형척도

■ 커플이 갈등상황에서 대화하는 방식에 대한 것입니다. 각자의 반응정도에 따라 점수를 주세요.

항목	내용	1	2	3	4	5
1	일이 잘못되면 누가 그랬는지를 아는 것이 중요하다.					
2	나는 감정이 매우 상하기 전까지는 불평을 하지 않는다.					
3	나는 구체적인 상황이나 행동보다는 전반적인 면에 불평하는 편이다.					
4	나는 불평거리들을 오랫동안 쌓아둔 뒤 한꺼번에 터뜨린다.					
5	나는 불평할 때 감정이 매우 격해진다.					
6	나는 불평할 때 배우자의 결점을 들추어낸다.					
7	한번 불평하게 되면 아무도 나를 멈추게 할 수 없다.					
8	내가 문제를 제기하는 이유는 내가 옳다는 것을 보여주기 위해서이다.					
9	나는 불평할 때 '당신은 항상', '당신은 절대로'와 같은 말을 자주 한다.					
10	상대방의 자질이 의심스러울 때가 있다.					
11	나는 종종 상대방의 기를 꺾는 말을 한다.					
12	상대방이 거만할 때가 있다.					
13	상대방이 잘난 척한다.					
14	상대방이 너무 고집이 세서 타협이 안 된다.					
15	의견이 서로 다를 때 나는 상대방의 입장을 생각하기 어렵다.					
16	나는 상대방을 존중하는 마음이 없어질 때가 많다.					
17	나는 상대방의 태도에 대해 혐오를 느낄 때가 많다.					
18	상대방이 어리석을 때가 있다.					
19	상대방이 유능하지 못할 때 한심하다는 생각이 든다.					
20	상대방이 이기적일 때가 있다.					
21	상대방이 나를 헐뜯을 때 나는 앙갚음할 방법을 생각한다.					
22	일이 잘못되었을 때 나에게는 그다지 책임이 없다.					

항목	내용	1	2	3	4	5
23	비난을 피하기 위해 문제에 대한 이유와 과정을 설명해야만 한다.					
24	상대방이 지나치게 부정적인 태도를 가지고 있다.					
25	상대방이 예민해서 마음의 상처를 쉽게 받는다.					
26	상대방의 불평 중에 맞는 말도 있지만 모두 맞는 건 아니다.					
27	상대방이 불평하면 나는 죄가 없다는 생각이 든다.					
28	상대방이 불평하면 내 입장을 다시 설명하려고 한다.					
29	상대방이 불평하면 내 자신을 방어할 방법을 찾게 된다.					
30	상대방이 불평하면 나는 이것을 물리쳐야 한다고 생각한다.					
31	상대방이 내 입장을 진정으로 이해한다면 그런 불평은 하지 않을 것이다.					
32	상대방이 나를 비난하려고만 한다.					
33	상대방이 너무 고집이 세서 타협이 안 된다.					
34	내 감정이 폭발했을 때 나를 혼자 있게 놔두었으면 좋겠다.					
35	상대방이 화났을 때 가만히 있는 것이 상책이다.					
36	상대방과 사소한 말다툼이 큰 싸움으로 번져 당혹스러울 때가 있다.					
37	상대방의 감정이 격해지면 그 자리를 피하는 것이 상책이다.					
38	우리가 싸울 때 내가 이런 대접을 받을 이유가 없다는 생각이 든다.					

* 1 – 전혀 나의 성격과 같지 않다.　　2 – 대체로 나의 성격과 같지 않다.
3 – 어느 정도 나의 성격과 같다.　　4 – 대체로 나의 성격과 같다.
5 – 거의 나의 성격과 같다.

비난형(1~9번), 경멸형(10~21번), 방어형(22~32번), 냉담형(33~38번) 별로 합계와 평균을 내 보세요. 가장 많이 나온 유형이 당신의 역기능적 의사소통 유형입니다.

| **출처** | 신라대학교 가족상담센터(2007). 행복가족레시피. pp. 63-64.

부부간의 의사소통을 가로막는 10가지 유형

1. **회피형** 방을 나가거나 잠을 자거나 바쁜 척한다.

2. **마음을 읽는 형** 상대 마음을 다 읽고 있다는 듯한 태도를 취한다.

3. **사소한 일로 괴롭히는 형** 일부러 양말을 아무 데나 벗어 놓는 식으로 자기 불만을 솔직하게 표현하는 대신 배우자 신경을 건드린다.

4. **애정만을 고집하는 형** "우리가 정말 사랑한다면 이런 게 뭐가 문제야" 하는 식으로 사랑이 만사를 해결해준다고 주장한다.

5. **죄의식을 일으키는 형** "제 걱정은 마세요"라면서 긴 한숨을 쉬는 식으로 자기가 원하는 것을 솔직하게 말하는 대신 상대방에게 죄의식을 던져 준다.

6. **덫을 놓는 형** 괜찮다면 솔직하게 이야기해 보라고 한 뒤, 배우자가 솔직히 말하면 화를 내며 그 내용을 부인한다.

7. **보따리 메고 다니는 형** 화가 났을 당시에는 표현을 전혀 안 하고 차곡차곡 보따리에 넣어 두었다가 한꺼번에 마구 퍼붓는다.

8. **농담형** 심각한 이야기를 피하고 농담으로 되받는다.

9. **비위만 맞추는 형** 상대의 비난과 배척을 견디지 못해 무조건 배우자를 기쁘게 해주려고 한다.

10. **옛 규칙 고집형** "옛날엔 새벽밥을 꼭 해주었잖소."라는 식으로 시간과 상황이 바뀌어도 상대가 과거에 했던 역할을 고집한다.

| **출처** | 김희성 외(2010). 가족생활교육. pp. 153-154.

2) 효과적인 의사소통 방법

좋은 의사소통이란 자기 내면에서 경험되어지는 것을 적절하게 표현하는 것이다. 부정적인 감정이기 때문에 표현을 거부하거나 거절당할까봐 두려워 욕구를 말하지 않거나 혹은 지나치게 자기 감정을 억압하여 자신의 감정을 의식하지 못할 경우에 표현되어지는 것과 표현되지 않은 것의 불일치는 의사소통을 방해하고 좋은 관계를 형성하는 데 걸림돌이 된다.

(1) 듣기의 기본 기술

좋은 의사소통이란 서로 상대방의 말을 잘 듣고 표현하면서 명확하게 의사소통을 하는 것이다. 명확한 의사소통을 위해서는 먼저 상대방의 말을 잘 들어야 한다. 상대방의 말을 잘 듣기 위해 필요한 지침은 다음과 같다(김영애, 2002).

첫째, 올바른 신체적 태도를 취하면서 듣는다. 눈을 적절히 맞추면서 듣는다. 심리적 갈등이 많은 경우 수치심 때문에 혹은 자신감이 없을 때 눈을 안 맞추려는 경향이 있다. 그러나 상대방 눈을 지나치게 뚫어지게 쳐다본다든가 하는 등의 부적절한 눈맞춤은 조심하여야 한다. 몸을 약간 앞으로 굽혀 상대방을 향하고, 상대방이 이야기할 때 머리를 가볍게 끄덕이거나 상대가 계속 이야기를 계속하도록 가볍게 '음, 아' 등 의성어를 넣어준다.

둘째, 자각하면서 듣는다. 되도록 상대방의 말을 비판하지 않으면서 듣는다. 동시에 내 자신의 내면에서 일어나는 것을 자각하고 비교하면서 상대의 대화내용을 객관적으로 파악하려 한다.

셋째, 열린 마음으로 듣는다. 다른 사람의 비판적인 말도 잘 들음으로써 내 잘못을 찾아 고칠 수 있다. 자기 의견에만 매달리다 보면 성장이 멈춘다. 의견이 다르다 하여 상대방의 말을 듣지 않는다면 좋은 사람들과의 관계를 유지할 수 없다. 잘 듣지 않는다면 사람들로 하여금 당신을 좋아하게 할 수 없다.

넷째, 언어적 메시지와 비언어적 메시지의 일치성을 확인하면서 듣는다. 말하는 내용이 일치적이며 일관성이 있어야 한다. 말하는 사람의 언어적 비언어적 표현의 불일치가 이루어지는 이중구속의 의사소통 유형은 듣는 사람을 상당히 혼돈에 빠지게 한다. 비언어가 주는 의미는 언어적 의사소통보다 더 강력하다. 비언어적 의사소통은 관계를 규정짓고 자존감을 말해주기 때문이다. 말로 전달되는 것은 7%, 얼굴표정이나 몸짓이 전달해주는 것은 55%, 억양이나 톤이 전달하는 것은 38%라고 한다. 특히 우리 문화는 비언어적 문화권이기 때문에 비언어적 표현을 잘 파악하는 것이 중요하다. 여기에는 목소리의 크기, 속도, 명확한 발음, 악센트 등이 포함된다. 이에 따라 메시지를 달리 전달하게 하는 요소가 될 수 있다. 남편이 부인에게 사랑한다고 말하면서 매우 차가운 목소리로 말한다면 남편의 목소리는 거부를 의미하기 때문에 부인은 혼돈에 빠지게 될 것이다.

또한 말하는 사람과 듣는 사람과의 공간적 거리도 관계의 친밀도를 의미하게 된다. 우리는 대상에 따라, 상황에 따라 상대방과 적절한 거리를 두고자 한다. 친밀한 관계가 아닌데도 지나치게 근접하게 있는 것은 부적절한 느낌을 줄 수 있다. 말하는 사람이 보여주는 공간적 간격을 유지하는 것이 좋다.

잘 듣기를 방해하는 걸림돌 12가지

1 비교하기	5 대답할 말 준비하기	9 짐작하기
2 걸러내기	6 판단하기	10 딴 생각하기
3 조언하기	7 언쟁하기	11 슬쩍 넘어가기
4 자기가 옳아야만 하기	8 비위 맞추기	12 동일시하기

※ 두 사람씩 짝을 지어 한 사람이 5분간 힘들었던 상황에 대해 이야기하고, 다른 한 사람은 들은 그것에 대해 다시 말해 주면서 대화를 이어 나가시오. 먼저 사람의 이야기가 끝나면 다른 사람도 이야기하시오.

- 상대방이 잘 들어줄 때 어떤 느낌이었나요?
- 상대방의 말을 잘 들을 수 없게 만들었던 걸림돌이 무엇이었나요?

(2) 말하기의 기본 기술

명확한 의사소통은 작은 일에서부터 큰일까지 서로를 훨씬 더 잘 이해하고 친밀한 관계를 형성할 수 있도록 도와준다. 그러나 우리는 우리 자신에 대해 잘 모를 때가 많고, 비언어적으로 표현하거나 내가 말을 안 해도 상대방이 이해할 것을 바라기 때문에 메시지를 일차적으로 보내지 않을 때가 많다. 불완전한 메시지를 주고받거나, 상대방을 비웃거나, 죄책감 때문에 솔직하지 못하거나, 마음을 읽어주기를 바라게 되면 서로 오해가 생겨 신뢰가 깨지고 관계가 악화된다. 나를 정확하게 표현하는 말하기의 기본기술을 익히는 것이 필요하다.

첫째, '나' 진술을 사용하라. '너' 진술보다는 '나' 진술을 함으로써 자기 내면에 대한 책임을 지도록 한다. 내가 경험하는 모든 것은 나의 것이고 그것에 대한 책임은 나에게 있다. 내가 기분이 나쁘다고 하면 그 감정도 내 것이기 때문에 내가 다루어야 한다. 이때 '나' 진술 형태를 띤 '너' 진술에 유의해야 한다. "난 네가 어리석다고 생각해", "나는 네가 공부를 좀 더 열심히 했으면 좋겠어"라고 하는 것은 진정한 '나' 진술이 아니고 나의 생각을 빙자하여 상대방에게 책임을 떠맡기는 것이다.

둘째, 정직하라. 자신의 감정, 특히 부정적 감정을 솔직하게 표현하기 힘들기 때문에 진실을 숨기거나 거짓말을 하려는 유혹을 이겨야 한다. 집에 들어가기 싫어서 사무실에 남아 있으면서 일이 많아 회사에 있어야만 한다고 하는 것도 자신의 감정을 숨기는 것이다. 상대방에게 진실한 감정을 표현하지 않는다면 상대방만 속이는 것이 아니라, 자신도 속이는 것으로 상대방뿐만 아니라 자신과도 단절되기 때문에 더욱 더 진실된 감정을 표현하기가 힘들어진다.

셋째, 감정과 신체적 표현을 일치시켜라. 우울하다고 하면서 목소리가 높거나, 화가 난다고 하면서 목소리가 기어들어 가거나 신체적 언어와 말이 불일치하다면 말하는 것과 내면이 서로 다른 것이다. 우리는 나쁜 소식을 전할 때 웃거나 농담을 하는 등 메시지와 표현이 다른 불일치한 습관을 가지고 있는 수도 있다. 필요하다면 거울 앞에서 자세나 목소리의 톤, 제스처 등을 자신의 감정과 일치하도록 연습하는 것이 좋다.

넷째, 적절한 자기개방을 하라. 자기개방은 자신에 대한 정보를 주고받는 것이다. 적절한 자기개방은 자신과 타인이 불편하지 않을 정도의 노출로서 감정, 생각, 기대, 열망을 모두 포함한 형태의 표현이다. 지금 여기와 관련된 자기개방은 친밀한 관계를 형성하도록 도와준다. 적절한 자기개방은 자신에 대해 스스로 명료해진다. 역설적이긴 하지만 자신을 남들에게 알릴수록 자신을 더 잘 알게 된다는 것이 사실이다.

자기를 열면 친밀한 인간관계가 형성된다. 대개의 경우 한쪽의 개방은 또 다른 상대방의 개방을 불러온다. 또 자기를 솔직하게 개방하면 부적절한 수치심이나 죄의식에서 벗어날 수 있다. 자신의 부족한 점, 이미 저지른 과거 일이나 생각한 일을 개방할 때 우리는 더 이상 자기 자신을 숨기는 데에 에너지를 소모하지 않아도 되며, 지나친 자기중심적 사고에서 벗어나 상황을 좀 더 객관적으로 바라볼 수 있다. 뿐만 아니라 삶에도 적절히 대처할 수 있다. 자신에 대한 중요한 정보를 비밀로 유지하는 데에는 많은 심리적 에너지가 쓰인다.

내면에 숨겨 놓은 표현되지 않은 것들은 자발성을 잃게 한다. 따라서 건전한 형태의 자기개방을 한다면 자신에 대한 에너지가 살아날 수 있다.

좋은 의사소통을 위한 10가지 지침

1. 비판적인 단어나 감정이 실린 용어를 쓰지 말라.
2. 일반화된 이름 붙이기를 하지 말라.
3. 비난하고 판단하는 식의 '너' 메시지를 쓰지 말라.
4. 과거의 일을 들추지 말라.
5. 부정적인 비교를 하지 말라.
6. 위협을 하지 말라.
7. 감정으로 공감하기보다는 그것을 말로 표현하라.
8. 개방적이고 수용적인 신체언어를 사용하라.
9. 전체 메시지를 일차적으로 사용하라.
10. 분명하게 말하라.

※ 두 사람씩 짝을 이루어 자기가 많이 쓰고 있는 걸림돌에 대해 이야기해 보시오.

03 비폭력 대화

비폭력 대화(Nonviolent communication)는 때로는 연민의 대화(Compassionate Communication)로 불리기도 한다. 이 대화 모델은 마셜 로젠버그(Marshall B. Rosenberg) 박사에 의해 고안되었으며 즐거운 마음으로 서로 주고받는 것을 기뻐하는 게 우리의 본성이라는 믿음에 기반하고 있다. 분석이나 비판을 하기보다는 무엇을 관찰하고, 그에 대하여 어떻게 느끼며 무엇을 원하는가를 명확히 이해하는 데 초점을 둔다며 우리가 가지고 있는 연민의 깊이를 인식할 수 있음을 강조한다. 다른 사람뿐만 아니라 나 자신의 내적인 대화도 경청함으로써 존중, 배려와 공감하는 마음과 서로 주고받기를 원하는 마음이 자연히 생기는 것으로 보고 있다(캐서린 한 역, 2004).

1) 비폭력 대화의 네 가지 요소

서로 마음으로 주고받는 대인관계를 위해서 필요한 비폭력 대화의 네 가지 요소는 다음과 같다.

(1) 있는 그대로 관찰하기(observation)

크리슈나무르티는 "평가가 들어가지 않은 관찰은 인간지성의 최고 형태"라고 말한 적이 있다. 어떤 상황에서 있는 그대로, 실제로 무엇이 일어나고 있는가를 관찰하는 단계로써, 나한테 유익하든 그렇지 않든 상대방의 말과 행동을 있는 그대로 보는 것이다. 상대방의 행동을 내가 좋아하느냐 싫어하느냐 여부를 떠나, 판단이나 평가를 내리지 않으면서 관찰한 바를 명확하게 그대로 말하는 것이다. 상대방에게 자신을 분명하고 솔직하게 표현하려 할 때 관찰은 아주 중요한 요소이다. 관찰에 평가를 섞으면 듣는 사람은 이것을 비판으로 듣게 되고, 우리가 하는 말에 저항감을 느끼기 쉽다.

평가	관찰
• 당신은 내가 원하는 것을 절대로 하지 않네요.	• 당신은 최근 며칠동안 내가 부탁한 세 가지를 다 하기 싫다고 하네요.
• 당신은 너무 자주 술을 먹네요.	• 당신은 1주일에 최소 세 번은 술을 먹네요.

(2) 느낌을 알아차리고 표현하기(feeling)

두 번째 요소는 우리의 느낌을 표현하는 것이다. 정신분석학자 롤로 메이는 "성숙한 사람은 감정의 여러 가지 미묘한 차이를 마치 교향곡의 여러 가지 음처럼 강하고 정열적인 것부터 섬세하고 예민한 느낌까지 모두 구별할 능력이 있다"고 말했다. 자신의 느낌을 명확하고 구체적으로 표현할 수 있는 어휘를 늘리면 상대방과 좀 더 쉽게 서로 연결될 수 있다. 그리고 우리의 느낌을 표현함으로써 자신의 약함을 인정하는 것이 갈등을 해결하는 데 도움이 될 수 있다. 보통 우리는 느낀다는 말을 많이 쓰지만 실제로는 느낌을 표현하지 않는 경우가 많으며 생각을 말하는 경우가 더 많다. 느낌을 표현할 때는 뜻이 모호한 말이나 추상적인 말보다 구체적인 느낌을 나타내는 낱말을 사용하는 것이 도움이 된다. 그 행동을 보았을 때 어떻게 느끼는가를 말한다. 아픔, 무서움, 기쁨, 즐거움, 짜증 등의 느낌을 표현하는 것이다. 느낌을 명확하고 구체적으로 표현할 수 있는 어휘를 활용함으로써, 우리는 좀 더 쉽게 유대관계를 맺을 수 있다.

생각 말하기	느낌 표현하기
• 당신이 나를 사랑하지 않는다고 느껴! • 나는 오해를 받고 있는 느낌이다.	• 당신이 떠난다니 슬프다. • 빨리 하라는 소리를 들으면 초조해요.

느낌을 표현할 때 활용할 만한 단어

기쁘다, 흐뭇하다, 뿌듯하다, 상쾌하다, 안락하다, 감동스럽다, 고맙다, 놀랍다, 흡족하다, 유쾌하다, 명랑하다, 즐겁다, 짜릿하다, 시원하다, 신바람 난다, 반갑다, 사랑스럽다, 뭉클하다, 후련하다, 든든하다, 근사하다, 아늑하다, 행복하다, 자랑스럽다, 황홀하다, 통쾌하다, 멋있다, 재미있다, 흥분된다, 기쁨이 넘치다, 믿음직스럽다, 감격스럽다, 짜릿짜릿하다, 평화롭다, 예쁘다, 자랑스럽다, 따뜻하다, 부드럽다, 정답다, 상냥하다, 미친 듯이 기쁘다, 날아갈 듯이 홀가분하다, 살맛이 난다, 신난다, 눈물겹다, 마음이 확 열린다, 벅차다, 산뜻하다, 싱그럽다, 야릇하다, 환상적이다, 재미있다, 그립다, 자신만만하다, 믿을 만하다.

(3) 필요/욕구 인식하기(need)

자신이 포착한 느낌이 내면의 어떤 욕구와 연결되는지를 말한다. 다른 사람의 말이나 행동이 우리의 느낌을 불러일으키는 자극이 될 수 있어도 결코 우리 느낌의 원인은 아니다. 우리가 갖게 되는 느낌은 당시 나의 필요와 기대에 따른 것이기도 하지만, 다른 사람의 언행을 받아들이는 우리 자신의 마음 자세에 달린 것이기도 하다. 비폭력 대화의 세 번째 요소는 우리 자신의 느낌을 불러일으키는 데 영향을 주는, 우리 내면의 선택에 대한 책임을 우리 스스로가 지도록 하는 것이다. 다른 사람을 탓하기보다는 자신의 욕구와 희망, 기대, 가치관이나 생각을 인정함으로써 우리는 자신의 느낌에 대해 책임을 가지는 것이다. "나는 ~이 필요하기 때문에 나는 ~을 느낀다"는 표현으로 바꾸면 자신의 책임에 대한 인식을 깊게 할 수 있다. 자신의 욕구와 느낌을 잘 연결하면 할수록, 우리는 다른 사람들에게서 연민의 반응을 보기가 쉬워지는 것이다. 대부분의 사람들은 비난처럼 들리는 이야기를 들으면 자기 방어에 나서거나, 저항이나 반격을 하게 된다. 상대방을 탓하기보다 각자 자신들이 서로에게 무엇을 원하는가를 말하게 되면 모두의 욕구를 충족할 수 있는 방법을 찾을 가능성이 매우 커지게 되는 것이다.

느낌 말하기	필요와 욕구와 연결해서 말하기
• 네가 음식을 남기면 엄마는 실망한단다.	• 엄마는 네가 튼튼하고 건강하게 자라기를 바라기 때문에 네가 음식을 남기면 실망한단다.
• 당신이 늦게 올 때면 짜증이 나요.	• 당신과 저녁시간을 함께 보내고 싶었는데 오지 않는다고 하니까 섭섭하네요.

(4) 요청/부탁하기(request)

나의 삶을 더 풍요롭게 하기 위해서 다른 사람이 나에게 해주길 바라는 것을 표현하는 것이 중요하다. 막연하고 추상적이거나 모호한 말을 피하고, 우리가 원하지 않는 것보다 우리가 원하는 것을 말하고, 긍정적인 행동을 부탁하는 것이 중요하다. 즉 상대에게 나의 욕구를 충족할 만한 행동을 직접 부탁하는 것이다.

필요/욕구 인식하기	요청/부탁하기
• 당신이 나를 이해해 주기 바래요.	• 내가 한 말을 어떻게 들었는지 말해주면 좋겠어요.
• 나나 당신에 대해 좀 더 알고 싶어요.	• 일주일에 한 번은 저와 함께 점심식사를 할 마음이 있는지 알고 싶어요.
• 저녁식사 준비를 좀 더 자주 해주면 좋겠어요.	• 매주 월요일에는 저녁준비를 해주면 좋겠어요.

10

Chapter

부부관계 향상을 위한 개입기술

1 부부관계 향상을 위한 내적 점검

2 자아분화와 자아존중감

3 욕구강도 프로파일

4 분노 다루기

현대사회는 부부 중심의 가족형태로 부부관계의 질이 가정의 기능과 존립에 중요한 역할을 하고 있다. 그러나 최근 우리 사회에서 부부관계는 가치관의 양립, 부부상호 간의 역할과 기대 차이, 부부간 정서적 유대감의 약화, 부부 사이의 대화시간 및 기술의 부족으로 조그만 갈등상황에도 대처능력이 부족하여 위기상황을 초래하고 있다. 이러한 시점에서 부부관계를 향상시키기 위한 개입은 중요하다.

부부관계 향상이란 자기이해의 촉진으로 부부관계를 만족시키는 것이며(Miller, 1971), 부부간에 자아존중감을 갖도록 함으로써 부부간의 친밀감 수준을 높이는 것(Clinebell, 1975)임을 볼 때, 부부관계 향상을 위해서는 먼저 자기이해와 자아존중감의 증진이 필수적이라 하겠다. 실제 건강한 사람들의 인간관계적인 측면에서 나타나는 특성들로(이영실 · 이윤로, 2008) 자아실현성, 실존성, 감수성, 자발성, 자기긍정성, 자기수용성, 긍정적 인간관, 포용성 등이 제시되고 있다. 말하자면 좋은 인간관계를 맺기 위해서는 먼저 자기 자신의 성숙이 이루어짐을 전제로 하고 있는 것이다.

본 장에서는 이러한 관점을 가지고 부부관계 향상을 위한 구체적인 개입방법에 대해서 살펴보도록 하겠다.

01 부부관계 향상을 위한 내적 점검

오늘날 결혼이 제도적인 가족 간의 결합이 아니라 사랑하는 남자와 여자 두 사람의 결합이라는 인식이 퍼져 가면서 결혼에 대한 새롭고 진지한 성찰이 필요한 시점에 이르렀다. 윌리엄 글라써는 "불행한 결혼의 고통은 너무도 크기 때문에 이런 결혼 상태에 들어가게 되는 것은 단순한 낭만의 차원에서의 문제가 아니고 자신을 지옥과 같은 상태에 몰아 넣은 것과 다를 바가 없다"라고 하였다. 대다수의 행복에 관한 연구결과에서도 가족이나 친구 등의 신뢰할 만한 친밀한 대인관계가 지능이나 경제력, 교육수준보다 더 중요함을 강조한다(로베르트 비스바스 외, 서희연 역, 2009).

그러나 결혼에 앞서 나는 진정으로 누구이며, 어떤 내면적 상처가 있는지에 대해 질문을 하는 사람은 드물다.

실제 유년기에 받은 상처는 개인의 일생 전체에 영향을 미친다. 특히 유년기 때 정서적 성장을 정지시키는 4가지 정신적 상처들(거부, 성적 가해, 정서적 폭력, 육체적 폭력)은 어린아이의 정서적 발전을 방해하며 남자든 여자든 정서적인 고착현상으로 다른 사람과 단절되게 만들어 버린다. 치료되지 않은 심적 상처는 우리의 생존본능에 자꾸 호소하게 만들면서 어떤 대가를 치르더라도 살아남으려고 하나, 아이들은 그들의 환경을 변화시킬 경험이나 능력을 가지고 있지 않으므로, 대부분의 상황에서 아주 잘못된 방법으로 대처하는 것을 익히게 된다. 마음의 상처로 인해 정서적 성장이 멈추었다면 내면적 성격은 정상적으로 성장하지 못한다. 그 대신에 아이는 남들로부터 거부당하지 않기 위해 가식을 행하는 위선적 인격을 가지게 된다. 이러한 과정에서 아이는 자신에게 중요한 사람들의 기대를 만족시키기 위해 노력은 하지만 진정한 인격적 성장은 얻지 못하게 되는 것이다. 다른 사람과의 관계 및 자신의 인생관리 등 정말로 중요한 문제를 풀어가는 능력의 발달은 정지된다.

어린아이 때의 상처가 지금 우리의 삶에서 필요한 측면에 어떻게 영향을 주는지에 대한 점검을 해 보도록 한다(폴 헥스트롬, 1999; 이남종 역, 2008).

1) 분노관리

분노를 관리하고 격노의 원인이 무엇인지를 규명하는 능력은 어른에게만 있다. 내면의 성장이 멈춘 어른은 어린아이처럼 행동하며 감정을 다스리는 능력의 부족으로 다른 사람들은 항상 그에 대해 긴장하고 있어야 한다. 이러한 사람은 세상의 모든 사람들이 그의 감정에 잘 반응해 주어야 된다고 생각하면서 살아간다. 내적 성장이 멈추어지게 되며 분노의 관리는 다룰 수 없는 영역에 속하게 된다.

2) 협동

내적 성장이 멈추어버린 사람은 협력하는 일을 하는 데 종종 실패한다. 자기주관에 따른 결정을 하는 것도 중요하지만 내적 성장이 정지되어 있는 사람은 모든 사람들로 하여금 자기방식에 맞추도록 요구한다. 만일 자기방식을 고집하지 못하게 되면 그는 실망하게 되고 위축되고 만다. 만일 우리의 내적 성장이 정지되어 있으면 우리는 협동하여 일하는 것을 못하게 된다. 가정, 직장, 그리고 영적인 삶에 있어서 협동은 반드시 필요한 요소이다.

3) 목표지향

내적 성장이 멈춘 사람들은 끊임없이 목표를 설정한다. 그러나 그들은 그것에 대해 말할 때 자기과시를 위해 말하는 것이고, 이미 마음속으로 그것을 다 행해 버린 것이 된다. 하나의 프로젝트를 시작하지만 결코 완성하지 못하며 그는 앞으로도 끝맺지 못할 많을 일들을 가지고 있으며 또한 끝맺지 못한 많은 과거의 일들도 갖고 있다. 끊임없이 약속을 어기는 부모의 경험 속에서 성장한 딸은 비슷한 남자를 만나게 된다. 이러한 유형의 남자들에게 익숙해 있기 때문이다. 설사 좋은 생각과 목표를 가지고 있는 배우자에게서도 자신의 부모와 같은 결과가 나타날 것이라고 짐작하게 되면서 "난 그것이 결코 이루어질 것이라고 생각하지 않아요"라고 말하면서 진실한 관계에 실패하게 된다.

4) 감정적 친밀함

상처로 인해 내면적 발전에 장애를 가지고 있는 사람은 감정적 친밀함의 중요성을 제대로 알지 못한다. 만일 어린아이 때 성적, 정서적, 혹은 육체적으로 상처를 입게 되면 결혼은 성생활을 위한 것이며 감정적인 친밀감은 부모님에게서 느끼는 것이라 생각하게 된다. 성적 친밀함은 감정적 친밀함이 우선되어야 한다는 사실을 모르게 되면 아무리 성적으로 관심을 가지고 여러 가지 시도를 하더라도 부부관계는 실패하게 된다.

5) 재정관리 및 책임

내면적 발전적 장애를 가지고 있는 사람은 오랜 기간 동안 재정적 어려움을 겪을 수 있다. 우리는 삶에서 행복을 느끼지 못하기 때문에 모든 일에 지치게 된다. 우리는 무언가 잘못되었다는 것을 알면서도 계속 소비하게 되고 또 소비하게 된다. 어린아이와 같은 사람은 내적 치유를 위해서 시간과 에너지를 투자하지 않고 물건과 같은 구체적인 것을 구입함으로써 자신을 위한 진정한 치유작업에 반복적으로 실패하게 된다.

6) 성적 성장과 친밀감

어린아이 같은 마음을 가지고 있는 남자의 경우에 성적 성장은 자기중심적이다. 이러한 사람은 전희, 대화, 혹은 일치 등에 대해서 관심이 없다. 그가 배우자와 대화하는 것이라고는 아주 중요한 일에 대한 것뿐이다. 그들의 관계는 피상적으로 속 깊은 대화는 하지 않으려 함으로써 갈등을 풀 수 있는 이야기도 거의 피해버린다. 어른이 자위행위를 하는 것은 정신적으로 성숙하지 않아서 어린아이 때의 행동이 그대로 전달되는 현상이라고 할 수 있다. 어른으로서의 책임 있는 성적 관계는 헌신, 감정적 책임과 의무, 그리고 상대방에 대한 지식 등을 필요로 하며, 부부간에는 감정의 교류가 있어야 하며 존중하는 자세를 가지고 있어야 한다. 자위행위가 쉬운 탈출구인 것 같지만 이러한 요소가 빠져 있다는 데에 큰 문제가 있다.

7) 정직

우리가 성숙한 모습을 보여주고자 하지만 그렇지 못할 때 우리는 위선자가 된다. 우리는 자신을 미화하고 진실인 것처럼 꾸미고 또 살아남기 위해 거짓말을 한다. 정직의 영역에서 볼 때 우리 모두가 성숙한 인격을 갖춘 사람인 것처럼 타인에게 보이려고 한다는 것은 흥미롭다. 그러나 사람의 행동과 삶은 말보다 더 큰 효력이 있다. 우리의 행동은 거의 모든 시간에 사람들에게 노출된다. 그래서 그 행동들이 모두 겉치레로 드러나게 될 때 사람들은 그를 신뢰할 수 없는 사람으로 평가하게 된다. 이런 결과는 아직 정신적으로 성숙하지 못한 사람들에게 일어나는 특징이다.

8) 안정성

상처로 인해 정신적인 성장이 멈추게 되면 안정성이 결여되어 '이중인격자'가 되고 만다. 이런 사람은 신뢰성 문제에 대해서 전혀 관심을 갖지 않으며 따돌림을 당할 염려 같은 것도 하지 않는다. 신앙에 있어서나 재정적 문제에 대해서 안정성이 없고 또한 가정사에 있어서나 직장 일에 있어서도 안정성이 없다. 그는 그저 파도에 휩쓸려 가듯이 상황에 따라 지조 없이 움직이면서 살아갈 뿐이다.

9) 책임감

정신적 성장이 멈춘 어린아이 같은 사람들은 책임감이 없으며 이러한 현상은 후손들에게 계속 대물림 되는 것이다. 만일 어떤 사람이 그들의 정신적 성장에 도움을 못 주면 결코 그들의 부모나 선조의 정신적 수준 이상으로 올라갈 수 없다.

10) 대화

정신적 성장이 멈춘 사람들은 날씨, 집, 휴가, 자녀, 차, 이웃 등에 대해서는 대화를 나눌 수 있지만 내면에 있는 감정이나 욕구, 관심사와 같은 깊은 문제에 대해서는 서로 이야기를 나누지 못한다. 그 이유는 그런 대화를 나누면 자신이 어떤 사람인지가 드러나게 되고 그러면 거부반응이 일어날 수도 있고, 해결하기 어려운 고통에 빠질지도 모른다고 생각하기 때문이다. 그래서 그저 겉으로 드러나는 일들만 이야기하며 살아가는 것이다. 그들은 갈등의 해결도 없고 감정적 연합도 없고 배우자다운 성장도 없다. 관계를 유지하고자 하는 사려 깊은 노력도 없다. 따라서 그들 간의 대화는 늘 감정이 배제된 내용들뿐이다.

11) 동정심

정신적으로 성장이 멈춘 사람의 가정에서는 동정심이 잘 발견되지 않는다. 아내가 아픈 것을 보고도 남편은 그녀를 조금도 도와주려고 하지 않는다. 그러나 그가 아프면 아내는 남편의 온갖 시중을 드느라 아무것도 못 하게 된다. 집안의 재정적인 어려움에 대해서도 관심이 없다. 그는 집 밖의 모든 사람들에게는 늘 동정심이 많고 성숙한 사람처럼 보이기도 하지만 아내나 자녀들에게는 전혀 동정심을 보이지 않는다.

12) 분별력

성장이 멈춘 사람의 분별력은 믿을 수 없다. 매사에 부정적이다. 그는 상대방의 인생에서 무언가 잘못되고 있다는 것을 정확하게 짚어서 말하며 상대방이 행하고 있는 것에 대해서는 너무도 잘 알고 있다. 모든 사람들에 대한 대답은 가지고 있지만 정작 자신에 대한 대답은 전혀 가지고 있지 않는 사람이다.

성인은 감정적으로 '지시를 받는 나이' 에서 '결정을 하는 나이' 로 바뀌어야 한다. 만일 인생을 어린아이의 관점에서 보고 또한 자신의 결정이 우유부단함이나 환경, 자신을 지배하는 사람에 의해 이루어진다고 생각된다면, 자기 자신과 자신의 삶에 무기력함을 느끼게 된다. 그 결과 그에 대한 반작용으로 주변에 있는 사람이나 환경 등 모든 것을 지배하려고 한다. 이런 행동을 자신이 좋아하든 그렇지 않든 간에 이런 것들은 결국 심적 상처에 이끌려서 행동하는 징후들이다.

02 자아분화와 자아존중감

해결되지 못한 내면의 문제는 당연히 현재의 관계에 역기능적으로 작용하게 된다. 역기능이란 적절하게 기능하지 못하고 문제해결 능력이 낮아서 발달적, 상황적 위기에 적절하게 대응할 수 없는 것이다. 따라서 건강한 부부관계를 맺으려면 먼저 각자의 내면에 해결되지 못한 문제들과 함께, 원가족으로부터 물려받은 바람직하지 못한 대처방식을 지금의 관계에 적용하고 있지 않은가 살펴볼 필요가 있다. 원가족과의 정서적 역동을 파악해 볼 수 있는 개념으로 보웬(Bowen)의 자기분화와 새티어(Satir)의 자기존중감을 중심으로 살펴보기로 한다.

1) 자기분화

연인관계나 부모자녀관계 또는 다른 친밀한 정서적 관계들을 자세히 들여다보면 모든 상호작용에 입각한 관계의 성격은 역동적인 평형상태에 가깝다. 이러한 관계의 균형을 유지하기 위해 관계 안에서 서로 조절하면서 체계의 역동적 특성을 만들어낸다.

자기분화는 독립성과 연결성이 균형 잡힌 심리적 통합인 동시에 개인이 타인과 건강한 접촉을 유지할 수 있는 능력을 의미하는 것으로 정신내적 개념과 대인 관계적 개념을 포함하고 있다. 정신내적으로는 사고와 감정을 분리할 수 있는 능력을 의미하며 대인 관계적으로는 자신과 타인 사이의 분화를 의미한다.

따라서 분화수준이 높을수록 대인간 정서적 융합은 적으며 또한 부부관계 내에서 신뢰와 성실, 상호존중 등의 요인에 의해 분화가 더욱 강화된다. 반면 분화수준이 낮은 남녀가 결혼하여 가족을 이루면 상대에 대한 감정적 의존욕구가 크고 상대가 이를 만족시켜주지 못할 때 불만과 두려움이 오히려 고조된다. 이러한 역기능의 현상으로 배우자의 신체적, 정서적 역기능, 만성적인 결혼 갈등, 자녀의 역기능이 발달된다.

개인의 분화수준이 높아지면 가족에 퍼져 있는 정서적인 힘(불안)에 대해 덜 반응적일 수 있게 된다. 따라서 여러 세대를 통해 반복되고 있는 가족 과정과 구조를 파악하여 원가족에게서 전수되고 있는 정서적 충동에 속박된 반응성과 맞물린 삼각관계의 구조에서 벗어나는 것이 중요하다. 보웬은 현재의 문제가 무엇이든 간에 상관없이 개인 또는 부부를 대상으로 불안감소와 자기분화촉진, 탈삼각화를 이루는 것이 개인의 성장을 위한 주요 목표임을 제시하고 있다.

이를 위해 필요한 개입 전략들이 가족의 가계도 파악과 감정적 반응으로서가 아닌 사고에 초점을 둔 분석 과정이다. 먼저 가족평가를 위한 가계도 분석은 다세대적 정서체계가 현재의 가족관계와 개인의 기능에 중요한 영향을 미친다고 보는 데 있어서 중요 개입기법이다. 적어도 3세대 이상의 가계도의 분석을 통하여 문제를 일으키는 다세대 정서 과정의 기본유형을 찾도록 하는 것이다. 개인력, 현재 가족력, 확대가족력 평가를 통하여 가족과의 융합문제, 미분화문제, 정서적 단절, 현재 가족의 정서체계, 삼각관계 등을 인식한다. 즉 감정에 지배되지 않은 차분한 분위기에서 나와 연관된 가족관계의 역사를 직면하고 현재 문제와의 관련성을 깨달음으로써 나의 분화수준을 높이는 것이다. 즉 운동장에서 경기를 직접 할 때보다 관람석에서 경기의 흐름을 더 잘 파악할 수 있는 것처럼 가족의 불안유형과 정서 과정의 흐름도 한 걸음 떨어져 봄으로써, 실제 가족체계가 어떻게 작용하고 있는지 더 잘 이해하게 되며 이런 작업을 통하여 정서와 사고를 분리하는 훈련 과정이 됨으로써 개인의 분화수준이 높아지는 것이다.

자기분화 척도

■ 다음은 자신이나 다른 사람들과의 관계에 대한 귀하의 생각이나 느낌을 묻는 질문입니다. 귀하의 생각이나 행동, 느낌에 가장 가깝다고 판단되는 번호에 V표 하여 주십시오.

항목	내용	0	1	2	3	4	5
1	사람들은 내가 감정을 잘 통제하지 못하는 편이라고 말한다.						
2	배우자가 나를 비난하면, 한동안 마음이 괴롭다.						
3	나는 결정을 내리도록 도와줄 사람이 옆에 없으면, 종종 확신이 안 선다.						
4	누군가와 논쟁을 할 때, 나는 감정에 치우치지 않고 내 입장을 분명히 할 수 없다.						
5	나는 감정이 격해졌을 때에는 제대로 생각하기가 어렵다.						
6	나는 살면서 만나는 대부분의 사람들에게 인정을 받고 싶어 한다.						
7	내 자존심은 다른 사람들이 나를 어떻게 생각하느냐에 따라 달라진다.						
8	나는 어떤 일이 일어나면 영향을 받는다.						
9	배우자가 이해하지 못할까봐, 내 속마음을 솔직히 드러내지 못한다.						
10	때때로 나는 감정의 기복이 너무 심하다고 느낀다.						
11	다른 사람이 나를 비판하는 것에 대해 지나치게 민감하다.						

항목	내용	0	1	2	3	4	5
12	나는 뭔가 결정을 내릴 때, 다른 사람들이 그것을 어떻게 생각할지 걱정이 된다.						
13	다른 사람이 뭐라 하든 개의치 않고 대부분 내 생각대로 할 수 없다.						
14	배우자가 나한테 너무 많은 것을 바란다는 느낌이 들어 부담스러울 때가 있다.						
15	나는 스트레스가 오래 계속되면, 이성보다 감정에 따라 행동하게 된다.						
16	누군가에게 화가 나면, 쉽게 그것을 풀지 못한다.						
17	큰일을 시작할 때, 나는 주변사람들로부터 많은 격려를 받아야 안심이 된다.						
18	스트레스를 받는 상황에서는 내 감정을 부인하지 않고 합리적으로 반응할 수 없다.						
19	배우자와 함께 있을 때, 때로 나는 가슴이 답답하거나 숨이 막힐 것 같은 때가 있다.						
20	나는 중요한 결정을 내려야 할 때도 즉흥적으로 처리하는 일이 많다.						
21	나는 예민한 편이어서 다른 사람으로부터 상처를 잘 받는다.						
22	나는 사람들에게 말부터 해놓고 나중에 후회하는 일이 많다.						
23	아직도 나는 부모님이나 형제자매와 다투고 나면, 기분이 엉망이 된다.						
24	나의 말이나 의견이 남에게 비판을 받으면 잘 바꾸는 편이다.						
25	대부분의 경우 내 감정이나 생각 따위로 고민하지 않고 단호하게 행동할 수 없다.						
26	배우자가 나를 너무 구속하지 않으면 우리 부부관계는 더 좋아질 것 같다.						
27	나는 화가 나면 물불을 가리지 않고 행동하는 편이다.						
28	배우자를 포함한 가까운 사람과 말다툼을 하고 나면, 하루 종일 그 일을 생각한다.						
29	스트레스를 받으면, 나는 흔들린다.						

항목	내용	0	1	2	3	4	5
30	나는 대수롭지 않은 일에도 화를 잘 내는 편이다.						
31	나는 배우자가 내 생각이나 기분을 인정해 주지 않으면 마음이 불편하다.						
32	나는 화가 나면 혼자 해결하지 못하고 누군가가 해결해 주기를 바란다.						
33	누군가가 압력을 가하면, 내 감정과 신념을 분명히 드러낼 수 없다.						
34	나는 자라면서 집을 나가고 싶은 충동을 자주 느꼈다.						
35	나는 차근차근 따져 생각하기보다 느낌과 감정에 따라 행동한다.						
36	나는 누군가에게 무시를 당하면 자존심이 상한다.						
37	내 의견이 배우사나 주위 사람과 비슷해야 안심이 된다.						
38	나는 자기주장이 약하고 지배적인 사람을 대할 때에도, 분명한 사고와 편안한 마음을 유지할 수 없다.						

* 0 – 전혀 그렇지 않다. 1 – 매우 그렇다.
2 – 대체로 그렇지 않다. 3 – 조금 그렇지 않다.
4 – 조금 그렇다. 5 – 대체로 그렇다.

* 점수가 낮을수록 자기분화 수준이 높은 편이다.

| 출처 | 정문자 외(2007). 가족치료의 이해. pp. 161–163. 재구성.

2) 자아존중감

자아존중감이란 자신의 가치에 대해 스스로 내리는 판단, 신념, 느낌을 포함하는 자기 자신에 대한 경험이다. 이러한 자존감은 일차적인 사회적 환경을 제공하는 가족과의 상호작용을 통한 경험으로부터 형성된다. 자녀들이 경험하고 느끼고 생각하고 바라는 것들을 표현하였을 때 부모가 이러한 것들을 적절하게 수용하여 주면 자녀들은 자신의 감정이나 생각, 바라는 것들을 수용하면서 정직하게 표현하고 잠재적 자원들을 발휘할 수 있는 힘을 가지게 된다. 이런 사람들은 자신의 내면을 존중하면서 삶으로부터 자신이 바라는 것들을 요구할 수 있고 또한 충족시킬 수 있는 일치적 삶을 살므로 자존감이 높다. 그러나 그러한 경험을 충분히 하지 못한 사람들은 낮은 자존감을 형성하여 자신의 삶을 살기보다는 외부가 요구하는 삶을 살게 된다. 자존감이 높은 사람은 자기에 대한 인식이 분명하고 자신을 긍정적으로 평가하며 내적 일관성으로 외부 환경이나 평가에 크게 흔들리지 않는다. 그러나 자존감이 낮은 사람들은 자기를 솔직하게 드러내기를 두려워하고 외부 환경의 변화에 민감하고 쉽게 좌절하며 결정을 내리기 어려워한다. 또한 자신감도 부족하고 자기 잘못을 인정하기 힘들어 하고 자기가 항상 옳아야 하고 다른 사람을 용서하기 힘들어 하고 지나치게 어떤 것에 몰두하고 자기 자신과 타인에 대해 비판적이고 완벽주의자이고 현실을 피해 어디로 도피하려 한다.

사티어는 인간의 역기능과 문제의 근원의 제일로 자아존중감 결여를 들고 있다. 부모로부터 배운 생존방식이 지금 나의 삶을 행복하게 하는 데 도움을 주지 못하고 있는데도 자동적으로 그 방식을 반복하고 있는 것이다. 이 같은 생존방식의 순환체계에서 벗어나기 위해서는 새로운 생존방식을 배워야 한다. 자기 인생에 대한 선택권을 스스로 갖도록 하며, 상황에 적절하면서 자신의 내면과 외부행동방식을 일치적으로 만들어가는 삶을 살도록 해야 한다.

표 10-1 자존감 수준에 따르는 사람들의 특징

낮은 자존감	높은 자존감
• 나는 사랑받기를 원한다.	• 나는 나 자신과 다른 사람들로부터 사랑을 받는다.
• 대처자세: 불일치 – 나는 다른 사람의 인정을 받기 위해 무엇이든 할 것이다(회유). – 나는 잘못이 없고 다른 사람들이 문제의 원인이다(비난). – 나에게는 사람들이 중요하지 않다. 단지 상황이 좋으냐 그르냐만 중요하다(초이성). – 나는 현실을 부정한다(산만).	• 대처자세: 일치 – 나는 적합한 것을 한다. – 우리의 차이점을 존중한다. – 나는 너와 나를 모두 포옹한다. – 나는 상황을 받아들인다.
• 경직되거나 비굴하거나 공격적이거나 방어적이거나 산만한 태도를 취한다.	• 자신감이 있고 적절한 태도를 취하며 능률감을 지닌 태도를 취한다.
• 상황에 반사적으로 반응한다.	• 상황에 적절하게 반응한다.
• 자신이 바라는 대로가 아니라 규칙과 의무감에 절대적으로 복종한다.	• 자신의 선택과 책임에 대해 분명히 알고 있다.
• 기준의 잣대가 외부에 있다. • 방어적이다. • 감정을 억압한다. • 안전하고 익숙한 것을 선택한다.	• 자신과 다른 사람을 수용한다. • 정직하면서 신뢰감을 준다. • 감정, 전인성, 인간성을 수용한다. • 새로운 것을 시도 혹은 모험한다.
• 과거지향적: 현재 상태의 유지를 원한다.	• 현재지향적: 변화를 시도한다.

| **출처** | 김영애(2002). 사티어 의사소통 훈련 프로그램.

부부자존감 검사

■ 아래 묘사된 목록을 읽고 다음과 같이 당신 자신에 대해 평점을 매겨 보시오. 상대방에게도 같은 방법으로 검사를 실시하시오. 점수가 높을수록 자존감이 높습니다. 부부간의 자존감 수준이 얼마나 일치하는지도 점검해 보시오.

나			내용	상대방		
1	2	3		1	2	3
			변화를 두려워한다.			
			표현하기가 두렵다.			
			거부 당할까봐 두렵다.			
			성취에 의해서 정체성을 추구한다.			
			자신에 대해 비판적이다.			
			쉽게 용기를 잃는다.			
			지나간 것에 몰두한다.			
			방어적이다.			
			몰아붙이듯 일한다.			
			자신에 대해 부정적인 말을 많이 한다.			
			지위에 의해 정체감을 형성한다.			
			결단력이 부족하다.			
			다른 사람에 대해 비판적이다.			
			자신에 대해 확신을 갖지 못한다.			
			다른 사람과 자신을 비교한다.			
			실패를 두려워한다.			
			최악의 상황이 일어날 것이라 생각한다.			
			자신의 부족함 때문에 경직된다.			
			부의 축적으로 정체성을 추구한다.			
			의미 있는 관계를 맺기 어렵다.			
			약한 면을 숨긴다.			
			멋있게 보임으로써 남을 통제하려 한다.			
			자신에 대해 대체로 불만족한다.			
			중요한 인물과의 교분을 통해 정체성을 추구한다.			

* 1 – 자주 그렇다.　　2 – 가끔 그렇다.　　3 – 별로 그렇지 않다.

| **출처** | 김영애(2002). 사티어 의사소통 훈련 프로그램. p. 183.

또한 이와 같이 자아존중감이 낮은 사람들이 인간관계, 특히 친밀한 관계에서 실패하는 이유 중의 하나는 왜곡된 지각의 틀로 상대방을 파악한다는 것이다(김영애, 2002).

사람들은 외부로부터 얻은 다양한 정보를 분류하고 조직하여 체계적으로 받아들이고 이해하려는 경향이 있다. 다른 사람들과 경험한 자료들도 분류, 조직하여 상대방에 대한 틀을 형성하고 그 후 경험하는 자료들도 이 틀에 맞추어 이해하면서 더 나아가 틀에 맞지 않는 것들은 무시하고 틀에 맞는 것들만 받아들이려는 경향으로 인하여 이 틀은 점차 더 강화된다. 우리는 자신 이외의 외부의 다른 사람의 마음상태를 완전하게 알 수가 없다. 단지 외부에서 관찰한 상대방에 대한 자료를 바탕으로 어떤 틀을 형성하고 그 틀에 따라 상대방이라고 믿는 내적 이미지를 형성하여 상호작용할 뿐이다. 많은 경우에 배우자에 대해 부정적인 틀을 형성하고 상대방의 성격적 기질, 동기, 의도, 느낌, 비판적 태도 등 모든 것을 이 틀에 맞추어 판단하게 된다. 이러한 틀은 상대방의 어떤 애매모호한 행동을 부정적으로 해석하면서 시작된다. 상대방의 행동을 자기중심적으로 해석하면 자신의 해석이 상대방의 심리상태를 파악한 것이라고 믿으면서 틀은 형성되고 유지된다. 한번 형성된 이 틀은 강력한 힘을 발휘하여 상대방과의 관계에서 느껴지는 감정, 서로 사랑을 주고받는 행동, 의사소통 등 거의 모든 영역에 영향을 끼친다. 상대방을 '게으르다, 무능하다, 잔인하다, 바보다' 등의 부정적 틀에 맞추어 이름 붙이는데, 여러 가지 부정적 틀 중 '배우자가 나를 사랑하지 않는다' 라고 단정하는 틀이 가장 잘못된 부정적 해석의 틀이 된다. 이러한 틀은 상황에 대한 생각, 행동에 영향을 끼치고 결과적으로 대가를 치르게 한다.

아래의 질문을 스스로에게 던져 봄으로써 자신의 틀을 파악해 보도록 한다(김영애, 2002).

* 상대방을 어떠한 성격의 소유자라고 반복적으로 평가하고 있는가?
* 상대방의 동기와 의도는 '~일 것이다' 라고 반복적으로 비슷한 가정을 내리고 있는가?
* 상대방의 느낌 혹은 비판적 태도에 대해서 반복적으로 비슷한 해석을 하는가?
* 이러한 반응에 비추어 봤을 때 내가 상대방에 대해 가지고 있는 틀은 무엇이라고 생각하는가?

* 그 틀에 얽매어 나는 상대방에게 어떻게 행동하여 왔는가? 그 결과로 내가 치르는 대가는 무엇인가?

내가 혹시 상대방에 대해서 잘못된 틀을 가지고 그것에 얽매여 관계를 그르치고 있는 것이 아닌가 자신을 돌아보고 어그러진 관계에 대한 책임이 나 자신에게 있는 것이 아닐까 살펴보는 용기가 필요하다. 나의 틀과 그로 인한 나의 반응이 두 사람의 관계에 어떻게 영향을 미치는가를 아는 것이야말로 건강한 변화를 위한 첫걸음이 될 것이다.

우리는 살아가면서 원하는 것을 다 가질 수 없다. 특히 인간관계에서는 서로의 기대가 다르기 때문에 갈등을 느끼게 되고 우리가 원하지 않더라도 상대방을 수용하여야만 할 때가 있다. 많은 사람들이 상대방을 수용하기 위해서는 흔히 자신이 원하는 것을 포기하는 길밖에 없다고 생각한다. 그러나 수용이란 자신이 원하는 것을 포기하는 것이 아니라 처해진 상황에 성숙하고도 적절한 방법으로 대처하는 것이다. 폭력적인 행동의 경우를 제외하고서는 상대방의 부정적 행동에도 긍정적 측면이 있을 수 있다는 사실을 받아들이며, 상대방의 행동은 그가 아는 한 최선의 대처행동이라는 사실과 그렇게밖에 할 수 없는 상대방의 한계를 받아들일 수 있는 힘이 필요하다.

또한 대부분의 갈등은 심각한 문제이기보다는 사소한 문제로부터 야기되는 경우가 많으므로 사소한 것과 중요한 것을 나누어 대처할 수 있는 지혜가 필요하다.

상대방의 부정적 측면에 눈을 떼고 처음에 매력을 느꼈던 긍정적인 면에 초점을 맞춘다면 좋은 부부관계를 다시 시작할 수 있을 것이다. 수용이란 현실을 받아들이고 상대방을 변화시키고자 하는 욕망에서 벗어나 내적 평화를 유지하는 것이기 때문이다.

03 욕구강도 프로파일

윌리엄 글라써는 자신과 배우자의 욕구강도 프로파일을 측정해보는 방법을 제시해주고 있다. 욕구강도 프로파일이란 자신이 지닌 다섯 가지 기본욕구인 생존, 사랑과 소속, 힘, 자유, 즐거움의 욕구를 1부터 5까지의 숫자로 표시해서 욕구의 높고 낮음을 측정해 보는 것이다.

결혼해서 살고 있는 남편과 아내, 혹은 결혼준비를 위한 커플 등을 대상으로 두 사람의 욕구강도 프로파일의 탐색을 통하여 두 사람의 관계증진을 위한 통찰을 얻을 수 있을 것이다.

부부관계에 있어서 욕구강도의 차이들은 대체로 일상에서의 생활방식의 차이로 끊임없이 표현되므로 서로가 불행감을 경험하게 되며 자칫 커다란 갈등으로 초래되어 견잡을 수 없게 되기도 한다. 윌리엄 글라써의 『결혼의 비밀』(우애령 역, 2000)에서 기술하고 있는 욕구강도 프로파일을 소개해 보도록 한다.

1) 생존의 욕구

생존의 욕구 성향은 돈 쓰는 데 얼마나 조심스러운가 하는 측면에서 자주 나타나며, 이러한 차이점은 대체로 돈에 관련한 싸움으로 나타난다. 부부가 어떤 일에 대해서든지 심각하게 싸우기 시작하면 행복할 가능성은 당연히 줄어든다.

"도대체 그 낭비하는 태도를 더 이상 두고 볼 수가 없어요."
"아유, 아무 데서나 마구잡이로 기분 내는 그 사람의 낭비벽은 이젠 지겨워요."
"저축이나 절약은 안중에도 없어요".

대체로 부부간의 불화 중에 제일 먼저 거론되는 것 중의 하나가 생존의 욕구 차이이다. 반면에 상대방의 입장은 따로 있다.

"절약, 절약…. 숨이 막혀서 살 수가 있어야지."

"저축도 좋지만 당장 친구들 경조사에 체면치레는 해야지, 어떻게 그렇게 야박하게 살 수 있는지…. 지겨워."
"레스토랑에 가서 한번 근사하게 기분 내는 것이 인생의 맛 아니예요? 구두쇠, 그런 구두쇠가 없다구요."

이들 부부처럼 두 사람의 생존욕구의 프로파일이 현저하게 다를 때 사소한 일로 충돌이 끊이지 않을 가능성이 많다. 한쪽이 힘의 욕구가 강해서 다른 쪽을 억누를 경우에는 상대방의 불만이 겉으로 노출되지 않지만 불행한 감정을 느끼게 된다. 유행하는 새 옷을 사고 싶어 하고 변화와 즐거운 경험을 좋아하는 생존의 욕구가 비교적 낮은 아내와 옷은 빨래해서 갈아입을 것만 있다고 생각하며 외식보다 집에서 직접 밥을 해 먹는 것이 최고로 좋은 것으로 변화를 싫어하는 생존의 욕구가 높은 남편과는 아마도 사사건건 싸우게 될 것이다.

생존욕구의 수치는 높거나 낮거나 간에 두 사람이 서로 비슷한 것이 갈등의 소지가 적다. 경제적이고 물질적인 측면에 대해 의견충돌이 생기면 자칫 심리적인 욕구의 영역에까지 그 여파가 미치게 될 수 있다.

2) 사랑과 소속의 욕구

좋은 결혼은 긴 항해 동안 사랑과 소속의 욕구를 충족시켜주는 가장 좋은 운송수단일 것이다. 그렇지만 가장 좋은 운반차량이 된다는 것은 그리 쉬운 일이 아니다.

"남편은 저를 사랑하지 않아요."
"아내는 아주 냉담한 사람입니다. 의무는 다 하지만 다정스러운 데가 없어요."
"내 심정에 대한 배려라고는 전혀 없습니다."

사랑의 욕구가 채워지지 않아 결혼생활에 회의를 품은 배우자들이 많이 하는 말이다. 그러나 상대방의 말은 아주 다르다.

"맨날 사랑 타령을 해대는 데 이제 넌덜머리가 납니다. 이건 애교도 아니고, 아, 사는 게 그렇지 뭐 인생이 영화 같습니까?"

"내가 직장 다니면서 살림하느라고 지친 건 돌아볼 생각도 안 하면서 무슨 기력이 남아서 다정하게 대하겠어요?"

"자기는 뭐 내 심정 이해하는 줄 아세요?"

이야기를 나누어보면 남편이나 아내가 책임감은 있는데 다정하게 마음의 정을 기울여주지 않는다고 불만이 있는 사람들이 있다. 이런 이야기를 주로 하는 경우에는 대개 충족되지 않는 높은 사랑의 욕구를 지니고 있는 경우가 많다. 사랑의 욕구 프로파일에 너무 큰 차이가 나면 사랑의 욕구가 높은 쪽이 마음의 상처를 받는 경우가 많다. 상대방이 자신이 원하는 것만큼 충분한 배려를 해주지 않는다고 느끼기 때문이다.

두 사람 다 사랑의 욕구가 높으면 아주 좋다. 두 사람 다 낮아 서로에게 요구나 큰 기대가 없는 경우도 괜찮을 수 있다. 그러나 이런 경우에는 어떤 문제가 생길 때 쉽게 이혼을 결심하거나 냉전 상태에 들어갈 우려가 있다. 사랑의 욕구가 아주 높으면 상대방의 냉담함을 사랑으로 변화시켜볼 수 있으리라고 생각하는 경우가 있는데, 글라써 박사는 이런 기대는 거의 실망으로 끝나게 된다고 경고하고 있다.

상대방을 바꿀 수 있다는 지나친 기대를 품고 결혼하게 되면 자칫 상대방을 비난하고 몰아세우며 고치려고 드는 치명적인 일곱 가지 습관, 즉 비난하기, 탓하기, 불평하기, 잔소리하기, 위협하기, 처벌하기, 매수하기의 노예가 됨으로써 관계는 더욱 파괴적이 된다.

3) 힘의 욕구

힘의 욕구는 더 많은 돈이나 지위를 지니기를 바라는 것으로 나타나기도 하지만 일반적으로 스스로 존중받을 때 이 욕구는 충족된다. 존중감을 얻기 위해 필요한 최저선은 관심이 있는 누군가가, 이상적으로는 배우자가 나의 이야기를 들어주는 것이다.

"저 사람은 뭐든지 다 제 마음대로만 하려고 해요. 내 말은 귓등으로도 듣는 법이 없습니다."

"그저 나한테는 찍소리도 못 하게 하지요. 아이들도 제 마음대로만 기르려고 하구요."
"시집 식구 일도 저한테 맡기면 될 걸 다 제 마음대로 처리해버리고는 저만 욕을 먹이는 거 있지요."

대개 이런 종류의 불평의 근원에는 힘의 욕구의 갈등이 심각하게 도사리고 있다. 배우자의 입장은 물론 다르다.

"아, 말 같은 소리를 해야 듣지요."
"아이들한테는 관심도 없으면서 괜히 잔소리만 하려고 하니까 그렇지요."
"자기가 알아서 시집 식구한테 잘한다면 제가 뭣 때문에 그런 일에 끼어들겠습니까?"

아내가 무엇이든지 마음대로 하고 남편은 군소리 한마디 못 하고 따라오는 경우도 있지만 힘의 욕구는 대체로 남자 쪽이 조금 더 높은 성향을 보이기 쉽다. 힘의 욕구가 충족되지 못한 남편은 자칫 그 힘을 집안의 가족에게 부정적으로 행사하기가 쉽고, 심하면 아내나 자녀 구타로까지 이어진다. 이런 일은 힘의 욕구가 좌절된 상태를 부정적인 방법으로 충족시키는 것이다.

두 사람 다 힘의 욕구가 높지 않고 사랑의 욕구가 높으면 이것은 결혼생활에 아주 좋은 일이다. 힘의 욕구가 높은 사람이 낮은 사람과 함께 사는 것도 나쁘지는 않다고 볼 수 있다. 이렇게 되면 휘두르는 사람이 휘둘리는 사람에게 저항을 받는 경우가 적기 때문이다. 가부장적인 남편과 전형적인 현모양처형 아내, 공처가인 남편과 대가 센 아내의 경우가 여기 속한다. 그러나 둘 다 사랑의 욕구가 낮고 힘의 욕구가 높으면 팽팽한 긴장이 감도는 상태에 들어가기 쉬우나, 다행히 두 사람 다 외부에서 자기 힘의 욕구를 채울 여지가 있으면 결혼은 안전할 수 있다. 힘의 욕구가 강한 아내는 집안에서 단조롭고 똑같은 일을 하도록 강요받으면 결혼생활이 고통스러워지며, 힘의 욕구가 강한 여성은 가사 이외에 자기 일을 갖는 것이 좋다.

4) 자유의 욕구

자유는 보통 우리가 원하는 대로 하고 싶은 욕망을 가리킨다. 결혼에서 이 의미는 배우자의 통제에서 벗어나고 싶은 것이다. 결혼의 속성은 개인적인 자유를 잃는 데에 있다. 일반적으로 자유의 욕구가 낮은 사람이, 혼자 있고자 하는 욕구가 높은 사람보다 결혼생활에서 더 행복하다. 결혼생활 중 폭발하는 분노는 한쪽 배우자가 대체로 남자인 경우가 많은데 너무 제한을 받는다고 느낄 때 나타난다.

"항상 혼자 잘나서 자기 식으로만 초연하게 살지요."
"가족이 죽는지 사는지 관심도 없습니다."
"남의 생각은 하지 않고 제멋대로 하거든요."

이런 불만이 터져 나오는 경우는 상대방이 자유의 욕구가 높은 경우가 아닌지 생각해볼 수 있다. 반면에 배우자의 불만은 다르다.

"숨 막혀 죽겠습니다."
"이렇게 살다가는 답답해서 미칠 것만 같아요."
"무엇 하나 내 마음대로 할 수 있는 일이 없거든요."

자유의 욕구에 큰 차이가 나는 부부의 경우에 이런 불만이 터져 나오기 쉽다.

자유에 문제가 생길 때 효과적인 방법은 타협이다. 둘 사이에서 어느 정도 이 자유가 타협되지 않는다면 그 결혼에는 어떤 행복도 있을 수 없다. 자유에 대해 타협하는 것은 어쩌면 결혼생활 동안 하는 타협 중에서 가장 어려운 일일 것이다. 결혼 전에 상대방의 자유의 욕구가 얼마나 강한가를 알고 있는 것은 큰 도움이 된다.

두 사람 다 낮거나 평균적인 자유의 욕구를 지니고 있으면 대체로 안전한 영역에 들어 있다고 볼 수 있다. 자유의 욕구가 높을 때도 사랑의 욕구가 높고 힘의 욕구가 낮으면 괜찮을 수 있다. 사랑이 두 사람을 연결시켜주기 때문이다. 또한 낮은 힘의 욕구는 상대방을 휘두르려고 들지 않도록 도와주기 때문이다. 한쪽은 자유의 욕구가 높고 다른 쪽은 자유의 욕구가 낮으면 낮은 쪽이 불만을 느끼게 되는 경우가 많다. 깊은 사랑을 지니고 있으면 상대방을 배려해 이런 문제도 극복할 수 있다.

우리나라 같은 문화권에서 시집 식구들과의 관계는 원천적으로 자유의 욕구가 높은 여성에게 견디기 어려운 굴레가 되기 쉽다. 이 갈등이 부부 사이의 관계에 장애로 침투하기 시작하면 심각한 갈등을 불러올 우려가 적지 않다.

5) 즐거움의 욕구

즐거움은 대단히 지속적인 힘이 있다. 성과 사랑조차도 오래된 결혼에서 시들 수 있지만 즐거움은 신선하게 남아 있다. 그 이유는 성과 달리 그것들은 항상 새로운 방향으로 갈 수 있기 때문이다. 파트너가 상대방이 하는 일에 흥미를 보이기만 하더라도 행복한 결혼의 생생한 비밀을 발견한 셈이다.

"우리 둘만 있으면 서로 멀뚱멀뚱 소 닭 보듯 하고 있습니다."
"저 남자는 무슨 재미로 사는지 몰라요."
"싫으면 자기나 안 하면 되지 왜 나까지 뭘 못 하게 하느냐구요?"

한쪽 배우자가 이런 불만을 갖는 경우에 상대방의 의견은 다르다.

"그만하면 됐지 뭐 사는 게 소설처럼 재미있어야 합니까?"
"노상 얼굴을 마주 대는 사람이 무슨 특별한 재미가 있겠어요? 그러려니 해야지요."
"집안이나 잘 돌보면 됐지, 뭘 주부가 배우러 다니고 놀러 다니고 그럽니까?"

즐거움의 욕구에 큰 차이가 나는 부부에게서 흔히 들을 수 있는 이야기다. 비난하기, 탓하기, 불평하기, 잔소리하는 것보다 즐겁게 지내는 것을 가로막는 것은 없다. 결혼이 이 단계에 이르면 그들의 마음에 함께 즐거운 시간을 가지겠다는 생각은 스쳐 가지도 않는다. 재미있게 사는 것 같다는 이야기를 많이 듣는 부부는 두 사람 다 즐거움의 욕구가 높은 경우가 많다. 등산이나 영화 구경, 여행을 함께 간다든가, 두 사람 다 이야기를 즐겨 나눈다든가 하는 경우이다. 이와 반대로 저 사람들은 웃는 걸 본 적이 없다는 소리를 듣는 부부도 있다. 두 사람 다 즐거움의 욕구가 낮은 경우다. 다른 사람들은 어떻게 생각할지 몰라도 두 사람은 그다지 큰 불만이 없이 잘 지낼 수도 있다. "사는 게 다 그렇지, 뭐…." 하는 데 순순히 합의가 되는 부부다. 이런 사람이 "사는 게 다 그렇지 않다"고 주장하는 사람과 결혼하게 되면 두 사람 사이에 갈등이 일어날 소지가 아주 많다.

두 사람의 즐거움의 욕구가 현저하게 차이가 나면 즐거움의 욕구가 높은 쪽이 즐거움을 줄 다른 사람이나 일을 찾아 나서게 될 가능성이 있다. 스스로 배우자를 선택하는 서구사회에서는 이런 현상이 많지 않다. 즐거움의 욕구가 높은 사람은 즐거움의 욕구가 낮은 사람에게 상대적으로 끌리는 경우가 적기 때문이다. 그러나 우리나라처럼 결혼 조건으로 생존의 욕구를 가장 크게 보는 중매문화가 있는 한 이런 고통을 겪는 사람이 많이 있을 것으로 보인다.

글라써는 아직 결혼하지 않았다면 즐거움의 욕구가 높은 사람이 즐거움의 욕구가 낮은 사람과 정착하는 것에 대해 재고해보라고 권한다. 이미 결혼한 상태라면 두 사람이 함께 즐거움을 나눌 수 있는 일을 꼭 찾아내 그 시간을 공유하라고 권유하고 있다.

내가 측정하는 나와 파트너와의 욕구강도 프로파일

■ 이 프로파일은 객관적인 정답을 나타내고 있는 것은 아니다. 원한다면 여러 번 다시 해보고 수정할 수도 있다. 중요한 점은 욕구강도 프로파일을 잘 이해할수록 상대방과의 관계를 더 잘 이해할 수 있게 된다는 점이다. 글라써 박사는 주관적으로 자신과 파트너와의 욕구를 잘 분석해보고 생각해 볼 기회를 가지기를 권장하고 있다.

항목	내용	1	2	3	4	5
1	돈이나 물건을 절약하는가?					
2	돈으로 살 수 있는 것에 각별한 만족을 느끼는가?					
3	자신의 건강유지에 관심을 가지고 있는가?					
4	균형 잡힌 식생활을 하려고 노력하는가?					
5	성적인 관심을 많이 지니고 있는가?					
6	매사에 보수적인 편인가?					
7	안정된 미래를 위해 저축하거나 투자하는가?					
8	부득이한 경우가 아니면 모험을 피하고 싶은가?					
9	외모를 단정하게 가꾸는 데 관심이 있는가?					
10	쓸 수 있는 물건은 버리지 않고 간직하는가?					
11	나는 사랑과 친근감을 많이 필요로 하는가?					
12	다른 사람의 복지에 관심이 많은가?					
13	타인을 위한 일에 시간을 내는가?					
14	장거리 여행 때 옆자리의 사람에게 말을 거는가?					
15	사람들과 함께 있는 것을 좋아하는가?					
16	아는 사람과 가깝고 친밀하게 지내는가?					
17	배우자가 내게 관심을 가져주기 바라는가?					
18	다른 사람이 나를 좋아해 주기를 바라는가?					
19	다른 사람들에게 친절하게 대하는가?					
20	배우자가 나의 모든 것을 좋아해주기 바라는가?					
21	내가 하는 가사, 직업에 대해 사람들로부터 인정받고 싶은가?					

항목	내용	1	2	3	4	5
22	다른 사람에게 충고나 조언을 잘 하는가?					
23	다른 사람에게 무엇을 하라고 잘 지시하는가?					
24	경제적으로 남보다 잘살고 싶은가?					
25	사람들에게 칭찬 듣는 것을 좋아하는가?					
26	내 밑에서 일하는 사람이 문제가 있을 때 쉽게 해고하는가?					
27	내 분야에서 탁월한 사람이 되고 싶은가?					
28	어떤 집단에서든 지도자가 되고 싶은가?					
29	자신을 가치 있는 인간이라고 느끼는가?					
30	내 성취와 재능을 자랑스럽게 여기는가?					
31	사람들이 내게 어떻게 하라고 지시하는 것이 싫은가?					
32	내가 원하지 않는 일을 하라고 하면 참기 어려운가?					
33	다른 사람에게 어떻게 살아야 한다고 강요하면 안 된다고 믿는가?					
34	누구나 다 인생을 살고 싶은 대로 살 권리가 있다고 믿는가?					
35	인간의 자유로운 선택능력을 믿는가?					
36	내가 하고 싶은 일을 하고 싶을 때 하는가?					
37	누가 무어라고 해도 내 방식대로 살고 싶은가?					
38	인간은 모두 자유롭다고 믿는가?					
39	배우자의 자유를 구속하고 싶은 생각이 없는가?					
40	나는 열린 마음을 지니고 있다고 믿는가?					
41	큰소리로 웃기 좋아하는가?					
42	유머를 사용하거나 듣는 것이 좋은가?					
43	나 자신에 대해서도 웃을 때가 있는가?					
44	뭐든지 유익하고 새로운 것을 배우는 것이 즐거운가?					
45	흥미 있는 게임이나 놀이를 좋아하는가?					
46	여행하기를 좋아하는가?					
47	독서하기를 좋아하는가?					

항목	내용	1	2	3	4	5
48	영화구경 가기를 좋아하는가?					
49	음악 감상하기를 좋아하는가?					
50	새로운 방식으로 일하거나 생각해보는 것이 즐거운가?					

* 1 – 전혀 그렇지 않다. 2 – 그렇지 않다. 3 – 보통이다.
4 – 그렇다. 5 – 아주 그렇다.

체크한 점수를 각 영역별로 합한다. 즉 1~10번까지는 생존의 욕구의 영역이며, 11~20번까지는 사랑과 소속의 욕구의 영역이며, 21~30번까지는 힘(성취)의 욕구 영역, 31~40번까지는 자유의 욕구, 41~50번까지는 즐거움의 욕구 영역이 된다. 사람마다 각각의 영역에 대한 욕구강도가 다르며 이러한 욕구를 충족하기 위한 방식도 다르다. 이 다섯 가지의 기본욕구가 골고루 충족될 시 인간은 가장 행복한 상태가 된다. 그러나 자신이 가지고 있는 가장 강한 욕구 영역에서의 충족이 더 중요하다. 각자 가지고 있는 욕구강도의 영역에서 훼손이 클 시 인간은 불행감을 느끼게 된다. 우리는 이 욕구를 충족하기 위해 원하는 것, 바라는 것이 생긴다. 대부분의 사람들이 이 욕구충족을 상대방, 특히 배우자나 친밀한 관계 속에서 추구하며 바로 이 부분이 기대가 되고 갈등의 원인이 된다. 현재 갈등이 되는 관계에서 어떤 욕구 충족이 안 되고 있는지를 점검해 보고 타협의 여지는 없는지 검토해 보도록 한다.

04 분노 다루기

결혼은 가까운 사랑의 관계와 친밀감이라는 목표가 달성되지 못했을 때 실패로 끝나게 된다. 데비드 메이스(David Mace, 1982; 김정옥 외, 1999 재인용)는 결혼실패의 숨은 이유로 분노를 창조적으로 다루지 못하는 것이라고 하였다. 사실, 결혼은 다른 어떤 사회적 상황에서보다 더 많은 잠재적 분노를 내포하고 있으며 이 분노가 건전한 감정으로 이해되어질 때 그 분노는 해결될 수 있으며 결혼 갈등이 해결될 수 있다. 만약 분노의 감정을 내면적으로 억누른다면 다정한 감정표현은 불가능해지고 사랑의 내부적인 중심도 시들어 버리게 된다. 결혼생활에서 나타나는 분노, 즉 화를 효과적으로 다루지 못한다면 결혼생활의 질은 약화될 것이다.

1) 분노의 형태들

사실 그 누구도 화를 선택하지는 않는다. 하지만 자신을 화나게 만드는 자극에 어떻게 대응할 것인지는 분명히 선택할 수 있다. 분노가 일어날 시, 이를 무조건 삭이거나 폭발시키는 극단적인 방법을 습관적으로 취하기보다는 이를 변화시켜야 할 하나의 증상으로 인식하여 이의 원인을 찾고 제거하는 작업을 해 보도록 한다.

분노를 일으키는 사건과 생각을 하나하나 구체적으로 적어보면, 자신의 반복되는 부정적 행동유형을 인식하게 되고, 자신이 늘 비슷한 이유로 화를 낸다는 것을 발견한다. 또한 분노는 지금의 상대방이 아니라 오랫동안 누적된 미해결된 감정의 응어리들이 지금의 상황에서 나타나는 것으로 과거의 미해결된 감정이 무엇인가를 찾아내는 것이 도움이 된다. 정신분석학에서는 분노를 어린 시절, 부모에게 표출하지 못한 억압된 분노가 가장 믿을 만한 사람에게 표출되어 친밀한 관계를 그르치고 생을 퇴행시키는 원인으로 본다.

폴 헥스트롬(1999; 이남종 역, 2008)은 어른으로서 우리가 가지고 있는 분노양식은 일반적으로 어릴 때의 분노양식(즉 학습된 행동)을 업그레이드 한 것으로 본다. 따라서 변화된 것이 없고 누군가가 분노를 자극하기만 하면 우리는 그것에 대해 즉각적으로 반응을 하게 되는 것으로 보고 있다. 그러나 이러한 양식은 후천적으로 학습된 것이기 때문에 또한 새로워지거나 새롭게 변화될 수 있다. 분노는 일반적으로 오해에서 발생하며 우리 자신의 채워지지 않는 기대감에 그 기초를 두고 있으며, 내면에서 발생하여 육체적인 폭력으로까지 발전하여 결국 우리의 선택에 따라 다스려지거나 다스려지지 못하게 되는 것이라 하였다.

따라서 분노라는 감정적 반응에 대한 통찰을 위해서 가족관계에 있어 최소한 두 세대 이전으로 거슬러 올라가보는 작업을 해보도록 제안하고 있다. 부모와 조부모가 분노를 어떻게 다루었는지에 대한 이해는 각자 자신의 분노반응에 대한 좋은 단서가 되는 것으로 보고 있다.

나의 가족에 있어서 분노형태를 이해하기

1. 당신의 부모는 분노를 어떻게 다루었나요?
2. 당신의 부모는 각각 분노에 대해서 어떻게 반응했나요?
3. 당신의 조부모는 분노를 어떻게 다루었나요?
4. 당신의 조부모는 각각 분노에 대해서 어떻게 반응했나요?
5. 당신의 부모는 갈등을 어떻게 풀어 나갔나요? 그것에 대해 해결을 보았나요? 피했나요?
6. 부모가 분노를 표현할 때 당신은 두려웠나요?
7. 당신은 어린이로서(아이답게) 분노를 표현할 수 있도록 허락된 분위기였나요?
8. 당신은 어린이로서(아이답게) 분노를 어떻게 표현했나요?
9. 당신은 현재 분노를 어떻게 표현하나요?
10. 만일 가능하다면 당신은 당신의 분노에 대한 반응을 어떻게 변화시킬 수 있을까요?

그러나 이러한 분노는 결국 이차적인 감정으로 보다 근본적인 감정이 그 위에 차지하고 있다고 보는 것이 더 정확하다. 다음의 분노 모델에서는 분노라는 것은 자신이 가지고 있는 기대 즉 인생 계명으로 인하여 자신에 대한 존중이나 가치를 부정하는 스트레스를 유발시키는 상황에 대한 일종의 감정적 반응임을 잘 설명해 주고 있다.

표 10-2 분노 모델

기대(EXPECTATION)	상황	행동(TRIGGER)		
인생 계명		자아 상처	1차 감정	2차 감정
다른 사람들은 나에게 늘 친절해야 하고, 관심을 기울이고, 잘 대해 주어야 한다. 그들은 나를 잘 이해해야만 한다.		당신은 나를 좋아하지 않는다.	상처, 화	분노
다른 사람들은 나에 대해 늘 즉각적이어야 하고 정직하고, 올바르게 해 주어야 한다. 그들은 나를 존중해 주어야만 한다.		당신은 내게 잘 대해 주지 않는다.	실망, 낙담	분노
나는 늘 이해하고, 책임을 지고, 확고해야 하며, 행동할 수 있어야 한다.		나는 이것은 이해하지 못한다.	혼란, 좌절	분노
나는 늘 유능하고, 효과적이고, 옳으며, 단호하고, 동정적이며, 논리정연하며, 완전해야 한다.		나는 좋은 일을 하지 않는다.	부적절, 불안정	분노
나는 늘 활동적이고, 열정적이며, 적극적이어야 한다.		나의 태도는 나쁘다.	우울 (절망)	분노
나는 늘 절제해야 하고, 자신감이 있어야 하며, 신념을 가지고, 성취해야 한다.		조건이 내게 너무 많다.	무기력	분노
나는 늘 용기가 있고, 확신이 있으며, 용감하고, 강한 사람이 되어야 한다.		나는 이것을 다룰 수 없다.	공포, 염려	분노
나는 결코 실수해서는 안 되고, 뒤로 물러나서도 안 되며, 나약해서는 안 되며, 다른 사람을 괴롭혀서도 안 된다.		만일 내가 완전하지 못한다면, 나는 선한 사람이 아니다.	수치	분노
다른 사람들은 모두 나의 결정, 견해, 기회 등을 존중해 주어야 한다. 만일 그들이 그렇게 하지 않으면, 그들은 나를 좋아하지 않는 것이다.		나는 사람들이 좋아할 수 있는 사람이 아니다.	소외, 고독	분노
나는 내가 인생에서 배워온 재능을 활용해야만 한다.		나는 큰 잘못을 범했다.	죄책, 슬픔	분노

| 출처 | 폴 헥스트롬. 이남종 역(2008). 가정폭력치유교과서. p. 136.

2) 분노의 해결 단계

우리는 흔히 화가 날 때 다음과 같은 방법들을 사용한다(한기연, 2001). 즉, '먹는다, 잔다, 술을 마신다, 약을 먹는다, TV를 본다, 무엇이건 읽는다, 운다, 사람들을 피한다, 내 잘못이라고 생각한다, 일을 하거나 운동을 한다, 그 대상에게 사과하고 더 잘해준다, 아무 일도 없는 것처럼 무관심하게 대한다, 엉뚱한 데에 화풀이를 한다' 등이다.

그러나 위의 예들은 분노를 해결할 수 있는 방법들이 아니라 단지 분노를 회피하고 부인하는 방식들일 뿐이다. 이런 방법을 통해서는 내가 무엇에, 무엇 때문에, 얼마만큼 화가 났는가를 알 수 없기 때문이다. 분노를 부인하고 변형물로 표현하는 것을 그만두고, 분노를 자신의 인생을 위해 무엇이 옳고 적절한가를 판단하는 도구로 활용해야 한다.

나의 분노정도 알아보기

1. 중요한 인간관계에서 불공평하다는 느낌을 자주 갖는다.
2. 내가 무엇을 잘못하고 있는 것 같다.
3. 정말 말하고자 하는 것을 효과적으로 말하지 못한다.
4. 현재 처한 문제상황에서 내가 무엇을 잘못했는지 모른다.
5. 사소한 일에 자주 화를 내고 곧 후회한다.
6. 현 상황이 어떻게 달라질 수 있는지 시험해 보고자 하지 않는다.
7. 스스로 무기력하고 힘이 없다고 여긴다.
8. 나 자신을 좋아하지 않는 것 같다.
9. 부당한 요구에도 '아니다' 라는 말을 하지 못한다.
10. 자주 사과하게 되지만 진심으로 그렇게 느끼는 것 같지는 않다.
11. 다른 사람을 보호하고 지키기 위해서 나의 이익을 지속적으로 포기한다.
12. 내 인생의 통제력을 내가 가지고 있는 것 같지 않다.

| **출처** | 한기연(2001). 분노 스스로 해결하기. p. 54.

폴 헥스트롬이 제안하고 있는 구체적인 분노의 해결 단계를 참고로, 우리 내면에 자리 잡고 있는 분노를 어떻게 해체할 수 있는지를 배우도록 한다.

(1) 1단계: 시간을 벌어라

충동을 통제하는 것은 선천적인 속성이 아니라 후천적으로 학습되는 행동이다. 이는 우리의 반응을 지연시킴으로써 시작된다. 감정이 격앙되어 분노로 연결되는 것을 느끼는 순간, 시간을 벌고 내가 지금 느끼고 있는 감정(상처, 거부, 무능, 수치, 죄책감 등)을 체크해야 한다. 사실 어떤 자극에 대한 반응 시간을 멈출 수 있다는 것은 다음 단계의 부정적이고 습관적인 반응을 변화시킬 수 있는 것으로 이 단계는 다음의 단계들을 성공적으로 가게 하는 입문 단계이다.

(2) 2단계: 당신의 감정을 인식하라

당신이 어떻게 해서 감정이 격앙되어 있는지 이러한 격앙이 어디로 이끌려 가고 있는지를 평가하라. 만일 당신이 그 격앙을 통제할 수 없다면 어떤 파괴적인 결과가 나타나는지를 점검한다.

(3) 3단계: 분노의 진짜 원인을 확인하라

'무엇이 감정을 격앙시키고 있는가?', '현재 어떤 상황이 당신에게서 그러한 감정이 일어나도록 하는가?' 를 확인한다.

(4) 4단계: 분노를 평가하라

당신의 분노는 정당한가? 즉 당신은 지금 겪고 있는 상황이 잘못되었기에 분노하고 있는가? 아니면 어렸을 때 경험했던 마음의 상처와 그로 인한 예민함, 두려움, 염려, 배타감 등의 영향으로 필요 이상의 감정을 가지고 있는 것은 아닌가? 상황으로부터 눈을 돌려 문제의 핵심을 분명히 살펴보도록 한다.

물론 이는 앞의 3단계가 잘 이루어져, 자신의 감정에 압도되지 않을 때 가능한 단계라 하겠다. 감정상의 균형이 깨진 상태에서 이루어지는 평가는 공정한 평가가 아니라 비판, 열등감, 자학 등으로 이루어짐으로써 분노가 가진 진짜 정체를 파악할 수 없게 된다.

(5) 5단계: 상황을 잘 판단하라

당신은 상황을 완전히 파악하고 당신의 응답, 반응, 그리고 말 등을 잘 통제할 수 있을 때 행동을 취하도록 하라. 현재에 집중함으로써 과거의 사건이나 상황을 현재에 가지고 오지 않도록 한다. 지금의 상황과 상대방은 과거의 상황과 상대방이 아님을 분명히 인식한다.

(6) 6단계: 갈등을 해결하라

갈등의 실제에 있어서 명확히 생각하고 이해를 한 다음에 갈등을 해결할 수 있는 여러 방법들을 찾는다. 문제에 대해 조용히 접근하여, 일정한 제한과 한계를 설정해 본다. 그리고 편견 없는 현명한 견해를 가지고 감정을 표현하고, 해결을 위한 협상과 타협을 시도한다. 그런 후에야 당신은 평온한 상태에서 그 갈등을 풀어나갈 수 있게 된다. 그리고 다른 사람들, 또는 주위 상황이나 환경을 지배하려고 하지 않는다. 때론 친밀한 관계의 배우자와 상대방에게 협조를 요청할 수도 있으며, 어떤 경우에는 일단 문제를 놔두고 멈추어 보는 것도 도움이 된다.

(7) 7단계: 용서하라

용서하라. 저자인 나는 간혹 이 용어를 '분리하라' 로 바꾸어 사용하는 것을 더 선호한다. 왜냐하면 대부분의 사람들은 용서하라는 단어에서 본인이 무엇을 '더 해야 하는 것' 에 대한 무게감과 억울함을 느끼기 때문이다. 용서는 당신을 가해한 사람들에게 정신적으로 사로잡혀 있는 것으로부터 나를 해방시키는 것이다. 용서는 적대감이나 분노감을 포기하는 것으로 프레드 러스킨은 '용서란 자기가 원하는 것을 삶이 허락해 주지 않았을 때에도 평화롭게 살아가는 법을 배우는 것' 이라 하였다.

그렇다고 용서는 나를 괴롭힌 사람의 행동을 간과하는 것을 의미하지는 않는다. 여러 경우에 가해자의 반응은 거짓되고 이중적이다. 가해자는 자신이 행하는 일에 대해 상대방이 어떻게 생각하느냐 하는 것에는 관심조차 없다. 이러한 상황일지라도 용서는 피해자를 위해 꼭 필요한 것이다. 용서는 가해자와의 연결 그 자체를 끊는 일이기 때문이다. 다시 말해서 용서란 가해자와의 관계를 다시 세우는 것 없이도 가해자와의 연결고리로부터 해방될 수 있음을 의미하는 말이다. 자신을 위해 선택하는 행위인 것이다. 용서는 고통으로부터 자신을 끊기 위한 또 하나의 고통의 과정이 될 수 있다. 그러나 용서를 선택하게 되면, 사건에 대한 기억으로부터 발생하는 심적 고통이 사라지게 된다. 여기에서 짚고 넘어갈 것은, 우리가 용서를 선택했다고 해서 그 사건이 없는 것이 되거나 그 사건을 잊어버리게 되는 것이나 그 사람과 다시 좋은 관계를 맺는 것을 의미하는 것은 아니다. 용서는 자신에게 큰 자유와 행복을 가져다주기 위해 바로 자신을 위해 선택하는 것이다. 많은 영적 지도자들은 치유란 고통을 거부하는 몸짓을 포기할 때 비로소 일어나는 것임을 강조하고 있다.

용서의 과정

1 사건 혹은 마음의 상처를 확인하라.
2 사건과 관련된 사람을 확인하라.
3 용서를 선택하라.
4 사건과 관련된 당신의 반응적 행동을 확인하라.
5 당신이 정말로 신뢰하는 사람과 고통을 함께 해 보라.
6 인격을 성숙시켜 줄 수 있는 일에 집중하라.
7 긍정적인 자세, 확신, 자존감 등으로 성장을 지속시켜라.

| **출처** | 폴 헥스트롬(1999). 가정폭력치유교과서. p. 140.

분노는 사랑처럼 누구에게나 있는 때론 지극히 정상적이고 당연한 감정으로 사랑이 생의 모든 문제의 근원이듯 사랑의 뒷면인 분노를 어떻게 처리하느냐에 따라 한 사람의 삶의 질이 좌우될 수 있다. 우리 자신의 삶의 질을 향상시키기 위해서는 분노라는 감정이 나를 지배하도록 내버려두지 않음을 선택한다. '분노' 라는 감정에 휩싸

여 있으면 지금 현재의 나로 살 수 없다. 현재 인생에서 누릴 수 있는 많은 축복을 받아들일 수가 없는 것이다. 이는 인간관계와 커플로 누릴 수 있는 최상의 행복감과 친밀감이라는 선물을 놓치게 되는 장애로 작용한다.

분노가 자신의 감정의 일부임을 정직하게 인정하고 분노의 근원을 직면하고 분노를 자신의 의식으로 통합시켜 체험하는 작업이 필요하다. 상대방에 대한 적대감을 낮추고 파트너끼리 서로 협조하여 분노라는 적을 다룰 수 있는 성숙한 자세가 필요하다.

48시간 규칙으로 화를 가라앉히자

1. **화가 난 원인을 빨리 알아낸다.** 충동적이고 무의식적인 화는 위험하다. 그런 종류의 화는 자신과 타인, 심지어 주변의 물건까지 손상시킬 수 있다. 화가 치밀 때는, 그에 대한 반응을 늦추어서 불행한 결과를 피하도록 한다. 즉시 화가 난 원인을 확인하되 반격을 하지는 않는다.

2. **최대 48시간까지는 고함을 질러도 좋다.** 가장 나쁜 방법은 화를 억누르는 것이다. 이런 에너지 폭탄을 지니고 있으면 안에서 폭발하거나 아니면 수동공격적인 행동(적개심을 직접 표현하지 못하고 남의 힘을 빌려 표현하거나 비협조적인 태도로 표현하는 것)을 유발한다. 그러나 지금은 화를 돋운 사람과 직면할 시간이 아니다. 48시간 동안은 화가 난 대상을 놓고 자기 혼자서, 또는 치료사나 친구와 함께 소리 높여 비난한다. 그렇게 하면 부정적인 에너지가 발산되어 치유가 시작된다.

3. **48시간이 지나면 화를 내보내기 시작한다.** 이는 자존심을 벗어나(비록 자신이 옳다고 해도) 자기 보존을 시작하는 것을 의미한다. 화를 내보내는 것은 하나의 과정이지만 지금 시작해도 좋다. 나는 일기를 쓰면서 모든 악의를 발산할 것을 권한다. 아니면 악의를 없애 달라고 기도를 해도 좋다. 화가 그곳에서 굳어버리지 않게 호흡을 하면서 명치에 있는 감정 에너지 센터로 화를 내보내라. 몇 분간 규칙적으로 호흡을 하면서 평온함을 들이마시고 화가 지닌 독성을 내보낸다.

4. **화를 내게 만든 사람에게 자신이 화가 난 이유를 밝힌다.** 먼저 상황을 파악한다. 그 사람이 타인의 생각을 잘 받아들이는 사람이 아니거나, 보복할 가능성이 있거나,

아니면 별 소득을 기대할 수 없을 때(폭군 같은 상사와 얘기해야 할 때)는, 자신의 화를 직접적으로 표현하는 것이 적절하지 않을 수도 있다. 그런 경우에는 앞의 단계들을 이용하거나 접촉을 최대한 줄인다. 그 사람이 타인의 생각을 잘 받아들이는 사람이라면 직접 자신의 감정을 전달하되 상대에게 앙갚음하려는 것이 아니라 자신의 논지를 전하고 얘기하는 것이 목적임을 잊지 말라. 침착하고 당당하게 얘기하라. "이러이러한 점 때문에 내가 화가 났어요." 상대는 그에 대해 해명하려 하거나 사과하겠지만, 그렇게 하지 않더라도 적개심을 불태우거나 힘겨루기를 하지는 말라. 당당하게 자신의 진실을 밝힌다는 사실에만 집중하라. "댁의 기분은 알겠습니다. 하지만 우리는 서로 생각이 다르다는 점에서만 의견이 일치하군요. 이 문제를 지금 당장 해결할 수 없는 것이 유감입니다."라고 말하라.

이와 함께 적개심을 놓아주는 법을 소개해본다.

적개심을 버리는 목적은 긍정적인 에너지를 증대시키기 위해서다. 트집잡기 좋아하는 어머니, 지배하려 드는 남편, 목을 죄는 동료 등 대상을 선택하라. 당신의 불만을 얘기해보려고 했지만 별 소득이 없었을 수도 있다. 아니면 정말로 접근하기 어려운 사람일 수도 있다. 두 경우 모두, 그 사람이 없는 곳에서 일기장에, 치료사에게, 혹은 친구에게 하고 싶은 대로 적개심을 표현한다. 예를 들어, "나는 그 배신자를 경멸한다. 왜냐하면…." 억제하지도 말고 쉬운 방법을 쓰려고 하지도 말고, 자신의 느낌을 솔직하게 표현하는 것이 용서하기 위해 꼭 필요한 단계다. 그런 다음 조용한 때에 그 사람의 행위가 아닌 결점에 대해 연민의 감정을 가지려고 진심으로 노력한다. 이 일은 아주 힘들 수도 있다. 어떤 불안감과 두려움이 그 사람으로 하여금 그런 일을 하게 만들었을까? 왜 그 사람의 마음은 닫혀 있을까? 그 사람의 무례함은 어디에서 비롯된 것일까? 그 사람이 그런 행동을 하게 된 정황을 이해하려고 노력한다. 이 단계에 이르면 용서하게 될 수도 있다. 거기까지 도달하지 못했어도 상관없다. 그러한 노력만으로도 긍정적인 기운의 흐름을 유발해 시스템을 깨끗하게 청소할 수 있다. 이 훈련을 1주일 이상 하루에 한 번씩 꾸준히 하면서, 자신의 에너지가 증가하는지를 살펴보라. 마음의 부담이 사라지는 것을 느낄 것이다.

| **출처** | 주디스 올로프(2004). 김소연 역. 포지티브 에너지. pp. 172-179. 발췌.

11

Chapter

결혼과 가족의 다양한 모습

1 독신

2 싱글맘(미혼모)

3 한부모가족

4 동성애가족

5 다문화가족

20세기 후반에 나타난 특징적인 변화 가운데 하나는 결혼을 하고 자녀를 출산하는 전형적인 가족이 유일한 삶의 형태가 아니라는 것이다. 실존적 가치의 도입으로 개인의 존재가 모든 가치의 우위에 있고 개인주의나 평등에 대한 사회적 압력이 증대함으로써 다양한 대안적 생활양식이 대두되고 있다. 전통적이고 완전한 2인 부모의 가족형태는 시간이 지나면서 다양한 변화를 나타내며 문화의 복합성 또한 특수한 가족유형의 여러 가지 모자이크를 등장시키고 있다. 독신, 동거, 공동체 가족 등의 대안적 가족형태는 1960~70년대에 서구를 중심으로 등장하였으며, 이혼과 재혼, 한부모가족, 다문화가정은 최근 상당한 증가를 보인다.

이미 오래 전 토플러는 가족의 미래를 예측하면서 360여 가지의 가족형태가 나타날 것이라고 언급한 바 있다. 이처럼 복잡하고 다양한 가족형태의 출현이 명백해짐에 따라 버나드(Bernard)는 앞으로의 결혼의 특징은 점차 사람들이 기호에 따라서 다양한 결혼형태를 스스로 선택할 수 있게 됨으로써 결혼생활에 있어서의 인간관계가 더욱 다양화될 것이라고 서술하였다. 이는 인간이 획일적인 가족생활을 영위하는 일이 드물며, 각각의 개인이 일생 동안에 그 사람 나름대로 여러 가지의 가족형태를 경험할 수 있을 것임을 예측하고 있는 것이라 하겠다.

본 장에서는 다양한 결혼과 가족의 형태 중, 결혼과 가족형성의 기본적 요건이 되는 배우자의 존재, 이성(異性) 간의 결합, 동일한 문화의 지향 등의 기준에서 벗어난 몇몇 생활양식에 대하여 살펴보도록 한다.

01 독신

통계청의 인구주택 총 조사에 의하면 2010년 현재 1인 가구 비중은 전체의 23.3%로, 1995년 12.7%에서 2000년 15.5%, 2005년 20.0% 등으로 계속 높아지고 있다(통계청, 2010). 여기에는 젊은 싱글족은 물론 가정해체에 따라 혼자 사는 사람이나 독거노인도 포함된다. 최근 가족형태에서의 뚜렷한 변화 가운데 하나는 다양한 형태의 독신이 증가하고 있다는 것이다. 결혼 중심의 우리 사회에서 독신들이 사회적 관계 속에서 불이익을 당하는 경우가 있음에도 불구하고 독신의 삶을 선택하는 사람들의 수는 계속 해서 증가하고 있다.

스테인(Stein, 1981)은 독신에 대한 자발성과 기간의 지속성 여부에 따라 독신 유형을 4가지 유형으로 분류하였다(이정연, 2000 재인용).

첫째, 자발적, 일시적인 독신유형이다. 결혼은 하겠지만 당분간은 진학, 취업준비 또는 직업생활, 기타 자신만의 생활을 갖기 위해 결혼하지 않고 혼자 지내는 유형, 교제하는 연인이 있는 사람도 있고 없는 사람도 있다.

둘째, 자발적, 안정적인 독신유형이다. 독신생활을 선호하여 독신을 선택한 유형, 결혼한 적이 있으나 재혼을 원치 않는 사람, 동거하고는 있으나 결혼까지는 생각하지 않는 사람, 성직자들이 이에 속하며 한부모도 이에 속한다.

셋째, 비자발적, 일시적인 독신유형이다. 결혼하기를 원하나 아직 배우자를 정하지 못하고 적극적으로 찾고 있는 유형, 미혼, 별거, 사별 상태에 있으면서 이에 해당될 수 있다.

넷째, 비자발적, 안정적인 독신유형이다. 비자발적, 일시적 독신의 경우보다 연령이 많아 배우자를 찾기 힘들어 이제는 독신의 지위를 수용한 사람들이 이에 속한다. 신체적으로나 심리적으로 질병이 있어 이 때문에 결혼시장에서 배제되기도 한다.

이러한 분류가 편리하기는 하나, 모든 독신자가 정확히 이들 중 한 유형에 속한다고 볼 수는 없다. '자의 반 타의 반' 이라는 말이 있듯이 자신이 원하는 대로 결혼 시기나 배우자 선정, 부모의 동의 등 제반 여건이 자신이 원하는 대로 따라 주는 것이 아니기 때문에 자발적인 독신과 비자발적인 독신을 분류하는 것이 무의미할 수도 있다. 또한 본인이 지각하는 것과 가족을 비롯한 주변 사람들이 지각하는 것과의 차이도 있을 수 있다.

이러한 독신에 이르는 과정을 구체적으로 살펴보면, 결혼이나 이혼이 단 한 번의 사건이 아니고 여러 단계를 거치는 과정이듯이, 독신의 경우에도 일련의 과정을 거치게 된다. 독신자들 중엔 아주 어린 시절부터 어른이 된 후까지도 결혼하지 않고 혼자 살기를 마음먹은 독신주의자도 있지만, 대부분은 결혼하기를 원하고 결혼에 대한 계획을 가지고 있다고 한다. 20대 초반의 젊은이 중에는 결혼을 목표로 하면서도 자신만의 자유로운 삶을 가지려는 자발적, 일시적 독신유형을 선호하는 사람들이 있다. 사실, 결혼에 대한 관심은 젊은 남성보다는 젊은 여성이 더 많은 편이다(Shostak, 1987; Olson & DeFrain, 1994). 하지만 결혼제도가 지니는 억압적인 면, 즉 남성 위주의 가부장적인 결혼 제도 자체가 구속으로 느껴지거나, 불행한 부모의 생활, 이혼하는 부부들을 보면서 결혼에 대하여 회의적이 될 수 있다. 결혼의 장점보다는 단점이 더 부각되거나, 독신의 단점보다 장점에 더 끌리게 되면 자발적, 일시적 독신상태를 즐기게 된다(이정연, 2000).

5년 주기로 실시되는 인구주택 총 조사를 분석한 결과, 전체적으로 25~29세 연령층 미혼자들의 비율이 크게 높아졌다. 또한 30~34세 미혼자들의 비율도 점차 증가하고 있는 것으로 나타났다(통계청, 2006).

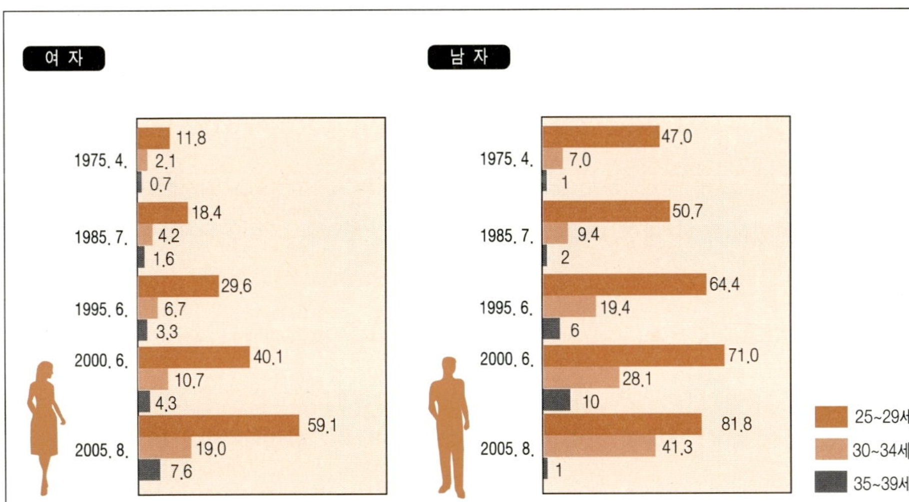

그림 11-1 25~39세 인구의 미혼비율 (단위: %)

| 출처 | 통계청. '인구주택총조사' 보고서.

서울시 여성가족재단의 조사연구(2006)에서도 20대 후반의 남성 15.7%, 여성 11.1%, 30대 초반의 남성 17.7%, 여성 10.9%만이 '결혼은 반드시 해야 한다' 고 응답하고 있어, 청년층 남녀 80~90%가 결혼을 선택으로 생각하고 있음을 알 수 있다(이성희 외, 2009).

대학생을 대상으로 '독신을 선택한다면 그 이유가 무엇인가?' 라는 질문(구명숙 외, 2004)에 대하여 '생활의 자유를 위해서(67.2%)', '결혼이 자기성장을 방해하기 때문(12.1%)', '자신만 책임지기 위해(8.8%)' 라는 응답이었다. 성별로 보면 남녀 대학생 모두 생활의 자유를 위해서 독신을 선택할 것이라는 응답이 가장 높게 나타났지만, 그 다음으로 남학생은 경제적 능력부족, 다양한 이성관계 등을 위해서이고, 반면 여학생은 자기성장에 방해가 되기 때문에라는 응답이 더 높게 나타났다. 이를 놓고 보면, 사회문화적으로 기대되고 있는 전통적 성역할 고정관념이 결혼으로 인한 가족역할에 부담으로 여겨져 결혼보다는 독신을 선택하게 되는 것이라 하겠다.

일반적으로 독신을 선택하는 이유를 보면 다음과 같다(정옥분 외, 2009).

첫째, 독신으로 사는 것이 훨씬 편하고 자유롭다는 것이다.

둘째, 교육이나 직업적인 특수성으로 인해 결혼할 기회가 없었거나 시기를 놓친 경우이다.

셋째, 결혼이나 이성교제와 같은 활동에 대한 흥미가 부족한 경우이다.

넷째, 부모의 영향 때문이다. 성장 과정에서 부모의 결혼생활이 불행하다고 느낀 적이 많고 이성부모에 대한 미움이나 두려움의 감정이 큰 경우에 독신을 선택하는 비율이 높다.

다섯째, 결혼 후 출산이나 육아와 같은 책임을 지는 것을 두려워한다.

여섯째, 배우자감을 고르는 기준이 지나치게 높다.

일곱째, 성에 대해 지나친 결벽증이 있거나, 성적 가치관의 변화와 함께 혼전 성관계가 보편화되고 성을 부담 없이 즐기는 가치관이 만연하면서 독신을 더욱 선호하는 경향이 나타나고 있다.

여덟째, 최근의 사회적 분위기가 가장 밀접한 관련이 있다. 즉, 결혼생활이 자기발전에 방해가 되거나 손해가 된다고 생각하는 사람들이 증가하고 있으며, 이를 자연스럽게 받아들이는 사회적 분위기 때문이다.

그러나 이러한 독신의 선택에도 불구하고 독신으로 인해 나타나는 불편한 부분 또한 없지 않다. 첫째, 독신으로 인해 누렸던 자유의 대가로 외로움을 경험한다. 둘째, 감정으로 친밀감을 나눌 대상이 없다. 셋째, 독신의 증가에도 불구하고 우리 사회는 부부 중심 사회이기에 결혼한 사람들과 사회적 관계를 형성하거나 소통하기가 부담스럽다. 넷째, 근본적으로 독신에 대한 사회적 태도가 부정적이어서 적응에 대한 문제를 가질 수 있다. 특히 우리 사회는 결혼하지 않으면 인간으로서 성숙할 수 없다는 사회 인식이 존재하기에 이러한 면에서 독신생활은 어려움을 가질 수 있다.

결혼이 삶을 결정하는 개인의 선택이라면 분명히 독신도 하나의 선택일 것이다. 독신이 가족을 해체하는 존재로써가 아닌 다양한 결혼과 가족의 또 다른 모습으로 볼 수 있는가에 대한 질문을 해 본다.

02 싱글맘(미혼모)

사전적 정의에 의하면 '미혼모(unmarried mother)'란 합법적이고 정당한 결혼절차 없이 아기를 임신 중이거나 출산한 여성을 말한다. 최근 우리 사회에서 '싱글맘'이라는 용어를 사용하면서 이혼이나 사별로 인해 혼자 아이를 키우는 여성들을 싱글맘이라고 부르며, 미혼모와는 좀 더 포괄적인 개념을 가지고 있다.

여기에서는 결혼하지 않고 출산이나 입양을 통해 혼자서 아이를 키우는 여성으로 정의한다. 즉 기존의 미혼모와는 달리 자신들의 선택에 의해 아이를 양육하기에 '자발적 비혼모'라는 의미를 포함한다. 혈연관계가 중요시되는 한국의 가부장제 사회에서 싱글맘이 되어 당당하게 살아가기는 쉽지 않은 일이라고 볼 수 있다. 최근 우리 사회에서도 자발적 비혼모가 증가하고 있는데, 결혼을 안 한 여성은 어머니 자격이 없는 것으로 간주했던 우리 사회에서 그것을 '자발적으로 거부'하는 여성이 늘고 있다는 것이다. 특히 호주제 폐지로 엄마 성을 따를 수 있게 되면서 사회적인 위치나 경제적인 여건을 갖춘 미혼 여성들 사이에서 자발적 비혼모에 대한 인식이 확대되고 있다.

결혼정보회사 '가연'이 30~40대 미혼남녀 402명(남 187명, 여 215명)을 대상으로 '결혼은 하지 않고 아이만 낳아 기르는 자발적 비혼모에 대한 생각'을 물어본 결과 절반 이상의 여성 63.7%가 '혼자서도 아이를 키울 수 있는 여건이 된다면 고려해 볼 만하다'고 답했고 '아버지라는 존재의 부재가 아이의 정체성에 혼란을 가져올 수 있으므로 지양되어야 한다'가 30.3%, '잘 모르겠다' 6% 순으로 나타나 비교적 긍정적인 반응을 보였다. 반면, 남성의 경우 83.7%가 '비혼모는 전통적 결혼제도에 반(反)하는 이기적 모성애'라고 답했고 '더 이상 결혼이 필수가 아닌 만큼 출산 또한 여성들의 선택에 달렸다'가 9.5%, '잘 모르겠다' 6.8% 순으로 비혼모에 대해 대부분 긍정적인 반응을 보인 여성들의 견해와 큰 차이를 보였다(연합뉴스, 2008. 2. 26.).

이처럼 결혼은 안 해도 아이는 낳고 싶다는 생각이 드는 것을 전문가들은 '관계의 친밀성에 대한 변화'로 해석한다. 정신과 전문의 김병후 박사는 '성인의 이성 파트너가 아주 가까이 있는 것은 두려워하더라도 자신보다 약한 존재에 대해서는 친밀감과 편안함을 느낀다'며 '특히 여성의 경우는 유전학적으로나 생물학적으로 아이를 낳아 키우고 싶은 욕구가 커 결혼을 안 한 상태에서 출산을 선택하는 것'이라고 진단하고 있다.

과거엔 여성이 한 남성을 사랑하게 되면 그와 결혼해 행복한 가정을 꾸리겠다는 낭만적 상상에 사로잡히는 게 일반적이었으나 결혼이라는 것이 가부장제에 들어가는 고리라는 것을 여성 스스로 깨달으면서 결혼 과정에 들어가게 되는 것을 꺼리게 된 것이다. 특히 과학기술의 발달로 인하여 냉동 정자를 이용해 독신여성이 인공수정으로 출산을 하면서 남성들은 아버지 역할을 선택할 수도 없으며, 심지어 자녀의 존재를 알지 못하는 상황이 발생할 것이다(정현숙 외, 2008). 과학의 발달에도 여전히 임신과 출산은 여성들의 몫이며 여성들이 출산의 주체가 되기 때문이다.

이러한 실태는 가부장적 결혼제도 내에서 여성이 결혼에 대한 부담감을 느낄 수밖에 없는 현실을 말해주는 것이므로 현재의 결혼과 저출산이 가지는 문제를 해결하고 대안을 마련하는 것이 중요하다고 볼 수 있다. 특히 낮은 출산율을 보이고 있는 상황에서 싱글맘들에 대한 정책적인 지원이 마련된다면 우리나라 저출산에도 기여할 수 있는 부분이 있을 것이다. 따라서 무조건 거부하거나 편견을 가지기보다는 함께 공존할 수 있는 제도가 뒷받침되어야 할 것이다.

또한 다양한 가족형태에 대한 인식의 변화와 맞물려 싱글맘에 대한 인식도 '다양성' 으로 봐야 한다는 움직임이 보여진다. 아빠-엄마-아이로 구성된 형태만 가족으로 인정하는 분위기였다면 이혼율 증가와 함께 최근엔 한부모, 혹은 엄마 아빠가 다른 자녀들로 구성된 재혼가정, 동거가족, 심지어 동성끼리 사는 형태도 엄연히 한 가족의 형태로 자리를 잡아가고 있기 때문이다. 결혼을 거부하고 출산을 선택한 싱글맘도 이런 여러 가족형태 속에서 한 가족의 형태로 인정할지는 우리의 몫이라고 본다.

남편은 'NO' 아이는 'YES'

여성의 지위가 향상되고 사회활동이 활발해지면서 결혼에 대한 인식이 바뀌고 있다. 이들은 결혼을 인생의 필수조건으로 보지 않는다.

"행복한 삶을 위해 결혼이 반드시 필요한 건가요?", '비혼모'를 긍정적으로 검토하고 있다는 임희선 씨(40)는 그 이유를 묻자 이렇게 반문했다. "친구들의 결혼생활을 지켜보면서 결혼을 해 지금의 생활보다 어떤 점이 더 나아질 수 있을까 생각해보니 한 가지도 꼽을 게 없더라고요. 현재 싱글 생활에 매우 만족해요. 하지만 아기를 너무 좋아해 친구들의 아이들을 보면 부러울 때가 많았어요. 결혼은 필요하면 언제든지 할 수 있지만 출산 가능성은 갈수록 줄어들잖아요. 한 살이라도 젊었을 때 예쁜 아이를 낳고 싶어요."

아예 결혼을 기피하는 이도 있다. 독신주의자인 김인정 씨(38)는 "어릴 적 엄마가 고부 갈등 때문에 힘들어 하는 모습을 지켜보면서 독신을 결심했다"며 "풋풋한 신혼생활이 끝나고 커져가는 남편과의 갈등, 시댁 식구들과의 불편한 관계로 결혼생활이 순탄치 않은 친구들을 통해 결심을 더욱 굳혔다"고 말했다. 그는 "갈수록 여성들이 남편은 뒤로 한 채 아이에게만 모든 것을 쏟아 부으며 존재 이유와 행복을 찾는 모습을 보노라면 아내, 며느리라는 꼬리표를 달아야 하는 결혼 없이 아이만 키우면서 엄마로서 행복하게 여생을 보낼 수 있지 않을까 생각하게 된다"고 덧붙였다. 이들에게 아이는 남편 대신 '인생의 동반자'가 되는 것이다.

■ **결혼으로 맺어져야만 가족?** '비혼모'가 될 수 있는 대표적인 방법이 입양이다. 원래 결혼한 사람만 아이를 입양할 수 있는 자격이 주어졌지만 입양을 독려하기 위해 2007년부터 독신자에게도 입양 기회를 주고 있다. 하지만 조디 포스터처럼 독신녀가 정자은행에서 우량 정자를 기증받아 인공수정, 출산하는 것은 국내에선 불가능하다. 미혼여성이 아이를 출산하고 싶다면 직접 남성과 관계를 맺어 임신을 하는 수밖에 없다는 얘기다. 그래서 외국기업에 다니는 임지희 씨(36)는 직장 동료와 동거하면서 아이를 얻었다. 임씨는 "결혼, 양육을 책임지지 않는다는 조건으로 아이 아버지도 출산에 동의했다"며 "그러나 몇 년 전 한 달치 양육비를 한 번 보내준 이후로는 연락이 끊긴 상태"라고 말했다. 임씨는 "하루가 다르게 쑥쑥 커가는 아이를 보고 있노라면 저절로 미소가 지어지고, 삶에 대한 의지가 더욱 강해진다"고 얘기했다. 이는 21세기형 새로운 가족형태로 볼 수 있다. 결혼으로 맺어지는 가족개념의 틀을 깨고 본인의 의지에 따라 독자적인 가족을 꾸려 행복 찾기에 나선 신(新)여성들의 모습이다.

| **출처** | 한국경제(2010. 3. 6.).

03 한부모가족

아버지나 어머니 한쪽과 미혼의 자녀로 구성된 가족형태다. 부모 중 한쪽의 사망이나 이혼, 별거 등의 이유로 한쪽 부모가 없거나 법적으로 또는 현실적으로 한쪽 부모가 부모의 역할을 하지 못하게 됨으로써 발생한다. 한부모가정은 꾸준히 증가하고 있는 가족유형으로, 2005년 전국 1,590여만 가구 중 한부모가정은 1,370여만 가구로 전체 가구의 8.6%이었으며, 이 중 모자가구가 대부분으로 전체의 79%를 차지했다.

표 11-1 한부모가구의 현황 (단위: 1,000가구, %)

연도	총가구수	한부모가구		
		계	모자가구	부자가구
1985	9,571	848(8.9)	–	–
1990	11,355	889(7.8)	–	–
1995	12,958	960(7.4)	788(82)	172(18)
2000	14,312	1,124(7.9)	904(80)	220(20)
2005	15,887	1,370(8.6)	1,083(79)	287(21)

| 출처 | 장혜경 외(2005). 가족실태조사.

※ 전체 가구 대비 한부모가구 비율임.

이러한 한부모가정의 형성요인별 현황을 2005년 기준으로 보면, 사별이 36.6%로 가장 많았고, 이혼이 29.1%로 1985년에 비해 가장 많은 증가율을 보이고 있는 요인이다. 흥미로운 사실은 유배우자의 한부모가정의 비율이 23.9%로 나타나고 있는 것이다. 이는 배우자의 가출, 별거 등으로 부부관계가 해체되지는 않았으나 부모의 역할을 공동으로 수행하지 않은 유형으로 여성이 가장의 역할을 하고 있는 여성 가구주라 하겠다. 전체 가구 중 여성 가구주가 차지하는 비율을 보면, 2007년 22.1%(362만 2천 가구)에서 해마다 증가해 2020년 23.1%(439만 7천 가구), 2030년 23.9%(476만 6천 가구)에 이를 전망이기도 하다.

다음의 표에서 보여지는 한부모가구의 형성요인으로써의 미혼은 결혼의 과정 없이 혹은 결혼 과정에 앞서 부모의 역할을 수행하는 가족형태인 싱글맘의 비율로 전체의 10~11% 정도였다.

표 11-2 한부모가구의 형성요인별 현황 (단위: 1,000가구, %)

연도	총가구수	한부모가구					한부모가구 비율
		유배우	사별	이혼	미혼	계	
1985	9,571	254(30.0)	443(52.2)	50(5.9)	101(11.9)	848(100)	8.9
1990	11,355	227(25.5)	498(56.0)	79(8.9)	85(9.6)	889(100)	7.8
1995	12,958	216(22.5)	526(54.8)	124(12.9)	94(9.8)	960(100)	7.4
2000	14,312	252(22.5)	502(44.7)	245(21.9)	122(10.9)	1,124(100)	7.9
2005	15,887	328(23.9)	501(36.6)	399(29.1)	142(10.4)	1,370(100)	8.6

| 출처 | 장혜경 외(2005). 가족실태조사.

한 조사에 의하면(통계청, 2002), 한부모가정의 발생요인은 성별로 차이가 있었다. 사별의 경우 여성은 87.9%, 남성은 11%이며, 이혼으로 인한 한부모는 여성이 54.0%, 남성이 46.0%로 나타나고 있어 모자가족은 사별에 의해 형성되는 경우가 많고 부자가족은 이혼에 의해 크게 늘고 있다고 볼 수 있다.

발생요인이 무엇이든지 전반적으로 한부모가정은 양부모가 나누었던 책임을 한쪽이 맡게 됨으로써 경제적으로 그리고 가사노동과 자녀양육과 교육 등 부모역할에서의 과중한 부담과 사회적 편견으로 인한 어려움이 있을 수 있다. 즉, 가족관계의 측면에서 한부모가 양부모의 역할을 다하기에는 이해와 능력이 부족하고, 가족 연대감이 파괴되었을 때 자녀들은 감정적, 정서적 타격을 받으며, 이혼 과정에서 충성갈등을 경험하기도 한다. 그러나 연구에 의하면, 이혼가정의 자녀들은 그들의 연령, 성별, 가족 내의 위치, 과거의 경험, 지원 체계와 인지적, 사회적인 능력에 따라 차이를 보이고, 이혼가정의 대다수 자녀들이 부모와 좋은 관계를 유지하고 있었으며, 이들은 정상가정의 아이들과 마찬가지로 우울증, 근심 등 정서적인 불안을 보이지 않았다고 밝혔다. 오히려 이혼가정의 아이들보다는 가정불화를 겪고 있는 부모와 함께 사는 아이들이 정서적인 불안을 보이는 경우가 많았다고 지적한다. 즉 심각한 가족문제나 갈등상태를 경험하여 이혼으로 한부모가족을 자발적으로 선택한 경우에는 오히려 가족 내 잔여구성원 간의 상호작용의 빈도와 정도가 증가함으로써 한부모가족 자녀의 자아존중감과 자아개념이 강화(김혜경 외, 2006) 됨이 보고되기도 한다.

한부모에 대한 사회적 편견을 줄이려는 노력에서 새로운 가족 모델로서 한부모가족운동이 전개되기도 하였으며(한국여성민우회, 2001), 한부모가족을 우리 사회 내에 빠르게 증가하는 가족유형의 한 형태임을 주장하는 관점이 점차 많아지고 있다.

새로운 삶의 유형-파트너 없이 홀로서기

싱글여성, 싱글맘, 한부모 여성가장 등 다양한 여성들이 '홀로서기'란 과제에 당당히 맞서고 있다. 경제적인 자립이란 큰 숙제를 안고 있는데다, 사회적인 소외와 편견이 할퀴고 간 상처까지 보듬어야 하는 이들 여성이 밀폐된 방문을 열고 나와 서로 연대를 도모하며 삶을 축제로 만들어 가는 용기 있는 작업을 시작했다.

1| **홀로서기 1-비혼(독신)으로도 당당하게 살기** 이제 '싱글여성'은 결혼하지 않은 '비혼'을 택하거나, 결혼 후 다시 싱글로 돌아오거나, 성적 소수자를 모두 포함하는 포괄적인 용어로 사용되고 있다. 단순히 혼자 사는 여성이란 뜻을 넘어 다양한 경제적 지위, 성적 지향을 지닌 사회적 주체로서 자리 매김하고 있는 것이다.

통계청이 5년마다 시행하는 인구주택총조사의 2005년도 내용을 보면 5가구 가운데 한 가구가 홀로 사는 1인 가구인 것으로 나타났다. 그러나 수적으로도 증가추세에 있는 비혼 여성들의 현실은 여전히 녹록치 않다. 전세자금 대출을 받기도 어렵고, 올해부터 시행되는 근로소득지원세제 지급 대상에서도 제외됐다. 부양가족 수에 따라 일정액 지급되는 가족수당을 받지 못함은 물론 주택청약제 청약 순위에서도 끝없이 밀려난다. 이에 비혼 여성들은 지난해부터 지속적인 모임을 갖고 "정치적 주체로 거듭나자"고 입을 모으고 있다. 그 과정에서 다양한 비혼 여성들이 모여 서로의 존재를 확인하고, 비혼 맞춤형 경제생활 등에 관한 정보를 교환하면서 네트워크를 만들어 가자는 데 뜻을 모았다. '비혼으로 함께 잘살기(www.unninet.net/jalsalza0)'라는 온라인 모임 살롱도 꾸려졌다. 싱글여성백서 생활노하우를 담은 UCC도 공유할 계획이다.

지난해 비혼선언문을 통해 '비혼'임을 당당하게 밝힌 여성들의 힘찬 발걸음은 올해도 이어질 전망이다.

"우리는 비혼 여성입니다. 결혼하지 못한 미혼여성이 아닌, 결혼하지 않은 상태를 선택한 비혼 여성입니다. 그러나 우리는 고립된 섬을 선택하지 않았습니다. 우리는 홀로 꽃필 수 있고, 함께 꽃필 수도 있는 자유롭고 완전한 존재입니다." (비혼선언문 中)

2| **홀로서기 2-싱글맘** 이혼 후 독신인 상태에서 기증받은 정자로 임신한 사실을 밝힌 방송인 허수경 씨. 지난해 마지막 날 딸을 출산한 그의 '싱글맘' 공개선언은 혼자 아이를 키우는 여성들에 대한 관심을 증폭시켰다. 이혼녀 싱글맘에게 용기를 주고 싶었다는 허 씨는 여자 혼자 아이를 키우는 소외된 계층에 대한 책임감을 느끼며, 앞으로 겪을 힘든 일도 반드시 극복해 싱글맘들의 상처를 어루만지고 싶다고 전했다. 하지만 허 씨처럼 "한 여자로서 아이를 갖고 싶었고 결혼생활 때보다 아이를 더 잘 키

울 수 있을 거라 생각한다"며 스스로 비혼모의 길을 택하는 여성들은 드물다. 생계를 혼자 책임지며 아이를 키워야 하는 현실에서 '싱글맘'에 대한 사회적 편견과도 싸워야 한다. 그런 그들에게 '육아일기'는 버거운 과제일 수 있다. 이에 영상으로 세상에 빛을 비추겠다는 뜻의 영상모임 '빛 스토리'가 나섰다. 싱글맘의 육아일기가 무엇보다 또 다른 싱글맘들에게 용기를 불어넣어 줄 수 있는 기회로 작용하길 바라기 때문이다. 빛 스토리를 이끌고 있는 김소윤(24) 씨는 "빛 스토리가 인터뷰하고 싱글맘들이 직접 만든 영상편지와 육아일기를 가지고 상영회를 열 계획"이라며 "상영회를 통해 싱글맘들이 서로 간의 네트워크를 꾸리도록 돕고, 일반인들에게는 싱글맘에 대한 편견을 줄이자는 캠페인도 벌이려고 한다"고 전했다.

3| **홀로서기 3: 한부모 여성가장들이 당당해지기** 일본의 '싱글마더스 포럼'은 1980년에 만들어져 2002년 비영리 법인화한 한부모 자조모임이다. 비혼모, 이혼여성, 별거여성들로 구성돼 있으며 연령대도 다양하다. 도쿄 지역에서만 300명의 회원이 가입돼 있는 이 단체의 특징은 한부모 여성 당사자들이 직접 모여 만든 자조모임이라는 점이다. 매달 한 차례 지역 상담회를 열고 저임금과 장시간 노동에 시달리면서 자녀와 대화할 시간이 부족한 점 등 공통된 어려움을 나누며 이에 대한 해법을 모색한다. 이와 비슷한 한부모 모임이 국내에도 있다. 지난해 꾸려진 한부모 여성가장 모임 '당나귀'는 '당당한 나의 목소리에 귀 기울이는 모임'의 준말로 당나귀 귀처럼 크게 귀를 열고 사회와 소통하자는 의미를 담고 있다. 이 모임에는 현재 8명의 한부모 여성가장들이 함께 하고 있다. '이혼'이라는 선택을 존중하고 서로를 지지해주자는 생각으로 모였다. 한 달에 한 번 정도 모임을 갖고 호적법, 가족관계등록법 등 가족관련법과 언론에서 비춰지는 이혼가족에 대해 의견을 나눈다. "지난 한 해 동안 모임을 하면서 우리의 안정적인 삶을 가로막는 것은 다름 아닌 '한국 사회의 왜곡된 편견'임을 알게 됐습니다. 이혼한 사람은 뭔가 문제가 있다고 단정 짓고, 이혼가족을 비정상적이라고 여기는 편견이 우리 삶을 가로막는 걸림돌이었던 거죠. 그래서 올해는 지역의 한부모 여성가장들을 만나 서로 힘을 주고받는 상담모임을 갖고 이혼가족에 대한 편견을 바꾸는 실천 활동을 펼치려고 합니다."

| **출처** | 여성신문 968호(2008. 2. 15.). 부분 발췌.

04 동성애가족

동성애는 같은 성(性)에게 성(性)적인 그리고 감정적인 매력을 지속적으로 느끼는 것을 의미하며, 다양한 성 표현의 일부분으로 받아들여진다. 동성애의 원인은 아직 완전히 밝혀지지는 않았으나 정신질환은 아니며, 단순히 선택의 문제가 아니라 당사자에게는 이성애 대신 동성애를 가지는 것 외의 선택을 할 수 없는 상황을 의미한다(정현숙 외, 2008 재인용).

동성애가족은 자신들의 성적 경향성에 따라 서로 공동체적 삶을 살기로 결정하고 선택한 두 명의 동성애자들로 이루어진 집단이라고 정의할 수 있다(류현수 외, 2007). 동성애가족의 가장 큰 어려움은 자녀양육이다. 또한 동성애 결혼을 반대하는 가장 큰 이유도 자녀출산이나 양육과 관련된 문제이기도 하다(정옥분 외, 2009).

다음은 동성애자 부모가 자녀와의 관계를 형성하는 데 도움이 될 수 있는 지침이다(Hamner & Turner, 2001; 정옥분 외, 2009 재인용).

첫째, 가능한 한 빠른 시기에 자녀와 다른 가족원에게 자신의 성정체감을 알려준다.

둘째, 자녀의 출생과 관련된 상황에 대해 보다 솔직해야 한다.

셋째, 자녀와 생물학적 부모와의 관계형성을 격려하도록 한다.

넷째, 가족 내에서 부모역할에 대해 적절하게 협의한다.

다섯째, 친구나 가족, 사회적 지원망이나 전문가의 도움을 받아들이도록 한다.

그렇다면 과연 동성부모가 아이들에게 긍정적인 가정 환경을 제공해 줄 수 있을 것인가? 한 연구결과에 따르면, 레즈비언 모친 밑에 있는 아이들이 일반적 성장, 자기존중, 성별 관련 문제, 성역할 및 성취향의 측면에 있어서 다른 일반적인 아이들과 근본적인 차이가 없으며, 게이 또는 레즈비언 부모를 가진 아이들의 대부분은 이성애자로 자란다(Bailey et al., 1995; Golombok & Tasker, 1996; 김은수 외, 2010 재인용)고 하였다.

동성애 부부들이 자녀를 갖는 방법은 이전의 이성부부관계에서의 출산, 입양, 정자 기증을 통한 시험관 아기, 수양부모 및 계부모관계를 통해서 가능하다(정현숙 외, 2008 재인용). 그러나 대부분 나라에서는 합법적이지 않기 때문에 입양이나 시험관 아기의 시술 기회는 제한된다. 오스트레일리아에서는 주정부가 독신자에게도 일반 부부와 동등한 입양자격을 부여하지만, 동성애자에게는 이를 허용하지 않으며, 레즈비언이 시험관아기를 가질 수 없도록 규정하였다. 그러나 시험관 시술을 받는 여성 15~20%가 레즈비언이며 자녀를 둔 레즈비언 여성이 약 9만 명에 이르면서 동성애가족과 자녀문제가 더는 소수만의 문제가 아니라 하나의 사회적 이슈가 되고 있다(한겨레21, 2005. 10. 13.). 따라서 많은 나라에서 동성애 커플이 자녀를 둘 법적 권리를 확보함으로써 가족에 대한 새로운 개념 요구 또한 거세지고 있다.

대부분 동성애 관계에 있는 사람들은 이성애 관계에서 보다 더 개인의 욕구를 충족시키기 위해 서로에게 의존하게 된다. 대인관계상의 도움이 한정된 동성애자들은 사회적 지원을 전혀 받지 못하기 때문이다. 특히 여성의 경우는 연대조직이 강하며 관계가 오래 지속되며 자율성과 평등관계를 가지고 있다. 남성들은 바깥에서 동성애 관계를 맺기도 하지만 여성의 경우는 철저하게 배타적이며 높은 신뢰감과 공동의 의사결정을 하고 지내는 것으로 나타난다(옥선화 · 정민자, 1992). 편견을 경험하는 대부분의 소수집단처럼 동성 커플들은 그들이 안전하게 느낄 수 있는 지원집단과 지역사회를 필요로 한다. 미국 내 대도시 일부지역에서는 동성애자들에 의해 운영되는 자녀 보육협동조합이나 보육센터가 있어 양육의 장소를 지원하고 그들의 부모와 자녀를 지원해 주기도 한다(류현수 외, 2007).

우리나라에서도 동성가족에 대한 논의는 다양한 통로를 통해 수면 위로 떠오르고 있다. 한국게이인권단체인 친구사이, 성소수자위원회, 성적 소수문화 환경을 위한 모임, 연분홍치마 등의 활동과 해마다 열리는 퀴어(Queer) 문화 축제는 동성애에 대한 차별을 없애기 위한 노력의 일환이다. 세계적으로 동성부부를 합법화하는 국가가 증가하고 있으며, 동성부부와 자녀들의 권리를 찾기 위한 운동이 활발해지고 있다. 2007년 우리나라 대통령선거에서 한 후보는 사실혼, 동거 커플, 동성애 커플, 비혈연생활공동체도 법률상 가족으로 인정하자는 안을 내놓았을 정도이다(정현숙 외, 2008).

앞으로 동성애가 정상적인 성적 지향의 하나로, 다양한 형태의 생활양식의 하나로 인정하는 태도가 세계적인 추세라고 볼 때, 우리나라에서도 이를 인정할 것인가 아닌가에 대한 논의는 보수주의적 관점과 자유주의적 관점으로 대립된다고 하겠다.

교과서에 실리다: 동성애자 가족 이야기

미래의 네덜란드 초등학교 저학년 수학교과서에는 이런 유형의 문제가 등장할 예정이라고 한다. "티모는 아빠들과 함께 자전거를 사러 백화점에 갔다. 아빠와 아빠는 200유로짜리 자전거를 10% 세일해서 사기로 했다. 티모의 아빠들은 자전거 값으로 얼마를 지불해야 할까요?"

"아빠와 아빠"를 잘못 쓴 것 같다고요? "아빠"를 자판을 잘못 눌러서 두 번 쓴 것이 아니다. 동성애자 부부인 티모의 아빠들은 티모를 입양해서 키워 온 양부모이기 때문이다.

지금까지 네덜란드나 독일의 학교교육은 실제 생활에서 동성애자 부부나 부모가 존재한다는 것은 인정하고 있지만 정식으로 교과서에 그들의 존재여부를 나타내지는 않았다. 그러나 앞으로 네덜란드 교과서는 이 부분을 직접적으로 언급하기로 했다.

네덜란드 학습용 교과서를 주로 출간하는 한 출판사 대표는 이에 대해 "교과서에 일상생활과 연결된 예문이 나오는 것은 당연하다. 그러나 지금까지 가족의 휴가에 대한 이야기가 나오는 텍스트에는 항상 아이들과 엄마 아빠가 즐겁게 휴가를 보내는 장면만이 묘사되었다."며 그 그림이 다르게 그려질 수도 있다는 사실은 지극히 상식적인 이야기라고 그 정당성에 대해 역설했다.

| **출처** | 다음 블로그 무터킨더(http://blog.daum.net/pssyyt).

05 다문화가족

다문화가족은 국적이 서로 다른 남녀가 결혼하여 구성하는 가족으로서 결혼이민자가족이라고도 하며, 최근 우리나라에서 그 비율이 증가하는 추세에 있다.

우리나라의 다문화가족은 지금까지 혈연을 중요시해 온 가족가치관 때문에 그다지 환영받지 못했으나 한국의 국제적 지위 향상, 인터넷 통신의 발달, 외국과의 빈번한 교류 왕래, 농촌 총각의 결혼문제 등과 관련하여 최근에는 대체로 국제결혼에 대한 부정적 정서가 감소하고 있다(권진숙 외, 2006).

통계청이 발표한 '한국의 사회동향 2010' 에 따르면 국제결혼이 지난 10년간 큰 폭으로 증가해 2009년에는 전체 결혼에서 국제결혼이 차지하는 비율이 10.8%로 2000년(3.5%)에 비해 큰 폭으로 늘었다. 특히 국제결혼건수 가운데 한국인 남자와 외국인 신부와의 결혼비율이 2000년 59.8%에서 지난해에는 75.5%로 증가했다.

표 11-3 국제결혼의 비율 (단위: %)

구분	2000년	2005년	2009년
총 혼인건수 중 국제결혼건수 비율(%)	3.5	13.5	10.8
국제결혼건수 중 외국인 신부와의 결혼 비율(%)	59.8	72.5	75.5

| 출처 | 통계청(각 연도). 인구동태통계.

결혼이민자 여성이 한국 남성과 결혼을 하려는 동기는 부모와 가족에게 경제적 도움을 주기 위한 것과 소위 코리안 드림으로서 한국에서 새로운 삶의 기회를 찾고자 하는 것이다. 한편 외국인 여성과 결혼한 한국 남성은 혼기를 놓치고 결혼이 어려워서 결혼을 하려는 것으로 나타났다(최규련, 2007). 더욱이 부부간의 평균 연령은 결혼이민자는 30.74세, 한국인배우자는 41.36세로 결혼이민자와 한국인배우자 간의 연령 차이는 10.62세였다(한국보건사회연구원, 2007). 이러한 연령 차이는 결혼생활적응에 어려움을 가중시킨다.

여러 연구에서 보고되고 있는 다문화가족이 경험하는 어려움은 다음과 같다.

첫째, 의사소통과 언어문제이다. 실제 이주여성들이 한국생활에서 힘든 점으로 언어문제(22.5%), 경제문제(21.1%), 자녀문제(14.2%)를 주로 꼽았을 정도로(보건복지부, 2009), 다문화여성들에게 가장 큰 어려움은 언어를 통한 의사소통 문제이다. 이는 다문화가족의 대부분이 한국어를 사용하고 있기 때문에 이주여성의 언어장벽으로 인한 의사소통의 어려움은 일상생활에 불편함과 대인관계 곤란을 초래하고, 문화적 차이를 극복하는 데 장애가 된다. 또한 이는 부부갈등을 유발하고 각종 정보와 자원, 취업으로부터 소외되게 만든다.

둘째, 문화적 차이로 인한 부부갈등과 자녀양육문제이다. 문화가 다르고 생활방식과 가치관이 상이하기 때문에 부부간에 오해와 갈등을 경험하고 인척관계에서도 갈등이 발생하며, 자녀양육과 지도방법에서 가족원들과 마찰을 일으키기 쉽다. 그 결과 이주여성이 일반여성들보다 부부갈등 정도가 더 높은 것으로 나타났고, 특히 경제문제와 남편과의 생활습관 차이문제, 친인척관계, 여가문제 등에서 갈등이 더 많았다(김오남, 2006). 실제 이주여성긴급센터에서 조사한 부부가족갈등 상담은(천지일보, 2011. 1. 20.) 12,780건으로, 2009년(9,801건)보다 2,979건이 늘었다. 이 중에서 부부갈등으로 인한 상담이 7,183건으로 가장 많았다. 부부갈등의 가장 큰 요인으로 '의사소통'과 '부부역할의 기대치'를 꼽았다. 이는 언어와 문화 차이 등으로 의사소통이 원활하지 않아 갈등이 심화되거나 기대치가 달라 서로에게 실망하는 경우가 많기 때문이다.

또한 자녀들도 언어발달 문제, 학습부진과 심리 · 정서적 문제가 발생하고 학교에서도 문화적 이질감으로 고립되기 쉬운 것으로 보고된다(설동훈 외, 2005). 따라서 다문화가정 자녀만을 위한 대안학교나 정규 학교 내에 이들만을 위한 맞춤형 학급을 만드는 것도 방법이다. 방과 후 프로그램 운영을 확대 정착시키는 방안은 물론 각 학교별로 이들에 대한 특별한 관심과 지원을 줄 수 있는 제도 마련이 필요하다.

셋째, 사회의 편견과 차별이다. 결혼이 가진 거래적인 성격과 저개발국 출신 여성에 대한 무시 등이 기본적으로 권위적인 가족관계와 상호존중의 어려움을 초래한다. 즉 한국인 남성들은 아내 나라의 언어와 문화에 대한 지식이 없고 배우려고도 하지 않으며 아내들에게만 한국말이나 문화를 배우도록 강요하고 있다. 또한 저개발국 어머니의 혼혈자녀에 대한 차별과 따돌림 분위기가 자녀들의 정체감 혼란과 심리 정서적 문제를 유발할 수 있다.

넷째, 결혼이민자 여성의 불평등한 권력관계와 폭력 경험이다. 부부간의 문화적 이질감과 의사소통의 어려움, 높은 부부연령차, 남편의 가부장적 가치관, 경제적 스트레스, 남편의 폭음 등 여러 요인들이 아내에 대한 폭력으로 이어진다(설동훈 외, 2005). 여성가족부가 조사한 전국 가정폭력실태 조사(2010)에 의하면, 지난 1년간 남편으로부터 폭력을 당한 다문화가정 여성은 40.9%였고, 일반 가정에 비해 경제적 폭력은 2배 가량 높게 나타났다. 이는 남편들이 아내에게 경제권을 주게 되면 친정에 대한 경제적 원조라 생각하여 경제권을 주지 않는 것으로 볼 수 있으며 이에 대한 갈등이 부부폭력으로 발생한다고 볼 수 있다.

다섯째, 부부간에 신뢰와 상호존중에 어려움이 있고 갈등해결이 미흡하여 부부관계가 악화될 수 있다. 부부갈등이 심화되면 이혼으로까지 발생하게 되는데, 2008년 한해 국제결혼을 통한 이혼은 11,255건으로 2004년의 3,300건에 비해 3배 이상 늘었다(조성연 외, 2009). 2008년 국제결혼 건수(36,204건)를 기준으로 할 경우 3쌍 중 1쌍이 이혼한 셈이다. 이러한 문제를 해결하기 위해서 결혼 전 만남부터 신중해야 한다는 입장이다. 이주여성의 경우 한국에 입국할 목적으로 결혼을 서두르는 태도 때문에, 한국 남편의 경우 이들에 대한 편견과 불신 때문에 결혼생활이 유지되기 어렵다고 볼 수 있다. 따라서 다문화 부부들을 위한 '방문상담 서비스'가 지원되어 실질적인 부부관계를 유지할 수 있도록 해야 할 것이다.

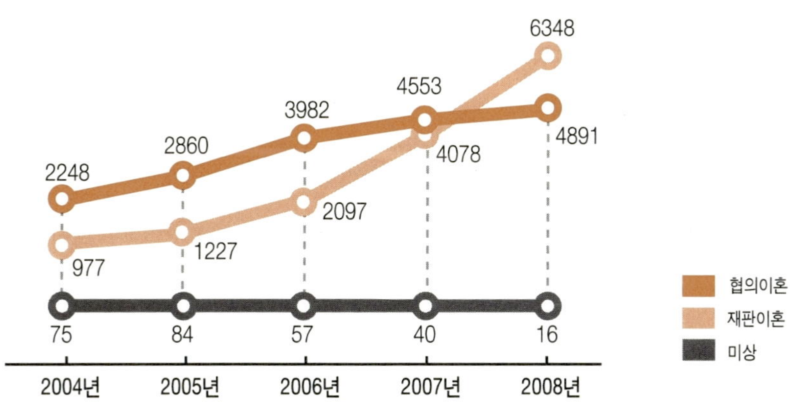

그림 11-2 국제결혼 이혼건수 (단위: 건)

| 출처 | 통계청; 경향신문(2009. 7. 22.).

궁극적으로 이러한 문제점을 해결하기 위하여 앞으로는 이주여성만을 교육시키는 것이 아니라 부부 모두와 가족단위를 대상으로 다문화가족생활의 의미를 인식시키고 상호이해와 적응을 지원하는 프로그램을 비롯한 부모교육, 가족상담을 지원하며 효율적이고 체계적인 프로그램의 운영이 필요하다. 이외에도 결혼이민 여성들의 지역사회 참여기회를 높이고 사회의 구성원으로서 인적 자원을 개발하여 사회에 기여할 수 있도록 지원하는 시스템이 체계적이고 장기적으로 구축되어야 한다(최규련, 2007).

저자의 실제 현장경험에서 이주민 여성들의 적응에 긍정적인 영향을 미치는 요인들을 보면, 물론 일차적으로는 부부관계의 안정성이지만 부부관계의 만족도가 낮은 경우라도 자녀양육에 대한 관심과 책임감, 사회적 관계의 정도에 따라 이주민 여성들의 적응 수준을 높일 수 있는 것으로 평가된다. 이와 함께 자기개발을 하는 경험들도 낮은 부부관계의 만족도를 상쇄시키는 것으로 보여진다. 따라서 이주민 여성들의 적응을 돕기 위한 방안으로 이들이 가지고 있는 부부관계의 특성상, 부부 중심의 부부관계 강화라는 목표뿐만이 아니라 자녀양육에 필요한 정보제공과 기술훈련, 사회적 관계망으로의 유입, 자기개발과 성장이라는 이주민 여성을 중심으로 한 다측면에서의 접근방향이 더 효율적일 수 있음을 제안해 본다.

그리고 우리 사회에서는 아직도 혈연 중심 가치관으로 인해 다문화가족에 대한 편견과 차별의식이 자리 잡고 있으므로, 이러한 차별의식에서 탈피하여 이들을 수용하고 이주여성들의 문화를 존중함으로써 다양한 문화에 대한 사회적 인식을 높이는 것 또한 필요할 것으로 보인다.

Chapter 12

가족의 위기

1 저출산

2 이혼

3 가정폭력

우리 사회의 근대화 · 산업화는 너무 급속히 빠른 기간에 이루어졌기 때문에 의식이 미처 사회의 흐름과 조화를 이루지 못하고 있는 실정으로 우리 가족이 당면하고 있는 문제들은 대체로 개인들의 의식과 행동의 괴리, 문화의 성별 지체, 사회와 가족 변화의 불균형들에서 비롯된다고 볼 수 있다.

우리 가족은 '위기상황인가? 한국사회의 가족에서 무엇이 문제인가?' 라는 대답의 주제로 저출산, 이혼, 가정폭력을 다루어보도록 하겠다. 이는 현재 우리 사회에서 나타나는 가족의 위기현상을 크게 인구학적 측면, 가족의 구조적, 기능적 측면에서 대표적인 문제로 선별될 수 있기 때문이다. 가족의 존속을 위한 구성원의 충원에 문제가 발생할 수 있게 되는 저출산 문제, 부부관계라는 가장 기본적인 가족구조적 측면에서의 변화가 오게 되는 이혼, 그리고 인간발달의 근원지로서의 가족의 기능성을 가장 저해하게 되는 가정폭력이라는 주제를 중심으로 살펴보도록 하겠다.

01 저출산

인구는 한 나라를 구성하고 이끌어가는 가장 중요한 기반이며 원동력이다. 지식기반사회인 21세기는 지식과 정보의 창출, 확산, 분배, 활용이 개인은 물론 국가경쟁력의 주요한 원천이 된다. 사람은 지식과 정보를 창출하는 핵심이므로 국가발전을 위해서는 인적 자원의 확보가 중요하다. 인구감소가 중요한 사회적 이슈로 부각되기 시작한 것은 최근 일이다. 영국의 경제학자 맬서스(Malthus)는 인구를 제한하지 않으면 기하급수적으로 증가한다고 지적하며 인구와 식량 사이의 불균형이 야기될 수밖에 없는 인구과잉을 걱정했다. 그러나 출산율 감소와 늘어나는 기대수명으로 인한 인구의 변화, 특히 출산율 감소는 오늘날 세계적으로 주요한 쟁점이 되었다(Muenz, 2007; 최윤정, 2010 재인용).

현재 우리 사회에서의 저출산 문제는 국가와 가족의 위기로 볼 정도로 심각하다. 정부는 저출산 현상과 그로 인해 파생되는 문제에 대처하기 위하여 2005년 저출산 · 고령사회기본법 제정을 시작으로 저출산 · 고령사회위원회를 출범시켰으며 2006년에는 저출산 · 고령사회기본법에 근거하여 중앙정부 부처들과 지방자치단체가 참여하는 제1차 저출산 · 고령사회기본계획(2006~2010)인 '새로마지플랜 2010'을 발표하고 이를 추진하기 위해 32조 원을 투입한 바 있다(최숙희 · 김정우, 2006).

이와 같은 정부의 정책적 노력은 저출산 문제해결을 위해 정책총괄, 조정기구를 설립하고 범부처 차원의 통합적인 대책을 마련하였다는 점과 저출산 문제에 대한 사회적 인식 제고 및 공감대를 형성하였다는 것을 추진성과로 볼 수 있다. 그러나 저출산의 요인은 장기간에 걸친 사회구조적 변화에 기인한 것이어서 단기적 정책으로 저출산의 추세를 변화시킬 수 있는 것은 아니다.

국가의 위기이며 가족의 위기라 할 수 있는 저출산에 대한 효과적인 정책수립을 위한 기초자료로써, 저출산의 현황 및 원인, 외국의 저출산 대응 정책 등을 통해 그 대안은 없는 것인지에 대한 모색을 해 보도록 한다.

1) 저출산의 현황

우리 사회에서 1980년대까지는 출산율의 증가가 문제로 제기되다가, 2000년대에는 출산율의 감소가 현안적인 사회문제로 대두되고 있다. 이미 오래 전부터 저출산 문제가 사회문제로 부각되어 왔으나 2010년 대한민국의 저출산 문제는 국가의 근간을 흔들 정도로 심각한 수준이다. 현재 우리나라는 세계 국가 중 가장 빠른 속도로 늙어가고 있다.

지난해 말 유엔인구기금이 발간한 '2009 세계인구현황 보고서'에 따르면, 2004~2008년 우리나라의 평균 합계출산율(여성 1명이 평생 동안 낳을 수 있는 평균 자녀 수)은 세계평균(2.54)의 절반에도 못 미치는 1.22명으로 조사대상 185개국 가운데 최하위권인 184위를 기록했다. 이는 OECD 국가들의 평균인 1.6명보다도 훨씬 낮은 수준으로 세계 최저 수준을 기록하고 있다.

● 표 12-1 OECD 주요국의 합계출산율*

국가	미국	프랑스	핀란드	영국	일본	독일	스페인	폴란드	한국	OECD 평균
출산율	2.01	1.89	1.72	1.64	1.25	1.31	1.25	1.24	1.08	1.60

| 출처 | 통계청(2002, 2005).

* 한국과 일본은 2005년, 나머지 국가 및 OECD 평균은 2002년 기준.

우리나라의 신생아수를 보면, 1992년 739,000명이었던 신생아수는 2000년까지 60만 명 선을 유지하였으나, 2001년에는 563,807명, 2005년에는 435,155명으로 계속해서 급격히 떨어지고 있다. 여성 1인당 합계출산율은 1960년 6.0명에서 1975년 3.57명으로 감소하고 1983년에는 인구대체율로 평가되는 2.1명 수준을 밑돌다가 1995년에 1.65명 이하로 감소하였다. 그리고 2005년에는 1.07명으로 세계 최저 수준에 이르게 되었고 2008년에는 1.19명으로 반등세를 보이나 여전히 심각한 수준이다(전광희, 2002; 통계청, 2009). 앞으로 이와 같이 출산율이 감소하게 되면, 우리나라 총인구는 현재 4,800만 명에서 2020년경 약 5,000만 명을 정점으로 감소하기 시작하여 2050년에는 4,400만 명, 2100년에는 1,600만 명 수준으로 줄어들 것으로 보인다.

또한 저출산과 평균수명의 연장으로 인구 노령화가 급격하게 진행되어 전체 인구 중 65세 이상이 차지하는 노인인구 비율이 2015년에 12.7%, 2020년에 15.1%, 2040년에 30.1%를 차지하게 될 전망이다.

이러한 출산율 감소로 인해 야기되는 문제점은, 경제활동 인구의 축소로 인한 경제성장의 둔화, 노령인구가 증가함에 따라 노인관련 공적 지출의 확대로 인한 소득분배구조의 악화 및 공적 연금기금의 고갈, 생산인구(15~64세)의 감소, 노동력인구의 연령별 구성에서 고령자(50~64세)의 비율이 증가하는 노동력 인구의 고령화, 학령인구(6~21세)의 감소, 징집대상 인원 감소 등이다(박영창, 2005; 김태헌, 2005).

2) 저출산의 원인

출산율의 변화는 어느 특정한 한 가지의 요인에 의해서 결정되지 않는다. 많은 저출산 관련연구들에서는 저출산의 원인으로 독신의 증가, 결혼연령 상승, 기혼여성의 출산지연 등의 인구학적 특성과 경제적 어려움과 미래에 대한 불확실성의 증가, 자녀양육의 어려움, 가정과 직장생활 병행의 어려움 및 결혼과 가족에 대한 가치관의 변화 등을 지적하고 있다.

출산 감소의 원인을 크게 인구학적 원인, 사회문화적 원인, 경제적 원인으로 구별하여 살펴보도록 한다.

(1) 인구학적 요인

인구학적인 측면에서 볼 때, 우리 사회에서의 출산은 주로 결혼 이후에 이루어지고 있기 때문에 혼인율과 유배우 출산율(결혼 후 여성이 낳게 되는 출산율)이 중요하다. 이를 자세히 보면 다음과 같다.

첫째, 1998년부터 2005년까지의 조혼인율을 보면 전반적으로 낮아지고 있다. 이는 IMF 이후 급격하게 낮아졌으며 2000년 이후 등락을 보이며 회복되지 못하고 있다. 전국 평균 초혼연령을 보면 1990년에는 초혼연령이 여성 24.8세, 남성 27.8세였는 데 반해, 2009년에는 여성 28.7세, 남성 31.6세로 약 20년 동안 여성 3.9세, 남성 3.8세 증가하였다. 이러한 초혼연령의 상승은 최초 출산연령이 높아짐으로써 향후 출생아 수와 출산능력에 영향을 주게 된다.

표 12-2 전국 평균 초혼 연령

구분	1990		1995		2000		2005		2009	
성별	남성	여성	남성	여성	남성	여성	남성	여성	남성	여성
연령	27.8	24.8	28.4	25.3	29.3	26.5	30.9	27.7	31.6	28.7

| 출처 | 통계청(2009).

이와 함께 출산을 가장 많이 하는 연령층인 20~29세에서 미혼율을 보면 그 심각함이 더하다. 25~29세 여성의 미혼율은 1970년 9.7%에서 2000년 40.1%로 급상승했다. 법률혼에 의한 출산이 보편적인 한국사회에서 이와 같은 혼인연령 상승과 그로

인한 젊은 층의 미혼율 증가는 단기적인 출산율 저하로 직결되며 가임기간을 단축시키고 독신기간을 연장함으로써 장기적인 출산율도 감소시키는 작용을 할 것이라고 볼 수 있다.

둘째, 또 다른 인구학적 요인인 유배우 출산력은 여성의 사회활동 증가 등에 의해 맞벌이를 할 경우 출산을 연기하거나 기피하는 현상과 맞물려 있다. 2003년 여성가족부에서 실시한 전국가족조사에서도 그 영향이 잘 나타나고 있어, 미혼남성의 24.9%, 미혼여성의 35.1%가 결혼 후 자녀가 필요하지 않다고 응답하고 있어 결혼 이후의 출산감소를 예상해 볼 수 있겠다. 이와 관련하여 출산기간의 연기에 따른 장기적 출산감소가 강조되고 있는데, 이는 출산연기로 인한 무자녀의 증가보다는 둘째아이 출산 기피로 인한 출산력 감소가 출산수준을 결정하는 핵심이다(Kohler, Billari & Ortega, 2006; 최윤정, 2010 재인용). 이는 우리 한국사회에서도 나타나는 현상으로, 현재 우리 사회의 대다수 지자체에서 실시하고 있는 '셋째 아이 출생 장려지원정책' 은 재고의 여지가 있다.

셋째, 부부간 불안정성도 출산력과 관련 있게 된다. 이혼율을 보면, 2005년 40.85%로 1990년에 비해 5배 증가하였으며 이러한 이혼의 증가는 한부모가정 발생이 높아져 전반적인 출산력 저하로 연결된다. 한부모에 대한 지원이 부족한 상황에서 부부간 불안정성이 우려되는 부부관계에서는 출산의 포기 및 출산의 연기라는 선택이 있을 수밖에 없음으로 전체적인 한국사회의 낮은 출산율과 관련된다고 볼 수 있다.

(2) 사회문화적 요인

출산에 영향을 미치는 사회문화적 요인으로 결혼 및 출산과 자녀에 대한 가치관 변화, 기혼여성의 경제활동참가 증대, 교육수준, 가족형태 등 다양한 주장들이 제기되어진다.

첫째, 가치관의 변화는 결혼 및 출산과 자녀양육의 변화에서 뚜렷하게 보여진다. 가치관과 출산 간의 관계를 설명하는 사회문화적 이론에서는 출산이 사회적 가치나 개인적인 가치관에 의해서 결정된다는 것으로 서구적인 사고방식이 출산율을 감소시키고 있음을 주장한다(이시원 외, 2006). 이미란(2010)의 연구에서도 기혼여성의 자녀에 대한 가치관이 실제 결혼과 가족관련 가치관과 상당한 관련이 있음이 보고되고 있다. 즉 결혼필요성과 가족책임의식 및 가족공동체의식이 높은 기혼여성일수록 자녀에 대한 가치관이 긍정적으로 나타났으며 실제 출산자녀수와 정적인 관계를 보였다.

둘째, 출산과 자녀양육에 대한 가치관 변화는 여성의 경제활동과 관계있다고 주장되어진다. 여성의 경제활동 참여로 맞벌이 부부가 증가하면서 전통적인 성별 분업적 가족가치관이 변함에 따라 갈등이 나타나게 되어 출산율이 저하되는 현상을 지적한다(이삼식 외, 2005). 즉, 자녀양육과 관련되어 전통적인 가족인 남성생계부양자 모델이 출산과 육아에 가장 안정적인 가족형태이기 때문에 여성의 경제활동 참여가 증가하면 혼인율과 출산연령이 상승하고 이로 인해 소자녀를 선호하게 되고 자녀양육에 따른 기회비용이 증가하므로 출산을 기피하게 된다는 주장이다. 한편, 성별분업 경향이 강하지 않은, 즉 가구 내 가사분담과 육아분담의 형평성이 높을수록 출산에 친화적이라는 주장이 있다. 즉, 개발국가에서는 성평등 수준이 낮을수록 출산율이 높게 나타나지만 경제성장을 이룩한 국가에서는 반대로 성평등 수준이 높을수록 출산율이 높게 나타난다는 것이다(Chenais, 1996; 최윤정, 2010 재인용). OECD 국가의 여성의 고용률과 합계출산율의 관계에서도 여성의 경제활동참여가 높은 국가에서 출산율이 높게 나타나는 경향을 보여주고 있다. 따라서 단순히 여성의 경제활동참여 여부가 중요한 것이 아닌 얼마나 여성이 가정과 일을 양립할 수 있는 사회문화적 환경이 조성되어 있느냐의 요인이 더 중요하다.

셋째, 출산에 중요한 영향을 미치는 또 하나의 요소로 교육을 들고 있다. 연구들에 의하면 교육참여가 증가하고 이에 따라 경제활동 참가가 증가하면서 혼인 시기가 연기되고 있으며 독신의 경향이 증가하는 것으로 보고하고 있다. 교육 시기의 연장은 결혼을 포함한 일반적인 사회생활의 시작 시기를 지연시키는 작용을 할 뿐 아니라 개인의 여러 조건과 능력을 변경시키고 심리적 가치관의 변화를 추구하여 결혼과 출산행태에 직접 또는 간접적인 영향을 미치게 된다는 것이다(최윤정, 2010). 이미란(2010)의 연구에서도 교육수준이 높은 기혼여성일수록 자녀에 대한 가치관에 부정적 영향을 미치는 것으로 나타났다. 이는 교육수준이 높은 여성들은 집에서 가족을 돌보는 일 이외에도 사회에서 좋은 여건에서 일을 할 수 있는 기회의 증가를 통하여 어머니로서의 역할보다는 여성 스스로 독립적으로 수행할 수 있는 선택의 폭이 늘어남으로써 그들의 사회적 지위를 유지하기 위하여 자녀의 필요성이 줄어들게 되는 것으로 해석된다(강유진, 2007). 그리고 교육수준이 높을수록 소규모 가족에 대한 새로운 사고방식 및 태도를 수용하기가 용이하기 때문에 여성의 지위향상이 출산감소에 영향을 주고 있다고 본다(김한곤, 1993).

(3) 경제적 요인

경제적 접근에 있어서 출산의지에 가장 큰 영향을 미치는 결정요인으로 들고 있는 것이 비용편익이다. 자녀를 출산하는 데 있어서 발생하는 비용은 금전적 비용과 자녀출산과 양육으로 인해 투입되는 시간비용으로 나누어진다. 교육비 등 양육에 소요되는 직접적인 비용, 출산과 양육으로 인한 경력단절로 지불해야 하는 기회비용, 가사 및 양육의 부담으로 발생하는 일과 가정 양립의 어려움, 그에 따른 경제적 손실 등이다. 자녀양육의 시간비용은 결국 주양육자인 어머니의 시간비용이며 그들이 다른 모든 대안활동을 포기함으로써 얻는 자녀양육의 기회비용이다.

따라서 과거에는 자녀의 소유가 가계의 생산능력과 직결되었으나 지금은 가계의 생산활동에 자녀가 관여하지 못하고 오히려 악화시키는 요인이 되고 있다. 이는 여성가족부가 2005년 실시한 가족실태 조사결과에서도 나타난다. 조사응답자의 44.4%가 출산계획이 없는 가장 큰 이유로 '자녀양육 및 교육비의 부담'을 들었다. 전국의 12,000개 가구와 초등학생 이하 아동 6,412명(보호자 응답), 전국의 24,219개 보육시설(우편조사)을 대상으로 '전국보육실태조사'를 한 결과(여성가족부, 2005), 부모들이 육아지원정책으로 가장 원하는 것도 자녀양육비용 지원(44.8%)이 압도적으로 많았으며, 이어 국 · 공립 보육시설의 확충(18.7%), 보육의 다양성 증대(15.5%), 육아휴직제도 정착 및 확대(8.4%), 교사의 질적 수준 향상(7.9%) 등의 순이었다.

최근 UN이 발표한 합계출산율과 소득과의 관계를 살펴보면, 1인당 소득이 특정

수준 이상인 국가들의 경우 소득이 많을수록 출산율이 높은 현상이 나타나고 있었다. 즉 경제발전에 의한 산업화 및 도시화 촉진이 소규모 가정을 구축하도록 유도하여 출산율을 하락시킨다 하더라도 가계의 자녀유지비용이 절감된다면 소득증대가 출산을 촉진시킬 수 있는 촉매역할을 할 수도 있음을 의미하는 것으로 볼 수 있다(최동순, 2009).

2009년 기준 자녀 한 명에게 지출되는 총 양육비가 2억 6천만 원

보건사회연구원 김승권 선임연구위원은 최근 발행한 보건 · 복지 이슈 앤 포커스에 실은 '한국인의 자녀양육 책임한계와 양육비 지출 실태'에서 지난 2009년 기준으로 출생 후 대학졸업까지 자녀 한 명에게 지출되는 총 양육비가 2억 6천 204만 4천 원으로 나타났다고 밝혔다. 양육기간별 비용을 살펴보면 영아기 3년간 지출되는 양육비는 2천 466만 원, 유아기 3년간 양육비는 2천 937만 6천 원으로 산출됐다. 초등학교 학생에게 6년간 지출되는 양육비 6천 300만 원, 중학교 학생 3천 535만 2천 원, 고등학교 학생 4천 154만 4천 원으로 나타났다. 4년제 대학생에게 4년간 지출되는 양육비는 6천 811만 2천 원으로 가장 많은 비중을 차지했다. 이 같은 양육비는 휴학, 재수, 어학연수 등을 고려하지 않고 산출된 것이다. 이에 따라 자녀 2명을 양육하는 데에는 약 5억 2천 408만 원이 소요되고 자녀 3명을 양육하는 데 7억 8천 613만 원이 소요되는 것으로 추정된다. 월평균 자녀양육비는 영아 68만 5천 원, 유아 81만 6천 원, 초등학생 87만 5천 원, 중학생 98만 2천 원, 고등학생 115만 4천 원, 대학생 141만 9천 원으로 나타났다.

이번 조사는 '전국 출산력 및 가족보건복지실태조사' 자료에서 15~59세 기혼가구 중 자녀가 있는 가구를 분석해서 산출됐다. 김 위원은 보고서에서 '한국부모들은 자녀양육에 대해 본인 스스로 너무 과중한 책임을 지고 있으며, 이는 양육부담을 크게 하고 저출산의 원인이 되고 있다'며 '자녀양육에 대한 지나치게 큰 부담으로 한국인들은 소자녀를 선호하고 나아가 저출산 사회가 도래하게 된 주요인'이라고 지적했다.

| **출처** | 연합뉴스(2011. 1. 13.).

3) 외국의 저출산 대응정책

유럽에서 저출산 현상이 심각한 사회문제로 대두된 시기는 1800년대 말이다(이삼식, 2005). 그러나 각 나라별로 출산율의 높고 낮음에 대한 인식을 시작한 시기는 큰 차이를 보인다(조병구 외, 2007). 세계인구정책 보고서에 따르면 1970년대에는 OECD 국가 중 프랑스를 비롯한 14.8%의 국가가, 1980년대에는 프랑스, 스웨덴을 포함한 18.5%의 국가가 출산율이 너무 낮다고 인식하였다. 1990년대에 이르러서는 스웨덴은 출산율이 적정한 수준으로 상승한 것으로 판단하였으며, 독일과 프랑스 등의 30%의 국가는 여전히 너무 낮은 상태라 하였으며, 2000년대에 들어서는 한국, 프랑스, 독일을 포함한 56.7%의 국가들이 낮은 출산율의 심각성에 대하여 인지하였다(최윤정, 2010).

이를 볼 때, 저출산의 문제는 비단 우리 사회의 문제만이 아님을 알 수 있다. 서구유럽에서는 낮은 출산율에 관한 인식 이후 보다 적극적인 반응으로 가족친화정책을 펼치며 저출산 문제에 대처하였다. 가족친화정책이란 일과 가정의 양립을 돕고 가정생활에 필요한 자원을 충분히 지원하며 아동의 발달을 보조하고 양성평등을 증진시키는 정책을 말한다(OECD, 2005).

OECD 국가들이 추구하는 가족친화정책의 목표는 크게 네 가지로 볼 수 있다(OECD, 2007).

첫 번째는 출산력 제고로 출산율 증진 자체가 정책 목표가 되는 것으로 프랑스, 일본, 한국의 정책을 들 수 있다. 두 번째는 양성평등의 추구로 가사노동의 부담이 남성보다는 여성에게 더 많이 지워지기 때문에 노동시장에서 남성과 여성의 차별이 일어난다는 인식에 기반을 둔 목표로 스웨덴을 비롯한 북유럽 국가의 목표이다. 세 번째는 아동의 발달에 중심을 두는 것이다. 특히 유아기에 보호와 보육을 중시하고 있으며 독일이 이러한 목표 아래 가족친화정책을 실시하고 있다. 네 번째로 여성의 노동시장 참여 유도로 지속적인 경제성장을 위한 노동력 공급의 확대와 고령화에 따른 재정부담을 완화시키기 위한 정책목표가 있다.

서구유럽은 출산율 하락을 막기 위해 이와 같은 정책 목표 아래 각 나라별로 각종 지원책을 실시해 왔다. 출산율 감소를 완화시키는 데에 성공한 정책들은 최소한 50년 이상의 정책경험이 누적되었으며, 출산과 양육에 대하여 국가가 지원을 하여야 한다는 복지국가의 이념이 바탕이 되어 발전하였다.

서구유럽 국가들 중 출산율 회복에 성공한 프랑스와 스웨덴의 정책을 살펴보기로 하겠다.

(1) 프랑스의 저출산 대응책

먼저 프랑스를 보면, 프랑스는 1인당 1.9명(2001년)의 출산율로 유럽 국가 중 아일랜드(1.92명)에 이어 두 번째로 높은 수준을 기록하고 있는 국가이다(국정알리미, 2006. 9. 14.). 1830년부터 인구감소를 경험한 프랑스는 1896년에 이미 출산담당 정부기구를 출범시켰고, 1939년에 제정된 가족법전이 가족과 출산 정책의 핵심이 되었다. 2004년 이후에는 여러 개로 분산되어 있던 직접 출산장려지원 체계를 유아환영정책이라는 하나의 체제로 통합하여 실행하고 있다. 이 제도의 도입으로 출산율이 약 4.7% 증가한 것으로 평가된다(민희철 외, 2007).

프랑스의 저출산 대책의 대표적인 성공요인의 분석은 다음과 같다(이삼식 외, 2005).

첫째, 다양한 가족수당, 유급출산휴가, 공공보육기반 구축, 탄력적인 근무제 등 여성의 경제활동 및 출산율 제고를 동시에 고려한 포괄적인 가족친화적 정책을 실시한 점이다. 출산이나 양육으로 인하여 여성의 취업에 제한받거나 불이익을 당하지 않도록 하여, 3~5세 자녀가 있는 여성의 노동시장 참여율은 [표 12-3]에서 볼 수 있듯이 OECD 평균보다 높은 63.8%로 나타난다. 참고로 1994년 이후 덴마크에서도 출산율 제고정책으로 최대 1년간 쉴 수 있는 유급부모휴가, 양육과 직장을 병행할 수 있는 환경조성, 부모가 일하는 동안 아이를 돌봐 줄 양질의 공공보육시설이었다. 기본적으로 자녀가 있는 모든 가정은 보육센터 보조를 받을 수 있고 부모는 보육비의 3분의 1 이상을 내지 못하도록 하였다. 노르웨이에서도 가장 성공적인 출산제고정책으로 출산, 부모휴가와 양질의 공공보육센터 보급으로 보고 있다(전북발전연구원, 2007). 3~6세 아동이 공보육에 참가하는 비율은 벨기에, 네덜란드와 프랑스의 경우 100% 수준이나 한국은 20%를 약간 상회하는 것으로 나타났다. 공공보육시설의 활용도가 높을수록 출산율에 긍정적인 영향을 주고 있다는 것이다.

표 12-3 프랑스의 육아여성 고용률 (단위: %)

구분	가장 어린 자녀의 연령별				15세 미만 자녀수		
	0~16개월	2세 이하	3~5세	6~16세	1명	2명	3명
프랑스	59.9	53.7	63.8	61.7	62.2	57.6	38.1
OECD 평균	61.5	51.9	61.3	66.3	60.6	57.0	44.0

| 출처 | OECD Family Database(2005); 보건복지가족부(2009).

※ 모의 대상연령 15~64세

또한 여성들이 육아, 가족간호휴가 등의 가족 돌봄으로 인한 경제활동단절로 인한 연금기여에 있어서 불평등한 접근성을 가지는 것을 해결하기 위하여 돌봄 노동을 사회적 노동으로 인정해주는 연금크레딧 제도(자녀를 양육하기 위하여 취업을 중단, 포기하는 경우 자녀양육기간과 자녀의 수에 비례하여 연금기간의 가입기간으로 인정해주는 제도)를 실시하였다. 노동시장의 유연성으로 시간제 고용비율의 증가, 근로시간의 감축, 근무형태의 다양화는 높은 실업문제의 해결과 더불어 출산율 제고에 영향을 준 것으로 평가되고 있다.

둘째, 프랑스는 수당의 천국이라 불릴 정도로 임신지원금 및 신생아 환영수당과 입양수당, 육아휴직수당, 보육수당, 가족수당 등 다양한 수당의 지급과 세금 감면 등 직간접적인 혜택의 적용을 확대하였다. 모든 출생아에 대해 지급하는 가족수당, 다자녀가정에게 상대적으로 적은 세금을 부과하는 방식의 세금감면 등이 이에 해당된다. 프랑스의 가족수당이 2.5% 증가했을 때 여성 1인당 출산율이 0.07명(4%) 상승하는 효과를 거두었다고 추정하고 있다(Gauthier & Hatzius, 2007; 최윤정, 2010 재인용). 이와 같은 수당은 초기에는 주로 빈곤층을 대상으로 삼았으나 2004년 이후부터는 고소득층에게도 적용하여 저출산에 대한 정책대상을 확대하고 있다.

표 12-4 프랑스의 합계출산율 (단위: 명)

구분	1960	1970	1980	1990	2000	2005	2006
합계출산율	2.74	2.48	1.95	1.78	1.87	1.92	1.98

| 출처 | 보건복지부(2009). OECD Health Data 2008.

※ 15~45세 가임기 여성

셋째, 대가족 구성 등 다양한 가족형태에 대한 지원정책들을 지속적으로 추진하였으며, 취학자녀를 둔 가족 등 특정계층을 배려하는 정책들을 확대하였다. 최근 프랑스는 셋째 자녀출생을 적극 지원하는 정책을 펼치고 있다. 대가족카드제도는 이를 적극 반영한 제도로 3자녀 이상을 둔 대가족이 받는 각종 할인혜택이 있으며, 이외에 휴가비와 이사 시에 특별 수당이 있고 주택보조금과 연금납부기간 단축 등의 혜택이 주어진다. 그래서 프랑스에서는 셋째 자녀부터는 '황금덩어리' 라고 부르기도 한다. 이는 프랑스의 현재 출산율이 1.98로 대체로 두 자녀를 출산하는 상황에서 셋째 자녀로 유도하는 정책의 방향이라 하겠다. 그러나 한국에서는 현재 출산율이 1.19에 머무르고 있는 상황에서 셋째 자녀부터의 지원보다는 한 명의 자녀에서 적어도 두 명의 자녀로의 끌어올리는 출산 방향의 목표가 현재 우리 상황에 더 타당한 지원정책으로 볼 수 있다.

이와 같이 프랑스의 가족정책은 다른 서구 유럽보다 훨씬 포괄적이고 급여수준이 높은 것으로 임신을 가로막는 장벽이 다른 나라에 비해 낮고 경제적 어려움 없이 출산 및 양육을 가능하게 해 출산율이 다른 서구 유럽 국가에 비해 높은 것으로 분석되어진다.

(2) 스웨덴의 저출산 대응책

스웨덴은 서구 유럽 중 프랑스 다음으로 출산율이 높은 국가로 1.85의 출산율을 유지하고 있으며, 주된 요인으로는 출산 및 육아와 여성의 노동시장 참가와의 양립을 목표로 하는 가족정책의 효과에 기인한다는 견해가 일반적이다(은기수 외, 2005).

이처럼 높은 출산율 수준을 유지하게 된 주된 이유에 대한 분석은 다음과 같다(이삼식 외, 2005).

첫째, 양성평등의 생활화와 보편적 복지제도를 완비하여 일과 가정의 양립을 제도적으로 지원하고 있다. 일과 가정의 양립을 지원하기 위한 포괄적인 사회정책에는 질 높은 아동보육, 다양하고 선택 가능한 휴직제도, 휴직 시 높은 임금 대체율 등이 포함된다.

둘째, 높은 조세부담과 공동체 의식을 기반으로 부모의 결혼 여부나 재산 유무에 관계없이 양육에 필요한 복지를 사회가 제공하고 있다.

셋째, 넉넉한 육아휴가, 정비된 공보육제도로 여성의 직장 참여를 적극적으로 지원하고 있다. 아래의 표는 보육 시스템 지원이 가장 필요한 3~5세 자녀를 두고 있는 여성의 고용률이 81.3%로 OECD 평균보다 20% 높은 것을 보여주며 이를 증명하고 있다.

표 12-5 스웨덴의 육아여성 고용률

구분	가장 어린 자녀의 연령별				15세 미만 자녀수		
	0~16개월	2세 이하	3~5세	6~16세	1명	2명	3명
스웨덴	82.5	71.9	81.3	76.1	80.6	84.7	75.6
OECD 평균	61.5	51.9	61.3	66.3	60.6	57.0	44.0

| **출처** | OECD Family Database(2005); 보건복지가족부(2009).

※ 모의 대상연령 15~64세

넷째, 공공부문에서 여성을 대폭 고용하는 등 여성에게 고용의 질이 담보되는 직장을 제공하여 고용의 안정성을 보장하고 있다. 스웨덴의 육아여성 고용률은 OECD 평균보다 훨씬 높은 수준이다.

이처럼 스웨덴은 양성평등을 목표로 하는 정책으로 출산휴가 및 육아휴직 중 일부는 반드시 남성이 사용하도록 의무화하여 부모 모두에게 아동 양육의 책임을 부과하고 있다. 그리고 높은 조세부담과 공동체 의식을 기반으로 출생아 양육에 필요한 사회적 서비스를 제공하고 있다. 공공보육 제도를 통해 여성의 직장 참여를 지원하며 3세 이상 유아 및 0~3세 미만 영아를 위한 보육시설확충에도 지출을 확대하고 있다. 또한 교육, 의료 등 공공분야에서 여성을 고용해 안정적인 일자리를 보장하고 있다. 즉, 스웨덴은 여성의 적극적인 노동시장 참여 및 양성 평등 증진을 목적으로 하는 가족정책을 통해 출산율을 비교적 높은 수준에서 유지하고 있는 것이다. 이와 같이 양성평등 정책의 효과성과 출산율은 상당수 관련 있는 것으로 나타나고 있다. 일반적으로 여성의 취업률과 출산율은 부적인 관계에 있을 것으로 보이나, 이 현상은 시기와 국가에 따라서 편차를 갖고 있으며 오히려 최근에는 강한 정적인 관계를 보여주고 있다는 것을 알 수 있다.

종합해 보면, 가족정책을 노동시장 정책, 돌봄 정책, 젠더 정책과 연결시키는 국가가 출산율이 더 높은 경향이라는 것이 일반적이며, 사회적 성평등과 양립지원 정책은 직접적으로 출산율에 영향을 미치지 않아도 여성의 출산결정에 있어서 중요한 영향을 끼친다는 것이 일반적 분석이다. 결국 성평등과 양립지원 정책을 포괄적으로 제시하는 국가일수록 출산율 유지에도 성공적이었다는 것을 보여주고 있다.

4) 한국의 현주소

이상의 것을 종합해 볼 때, 현재 한국사회에서 필요한 출산율 정책 방향은 크게 자녀비용 경감대책 강구, 보육시설의 양 · 질 제고, 사회 · 직장 환경의 양성평등문화 정립, 결혼과 가족 가치관의 정립이라 하겠다.

그러나 출산율 제고 정책과 관련된 한국사회의 현주소는 다음과 같다.

스웨덴, 프랑스의 저출산 대책

일하는 여성들이 많은 스웨덴이 이토록 높은 출산율을 보이는 것은 '남녀평등 실현'을 핵심으로 한 저출산 대책 덕분이다. 일하는 여성의 권리를 적극 존중하기 위해선 남녀 모두 육아와 일을 양립할 수 있는 가족정책이 필요했다. 스웨덴은 아동 양육과 같은 '가족 내 돌봄 노동(Care Work)'이 일가족 양립의 1차적 장애요인이란 것을 깨닫고 가족의 양육 부담을 덜어주기 위한 정책적인 노력을 기울였다. 그 대표적인 정책이 육아휴직 제도다. 1974년 도입된 육아휴직 제도는 부부가 반반씩 나눠 사용하는 것을 권장했다. 그러다 1995년 육아휴직 제도의 대대적인 리모델링에 들어갔다. 아빠의 육아휴직 기간을 30일로 의무화한 것. 이는 엄마뿐 아니라 아빠에게도 양육의 책임을 지운 획기적인 정책이라 할 수 있다. 2002년에는 육아휴직 기간을 기존의 450일에서 480일로 늘리고, 부부는 120일 중 절반인 60일을 각각 나눠 쓰고, 나머지 360일은 한 사람이 몰아 쓸 수 있다. 물론 육아휴직 동안 가계소득을 보전해주기 위해 휴직급여도 지원한다.

현재 스웨덴의 육아휴직 제도는 자녀 출생 60일 전부터 8세까지 사용할 수 있는데, 자녀 출생 60일 이전 임신부에게 건강상의 문제가 있다면 50일간의 임신출산 휴가도 가능하다. 여성의 경우 임신출산 휴가와 육아휴직을 각각 사용할 수 있다는 얘기다.

1993년 1.66명으로 최저점을 기록했던 프랑스의 출산율은 2008년 2.02명으로 크게 올라섰다. 이는 양육비 부담을 최소화하기 위해 마련된 다양한 수당제도 덕분이었다.

프랑스는 2005년 기준 국내총생산(GDP)의 3.8%를 가족지원 정책으로 사용했다.

프랑스의 가족수당은 아이가 태어나기 이전부터 시작돼 이후 출산, 보육, 취학 등 자녀 양육에 필요한 거의 모든 시점에 맞춰 지급된다. 친자녀뿐 아니라 입양자녀, 또는 프랑스에 거주하지만 다른 나라 국적을 가진 자녀에게도 혜택이 돌아간다. 가족수당의 면면을 살펴보면 놀라지 않을 수 없다. 출생·입양 특별수당으로는 임신 7개월까지 855유로(약 134만 원)를 받는다. 다태(多胎) 임신일 경우 태어날 아이의 수에 이 액수를 곱한 금액을 받을 수 있다. 또 입양을 했거나 입양이 예정된 아이가 있다면 1,710유로(약 260만 원)를 받게 된다. 2명 이상의 아이를 낳는 사람에게는 가족수당에 일정액이 추가된다. 3명 이상의 자녀를 둘 경우 가족보조금이라는 특별수당도 나온다.

프랑스는 육아를 사회 공동의 책임으로 여긴다. 이 때문에 프랑스에서는 직장을 가진 엄마들이 마음 편히 일할 수 있다. 생후 3개월부터 3세 미만의 아이들은 공동 육아시설 '크라시(어린이집)'에서 맡아준다. 크라시는 공립 크라시, 부모들의 협조로 꾸리는 자발적 크라시, 사립 크라시 등으로 나뉘는데 공사립 모두 국가 지원을 받기 때문에 가정의 보육비 부담은 낮은 편이다. 또한 3~5세 아이들은 100% 정부 지원으로 운영되는 유치원에 다닌다.

| **출처** | 조은뉴스(2010. 3. 13.).

첫째, 출산율 제고에 핵심이 되는 양성평등 환경조성이 매우 미흡하다는 것이다. 일자리가 부족할 경우 남성에게 우선권이 있다고 인식하고 있는 비율이 타 OECD 국가에 비해 높게 나타났으며, 남성의 '일자리 우선권' 에 대한 긍정대답 비율이 14%로 OECD 평균(12%)을 상회하고 있으며, 전체 인력 대비 파트타임 비율이 낮을 뿐 아니라, 파트타임 인력 중 여성 인력의 비율은 59%(2004년 기준)로 OECD 평균(72.2%), 오스트리아(86.9%), 독일(82.8%) 등에 비해 현저하게 낮았다.

둘째, 현재 자녀를 양육하기 위한 교육 및 주거 부담은 증가하고 있으나 자녀 양육을 위한 지원은 미미하다. 사교육비가 차지하는 비중이 지속적으로 상승하는 가운데 OECD 국가 중 최고를 기록하고 있으며, 한국의 사교육비는 국내총생산(GDP)의 2.9%로 OECD 국가 중 1위를 차지한 반면 공교육비는 4.2%로 23위이다. 주택관련 부담으로 주택가격 상승, 희망 주택규모 증가, 40%에 근접한 주택가격 대비 대출 비율은 다자녀 출산에 대한 경제적 부담을 가중시키고 있다.

셋째, 자녀를 양육하는 데 드는 비용에 대한 부모의 부담이 크다는 것이다. 두 자녀 맞벌이 부부의 순소득과 맞벌이 부부 사이의 순소득 차이가 소득대비 0.48%로 분석대상인 OECD 20개국 평균 8.21%에 비해 현저하게 낮게 나타나고 있어 두 자녀 출산 맞벌이 가정에 대한 직간접 혜택이 상당히 적음을 시사하는 것이라 하겠다.

넷째, 공공보육시설의 미흡 등으로 출산전후 여성의 직장생활유지가 어려운 상황이라는 것이다. 첫째 아이 출산 전후에 여성 직장인의 가장 큰 변화는 취업을 중단하는 것이며 따라서 직장생활을 계속하기를 원하는 경우 출산을 미루게 되는 경향이 강하다. 또한 국공립시설을 선호하고 있지만 전체 보육시설 중 국공립시설의 비중은 2000년 6.7%에서 2005년 5.2%로 감소하였다. 3세부터 취학 전 아동의 공공보육시설 이용률 역시 26%로 분석대상 국가 중 최하위였다.

다섯째, 우리 사회에서의 결혼중심의 가족형성 이데올로기는 비혼모의 자녀출산 결정과 양육의 걸림돌로 작용하며, 부부관계의 불안정성은 바로 자녀의 포기를 결정케 하는 요인이 되어 전체적으로 저출산과 관련되고 있다.

저출산 문제의 해결은 단시간에 가능하지 않으므로 장기적인 관점에서 정책의 방향성을 가지고 지속적으로 추진해야 하는 문제이다. 저출산 문제는 저소득층이나 여성 등 특정계층에 국한된 문제가 아니라는 인식의 전환이 필요하다. 또한 출산여성의 취업활동을 위한 노동시장의 유연성 문제, 아동수당 및 보육수당 지급 확대를 위한 재정적 기반 마련, 육아휴직 활성화를 위한 기업문화 조성, 결혼과 가족의 패러다임 전환으로 인한 비혼모의 가족 속으로의 편입 등은 국민적 합의와 동참이 필요한 부분이기도 하다.

출산관련 정책 평가

현재 지자체에서 시행되는 출산관련 정책에 대한 관련 전문가들의 평가결과를 보면(전북발전연구원, 2007), 태아기형아 검사비 지원, 산부인과 무료지원, 출산지원금, 양육지원금이 저출산 정책으로 효과가 있다고 하였으며, 특히 양육지원금에 대한 효과성을 매우 높게 평가하였다. 그리고 지자체에서 시행할 가장 시급한 정책으로 가장 많이 제안된 내용으로는, 보육시설의 확충 및 보육시설의 질적 서비스 향상, 사교육비 및 교육비 경감 및 지원, 충분한 출산지원금 및 양육지원금 지급, 임신 · 출산 시 소요되는 의료비 지원, 다자녀가정 세금감면, 아동수당, 보육수당 지급이었다. 이외에 첫째 자녀부터 보육료 및 양육비 지원, 중산층에 대한 지원 확대, 방과 후 교실 확대, 출산 후 노동시장 복귀 장치 마련, 여성의 경제활동 참여율 제고, 양성평등문화조성, 육아휴직 활성화, 직장 내 탁아시설 설치, 노동시장의 유연성, 가족친화적 기업 발굴 등이었다. 그러나 미혼모의 가족으로의 편입문제라든가 어린이 안전에 대한 대책, 부부관계의 안정성을 위한 대책 마련에 대한 부분에 대해서는 전혀 제시되고 있지 않거나 아주 소수 의견으로 나타났다.

02 이혼

이혼은 법률상으로 유효하게 성립된 혼인을 결혼 당사자들이 모두 생존한 동안에 그 결합관계를 협의 또는 재판상 절차를 거쳐서 소멸시키는 것을 말한다. 이혼은 인위적으로 혼인관계를 소멸시킨다는 점에서 부부 중 어느 일방의 사망에 의한 혼인관계 해소와 달리, 부부관계에서 일어나는 여러 가지 문제로부터 탈피하기 위한 하나의 방법으로 동시에 부부관계를 해소시킬 방법을 법률상으로 인정하는 제도이다.

현대사회에서 이혼은 점차 불행한 결혼에서의 대안적 형태라는 관점으로 바뀌면서 하나의 해결책이 될 수 있기는 하나, 사실 대부분의 이혼의 과정은 힘들고 고통스러운 것으로 '쉬운 이혼'은 없다는 것이다. 실제 이혼이 우리보다 보편적인 서구사회에서조차 이혼은 배우자의 죽음 다음으로 가장 고통스러운 인생사건으로 보고되기도 한다. 가족의 구조적인 변화인 이혼으로 인한 재구성 과정에서의 적응 실패로, 가족의 기능성에 지속적으로 부정적인 영향을 미친다면 이혼은 선택적 대안이라기보다는 가족해체의 주범이 될 것이다.

먼저, 다음의 이혼위기 체크리스트를 통하여 어느 정도 부부관계가 악화되었는지 점검해 보도록 한다. 3~4개 이상 해당되면 이혼 위험신호가 감지되는 것이며, 5개 이상이면 이혼 위험상태라 할 수 있다(김병후, 2003).

* 결혼생활을 하면서 행복감을 느끼고 있지 않다.
* 배우자와 함께 있는 것보다 혼자 있는 것이 훨씬 편하다.
* 말하거나 간섭하고 싶은 마음이 없다.
* 이해받거나 사랑받는다는 느낌이 없다.
* 나의 성격을 비난하고 공격하는 것이 괴롭다.
* 자기 식대로만 끌고 가는 것을 참기 어렵다.
* 우리 부모에게 하는 행동을 마음속으로는 용납할 수 없다.
* 배우자는 자기 문제를 모르거나 안다 해도 고치지 않거나 결국은 고칠 수 없을 것이다.
* 나처럼 억울한 대접을 받고 사는 사람도 드물 것이다.
* 아이들 때문에 할 수 없이 참고 산다.
* 성관계를 할 때 존경받거나 사랑받는 느낌이 없다.
* 자기와 관련된 가치에 비해 나와 관련된 가치를 너무 무시하는 느낌이 든다.

1) 이혼 증가의 원인과 사유

현대사회에서 이혼이 증가하는 원인과 실제 이혼을 하게 되는 사유, 그리고 재판상에서 허용하는 이혼의 사유들이 무엇인지를 살펴보도록 한다.

(1) 이혼 증가의 원인

2009년 이혼건수는 12만 4천 건(쌍)으로 2008년의 11만 6천 5백 건에 비해 7천 5백 건(6.4%) 증가하였다. 이혼이 증가한 원인들로 가장 많이 제시되는 것은 다음과 같다.

첫째, 결혼과 이혼에 대한 가치관의 변화이다. 근대화 과정에서 나타난 남녀평등사상과 자유 및 개인주의적 가치관의 형성으로 결혼과 이혼에 대한 가치관이 변화하고 있다. 근대교육을 받은 젊은 세대들은 가족이 개인에 우선한다는 유교적 관념의 가족가치관에서 벗어나 불평등적으로 묶여진 가족의 유지보다는 개인의 행복이 우선이라는 개인주의적 가치관을 추구함에 따라 이혼에 대한 태도가 허용적이 되고 있다. 또한 가족관계의 중심이 부자관계에서 부부관계로 바뀌어짐에 따라 결혼생활을 통해 기대했던 욕구가 충족되지 못할 경우 이혼도 가능하다고 여기게 된 것이다. 즉 혼인 당사자인 두 사람이 행복한 결혼이 아니라고 생각되면 언제라도 그 관계는 해체될 수 있다는 시각을 가지게 되었다.

둘째, 성역할 변화에 대한 남녀 간 수용의 차이이다. 사회의 급속한 변화에 따른 성역할 변화를 여성들은 빠르게 받아들인 데 반해 남성들은 변화를 받아들이는 속도에서 여성들과는 상당한 차이를 보인다. 남성들은 전통적인 가부장제도하의 남성적인 역할이 가진 편의성을 포기하기를 원하지 않는다. 여성의 직업은 인정하지만 가사나 자녀양육은 분담할 수 없으며, 남편의 직업이 아내의 직업에 우선한다는 신전통주의적 사고를 가지고 있기에 가사분담과 자녀양육에서 동등하기를 바라는 아내와 갈등이 발생하게 된다. 결혼에서 이러한 일상생활의 차이로 인해 심각한 갈등이 발생하면 평등한 부부관계를 원하는 여성들은 이혼을 선택하는 경향이 높다.

셋째, 여성의 사회 · 경제적 지위의 향상이다. 여성의 사회진출이 활발해짐으로써 과거에 비해 여성의 교육수준과 사회경제적 지위가 향상되었을 뿐 아니라 여성의 자의식이 강해지고 심리적 독립이 가능하게 되었다. 과거 여성들이 남편에게 경제적으로 의존하던 상황과는 달리 경제력을 확보한 여성들의 경우 불합리하거나 불평등하다고 생각하는 결혼생활을 참고 살기보다는 이혼을 제기하는 가능성이 높아졌다. 더 이상 부부관계를 유지할 수 없을 만큼 악화되었다고 생각하면 이혼을 고려하는 경향이 높아지고 있다.

넷째, 자녀수의 감소 및 자녀관의 변화이다. 자녀가 많아서 이혼에 커다란 부담이 되었던 과거와는 달리 출산율 감소로 인해 더 이상 자녀가 이혼의 걸림돌이 되지 못하고 있는 실정이다. 이에 따라 자녀 때문에 자신을 희생하거나 삶을 구속당하지 않겠다는 사고가 점차 감소하면서, 오히려 불행한 가정 속에서 자라는 것보다 이혼가정이라도 행복한 환경 속에서 자라는 것이 훨씬 긍정적이라고 생각하는 경향이 두드러지고 있다.

다섯째, 이혼의 법적 요인의 변화이다. 과거의 가족과 관련된 법은 개인의 행복보다 가족유지를 목적으로 이혼을 금지하려는 의도가 강력하게 작용했으며, 특히 가부장적 사회를 유지하기 위한 기본제도로 여성에게 불리하게 하여 여성이 이혼을 제기할 수 없도록 하였다. 그러나 최근 우리나라 민법은 유책주의를 지향함과 더불어 이혼 시의 재산분할 청구권으로 여성의 가사노동 가치를 인정하고, 자녀의 면접교섭권 신설, 자녀양육권의 선택 및 조정을 가능케 하는 등, 그동안 문제시되었던 이혼 관련 불평등 법조항들이 많이 개정됨에 따라 과거에 비해 이혼에 따른 여러 가지 장애요소들이 줄어든 점이다.

이와 같이, 오늘날 많은 부부들은 더 이상 경제적 안정을 위하여, 자녀를 위하여, 사회적 태도를 위하여 불행한 결혼생활을 지속하려고 하지 않는다. 이러한 변화에서 보듯이 결혼이 하나의 사회적 제도로서 인정을 받고 있는 만큼 이혼도 하나의 사회적 제도로 간주되어져야 한다는 주장도 제기되고 있다.

이혼관련법

1| 친권, 양육권 친권(親權)이란 부 또는 모가 미성년자인 자녀를 보호 · 교양하고 그 법률행위를 대리하고 재산을 관리하는 권리와 의무를 말한다. 부모가 이혼하면 공동으로 친권을 행사할 수 없으므로 양육권자와 친권자를 협의하여 정하고, 협의가 안 될 때에는 당사자의 청구에 의하여 가정법원이 그 자녀의 연령, 부모의 재산상태 등을 참작하여 자녀의 복지에 더 적합한가의 여부를 기준으로 정하도록 하고 있다(제837조, 제909조).

2| 재산분할청구권 1991년부터 시행된 개정 가족법에 의해 신설된 규정이다. 부부의 일방이 혼인 전부터 가진 고유재산과 혼인 중 자기명의로 취득한 재산은 그 특유재산(特有財産)으로 하고, 부부의 누구에게 속한 것인지 분명하지 않은 재산은 부부의 공유로 추정하며, 특유재산은 부부 각자가 관리 · 사용 · 수익한다고 함으로써 혼인 중 취득한 재산에 대해 부부 각자가 그 명의의 재산을 소유 · 관리하게 하고 있다. 재산분할청구권은 이혼한 날로부터 2년이 경과한 때에는 소멸한다(제839조 3항)고 규정하고 있으며, 재산분할청구권과는 별도로 재판상의 이혼의 경우 이혼피해자는 과실 있는 상대방에 대하여 재산상 · 정신상의 고통에 대한 손해배상청구를 할 수 있다(제806 · 843조).

3| 면접교섭권 이혼으로 자녀와 떨어져 사는 부모가 정기적으로 자녀와 만날 수 있는 법적 권리이다.

- 면접교섭권 사례: 서울가정법원 가사1부(부장 안영길)는 A씨(35)가 이혼 후 친딸(11)을 못 만나게 하는 전 남편을 상대로 낸 면접교섭허가 청구 심판 항고심에서 1심과 달리 "아이를 만나는 것을 허용할 수 없다"고 결정했다고 5일 밝혔다. 재판부는 "딸이 부모의 이혼 과정에서 상처를 받아 친모와의 만남에 강한 거부감을 나타내고 있어 이를 완화하는 것이 중요한 문제인데 A씨는 바쁘다는 이유로 법원에서 주최하는 가족캠프에 두 차례나 불참하는 등 아무런 노력과 준비를 하지 않았다"고 밝혔다. 이어 "면접교섭권은 이혼 후 아이를 키우지 않는 부모가 갖는 권리지만 아이의 성장과 정서적 안정을 위해 제한될 수 있다"고 덧붙였다.

| **출처** | 한국일보(2010. 12. 5.).

(2) 이혼 사유

사회의 변화에 따라 이혼의 사유도 변화한다. 이혼 사유에 대해 민법에 규정된 협의이혼과 재판에 의한 이혼으로 나누어 살펴보도록 한다.

① 협의이혼의 사유

협의이혼은 당사자 간에 이혼할 것을 합의하여 부부가 함께 가정법원에 가서 판사로부터 이혼의사의 확인을 받아 신고하는 방법으로 호적법에 따라 이혼확인서를 제출함으로써 그 효력이 발생하는 이혼형태이다(민법 제834조, 제837조, 호적법 제79조).

협의이혼의 경우에 이혼 사유는 전혀 문제시되지 않고 부부가 서로 이혼에 합의하는 것으로 법원에서 이혼 의사 확인을 받아 신고를 하면 된다. 따라서 성격 차이, 애정상실, 성적 불만, 건강 문제, 권태감 등 어떤 사유라 할지라도 부부간에 이혼 의사가 있음을 합의하기만 하면 이혼이 가능하다. 실제 2009년 이혼한 부부의 76.2%가 협의이혼 절차에 의하여 이혼을 하고 있으며, 이혼종류를 보면 협의이혼 94.4천 건(76.2%), 재판이혼 29.6천 건(23.8%)으로 협의이혼이 대부분을 차지하고 있다. 그러나 현행법에서는 2008년 6월부터 협의이혼이라 할지라도 상담을 받아야 하는 '이혼숙려제'를 도입하여 시행하고 있다.

② 재판상 이혼의 사유

재판상 이혼은 법률이 정한 일정한 민법상의 이혼 사유가 있을 때에 한하여 법원으로부터 판결에 의해서 이혼이 가능하다. 해당사항은 다음과 같다(민법 제840조 명시).

* 1호: 배우자의 부정한 행위
* 2호: 배우자가 악의로 다른 일방을 유기한 때
* 3호: 배우자 또는 그 직계존속으로부터 심히 부당한 대우를 받았을 때
* 4호: 자기의 직계존속이 배우자로부터 심히 부당한 대우를 받았을 때
* 5호: 배우자의 생사가 3년 이상 불명인 때
* 6호: 기타 혼인을 계속하기 어려운 중대한 사유가 있을 때

기타 혼인을 계속하기 어려운 중대한 사유

1. **경제적 파탄 원인** 남편의 방탕, 가계를 돌보지 않고 계를 하는 등 아내의 문란한 행위, 허영에 의한 지나친 낭비, 불성실 또는 지나친 사치, 거액의 도박 등
2. **윤리적/정신적 파탄 원인** 불치의 정신병, 부부간의 애정 상실, 성격불일치, 극심한 의처증이나 의부증, 수년간 계속된 별거, 심한 주벽 또는 알코올 중독, 마약 중독, 범죄 행위 및 실형선고, 신앙의 차이로 인한 극심한 반목, 광신, 자녀에 대한 정신적/육체적 모욕 또는 가해 등
3. **육체적 파탄 원인** 이유 없는 성관계 거부, 성적 불능, 변태성욕, 성병 감염, 부당한 피임 등

이상의 재판이혼 사유 중에서 6호인 기타 혼인을 계속하기 어려운 중대한 사유로 이혼하는 비율이 점차 증가하고 있다. 한국가정법률상담소(2009)가 2009년 한 해 동안 상담한 내용 중, 이혼의 사유로 여성은 2순위, 남성은 1순위가 '기타 혼인을 계속하기 어려운 중대한 사유'였다.

종교 · 제사로 인한 파탄은 재판상 이혼사유

서울가정법원은 종교와 제사 문제 등으로 가정 내 불화를 겪던 이모 씨가 부인 윤모 씨를 상대로 제기한 이혼 및 위자료 청구 소송에서 이들 부부가 이혼하도록 판결했다. 재판부는 "윤 씨가 제사 문제로 다투고 집을 나간 뒤 양가가 재결합을 논의했으나 결국 합의점을 찾지 못해 윤 씨와 이 씨가 헤어지기로 결론을 내리는 등 2007년 4월 이후 부부가 감정을 회복하지 못한 채 현재는 유대가 거의 없는 것으로 판단된다"고 설명했다. 이어 "이는 '혼인을 계속하기 어려운 중대한 사유가 있으면 이혼을 청구할 수 있다'는 민법에 따라 이혼 사유에 해당한다"고 밝혔다. 재판부는 이혼에 이르기까지 이 씨와 윤 씨의 책임이 대등하다는 이유로 1심과 같이 이 씨의 위자료 청구는 받아들이지 않았으며 이 씨를 자녀의 친권자 및 양육자로 지정하고 윤 씨로 하여금 매달 양육비 30만 원을 이 씨에게 지급하도록 명했다. 두 사람은 2006년 결혼한 이후 제사 등 유교 전통을 중시하는 이 씨의 집안과, 어머니가 교회를 운영하는 윤 씨 집안의 종교적 차이로 극심한 불화를 겪었다. 윤 씨가 제사를 지내러 가자는 시부모의 요구를 "교회에 가야 한다"며 거부하다 견해차가 좁혀지지 않자 자녀를 데리고 친정으로 가버렸고 이 씨와의 결혼생활은 이때부터 파국으로 치달았다. 이에 이씨는 2009년 윤 씨를 상대로 이혼 소송을 냈고 1심은 두 사람이 이혼해야 한다며' 원고 일부 승소로 판결했다.

| **출처** | 조선닷컴(2011. 1. 23.).

2) 이혼으로 인한 변화

이혼은 많은 변화를 초래한다. 우선 기본적으로 가장 큰 변화는 이혼한 부부의 당사자와 자녀의 문제라 하겠으며, 이와 함께 경제적 부양자 역할을 남성에게 의존해 왔던 여성에게 있어서 경제적 위치의 변화가 있게 된다. 남성들도 이혼 시의 재산분할 등으로 경제적 변화를 경험하게 되며, 사회적 관계에서도 변화가 오게 된다.

(1) 이혼한 부부의 변화

일단 부부로서 맺어진 관계를 해소시킬 때는 인생에 대한 절망과 방황을 느끼지 않을 수 없다. 이혼 직후 부부들은 자기연민, 복수심, 우울, 상처받은 자존심, 분노, 죄의식, 외로움, 두려움, 안도, 심리적 안정감의 상실 등의 부정적 감정에 휘말린다

(Cox, 1999).

특히 이혼 후 1~2년 동안 대체적으로 정서적인 어려움이 따르는데, 이혼자들은 우울하고, 불안하며, 분노하는 등 흔히 정서적으로 불안정하다. 이혼 초기에 이혼여성들의 지배적인 감정은 분노와 상실감이다. 분노는 결혼생활을 유지하기 위해 참고 지냈다는 사실과 자신에 대한 분노, 그리고 이혼으로 인해 상실된 현실적 조건에 대한 것이다. 상실감은 자신을 보호하고 위안해 줄 대상이 사라졌다는 것, 사랑하는 사람이 없어졌다는 것, 일상의 기쁨과 슬픔을 공유할 대상을 잃었다는 것 등으로부터 연유하는 감정이다. 그리고 전 배우자에 대한 애착을 떨쳐 버리지 못한 여성들도 있는데, 이혼 후 자녀와 떨어져 사는 여성들은 자녀에 대한 죄의식도 함께 경험하는 것으로 나타났다. 또한 이혼 후 시간이 경과되면서 이혼여성들은 외로움을 경험하기도 한다(성정현, 1998). 반면, 남성들에게 자녀양육이나 가사로 인한 어려움과 불편은 정서적으로나 심리적인 불안정을 일으키는 요인이 되며, 시간이 지남에 따라 고질적인 영향을 미치는 경향이 크다(Williams, 1993). 또한 자신의 개인적 일상사나 감정을 표현하고 정서적 관계를 맺는 데 익숙하지 못한 남성들은, 이혼 후 가정생활을 누리던 정서적 관계망이 상실되면서, 여성들보다 더 크고 오랫동안 내면적인 상실감을 경험하고 그 고통도 더 심각할 수 있다(류현수 외, 2007).

(2) 자녀양육의 변화

이혼의 결과로 가장 치명적인 상처를 입는 것은 자녀일 것이다. 이혼을 하지 않는 이유 중에서 '자녀 때문에' 참는 경우가 일반적으로 나타나는 경우이지만, 실제 이혼이 이루어질 때는 자녀의 의견과 상관없이 이루어진다.

이혼한 부모의 입장에서는 이혼 이후 혼자 힘으로 자녀를 양육하거나 비친권 부모로서 역할을 수행하는 데 따른 어려움도 크지만, 자녀의 입장에서도 이혼한 부모 사이에서 심리적인 갈등을 겪어야 하며 주위 사람들이나 또래집단의 부정적인 시선을 감당해야 한다는 점에서 고통을 받을 수 있다. 이러한 자녀의 문제는 이혼한 부모가 자신들의 문제로 인해 고통을 받고 있는 상태이기 때문에 새로운 상황에 적응하려고 노력하는 자녀의 욕구에 제대로 반응할 수 없다는 점에서 더욱 문제가 된다(정옥분 외, 2009). 이렇듯 이혼 이후 부모들의 자녀양육방식이 변화되고 관계가 나빠지는 것은 대부분 양육자가 이혼 이후 새로 담당하게 된 한부모로서의 역할적응에 따른 어려움으로 인해 어렵고 힘든 부분을 해결하지 못하고 그것을 자녀에게 투사하기 때문이다.

(3) 경제적 변화

이혼한 사람이 가장 직접적으로 당면한 문제는 경제적 문제라고 할 수 있을 만큼 이혼자에게 경제적인 어려움은 자녀양육과도 직결되어 있다.

일반적으로 이혼으로 인한 경제적 어려움은 남녀 간에 차이를 보인다. 여성의 경우는 주거 및 생계의 어려움이 가장 심각한 문제로 대두되며, 특히 전업주부가 이혼 이후 경제적 어려움에 더 직면할 수 있다. 이는 자녀를 보살피고 가사 일만 하던 여성이 새로 직장에 나가게 되면서, 대부분 저임금 및 미숙련된 일에 종사해야 하는 등 취업기회의 제한으로 경제적 여건이 훨씬 어렵게 되는 것이다(Collins & Coltrane, 1991). 반면, 남성의 경우는 사업상의 어려움 또는 이혼 시 재산분할로 인한 재산 감소의 문제, 불규칙한 생활로 인해 수반되는 지출 과다로 경제적 어려움을 느끼게 된다. 이혼남성들이 이혼 후 겪는 경제적 어려움은 절대적 빈곤보다는 경제수준이 과거보다 떨어졌다는 상대적 빈곤감을 의미한다(정현숙 외, 2001).

경제적 어려움은 남성보다는 여성에게 훨씬 심각한 생존의 문제라고 할 수 있다. 특히 전업주부로 살아온 여성들은 이혼 후 취업이 어렵고, 설사 취업을 하더라도 임시직이나 일용직, 비정규직에 취업을 하게 된다. 더불어 자녀를 양육하는 경우 다시 경제활동에 지장을 주면서 더욱 빈곤해질 가능성이 높아진다고 볼 수 있다.

(4) 사회적 관계망의 변화

사회적 관계망은 이혼 후 급격하게 변화한다. 이혼여성은 친구, 이웃으로부터 심리적으로 위안을 받으며, 친정 형제들은 고민을 함께 나누거나 생활비 혹은 자녀양육에 커다란 도움을 주고 있다. 반면 남성들은 친구들의 도움은 위로에 지나지 않는다는 판단으로 쉽사리 고민을 이야기하려 들지 않고, 자신과의 싸움에서 이겨 내야 한다고 믿는 경향이 있다(변화순, 1996). 한편 이혼여성들은 어떤 형태든 대인관계의 변화를 경험한다고 한다. 남편과 시가로 인해 확대되었던 가족관계는 축소되고 부모와 자식 혹은 혼자 있는 시간이 많기 때문에 관계가 단선적인 형태로 변화된다. 반면, 가족 이외의 대인관계는 이혼 후 직업을 갖게 되는 경우 확대되고 새롭게 형성되는 경향이 있다. 그러나 대다수 이혼여성들은 이혼으로 인해 주류에서 비주류에 속하게 되었다고 인식을 하고, 이런 인식은 대인관계를 위축시키거나 이혼 사실을 선별적으로 알림으로써 상황에 적응하고자 하는 양상을 보인다(성정현, 1998). 또한 이혼 후 많은 이혼 남녀가 거주지 이동을 하는데 경제적 빈곤, 사회의 편견으로 인해 이사를 하는 경우(옥선화 외, 2004)가 있으며, 이사 후 사회적 관계를 맺는 이웃으로부터 편견을 경험하기도 한다.

이처럼 이혼 후 친족이나 친구와의 관계 등의 사회적 관계망에 변화가 오면서 관계가 단절되거나 축소되는 경향이 나타나고, 취업이나 이사 등 거주지를 변경함으로써 새로운 사회적 관계망의 변화가 나타나기도 한다.

3) 이혼 후 적응 방안

이혼은 부부관계를 인위적으로 해소한 것이지만 이혼으로 인한 결과는 두 사람에게만 나타나는 것이 아니라 가족 전체의 적응과 변화를 나타낸다. 이혼 후의 적응 과정은 이혼의 구조적 변화가 가족의 기능성을 지속적으로 저하시키는 위기가 되는 것과 관련이 있다. 구체적으로 이혼 후 이혼한 부부는 물론 자녀를 위해 어떠한 적응과 방안이 필요한지 살펴보도록 하겠다.

(1) 부부를 위한 방안

이혼은 어떠한 관점에서든 이혼당사자들에게는 매우 고통스러운 경험이다.

이혼 후의 적응에 필요한 시간이나 에너지는 개인마다 차이가 있지만, 이 기간 동안 이혼한 부부들은 어떻게 시작을 하고, 어떻게 적응을 해야 할까?

이혼으로 인해 직면하게 되는 다양한 문제들에 비추어 본다면, 이혼 후의 삶에 잘 대처하고 적응하기 위해서는 다음과 같은 점을 고려해야 한다(김정옥 외, 2000; 정옥분 외, 2009).

첫째, 이혼 후에도 계속되는 일상적인 현실생활에 적응하고 대처해 나가야 한다.

만약 자녀양육을 맡게 된 경우에는 새로운 역할과 책임을 정확히 인식하고 자녀양육을 도와줄 사람과 가사 일을 처리하는 방법을 강구해야 한다. 또한 경제적 어려움과 같은 변화된 상황에 적절히 적응하는 것이 필요하다.

둘째, 이혼에 따른 정신적인 후유증을 현명하게 처리할 수 있도록 치유시간을 갖고 나름대로의 치유방법을 모색해야 한다. 우울증이나 죄책감, 자신이나 배우자에 대한 분노 등의 감정을 처리해야 하며, 이와 동시에 이혼으로 인한 심리적 상실감을 깨닫고 이에 적응해 나가야 한다.

셋째, 같은 입장에 있는 지지집단의 도움을 받아 이혼한 사람들이 흔히 빠지기 쉬운 외로움의 감정을 표현하고 수용하며 인내해 나가려는 노력이 필요하다. 물론 이혼 초기에 이러한 집단에 참여하는 것이 쉽지만은 않지만 보다 현실적인 문제에 도움을 받기 위해서는 의도적으로 모임에 참여하도록 한다. 긍정적 자조집단의 모임과 치유집단의 참여 등을 통하여 자신의 감정을 표현하고 결혼생활에서 나타났던 분노를 해결하여 자신들의 문제를 자녀에게 투사하지 않도록 하여 건강한 부모자녀관계를 형성하도록 한다.

넷째, 이혼자들은 이제 더 이상 누구의 남편이나 누구의 아내라는 기혼자로서의 정체감에서 벗어나 독신으로서 새로운 정체감을 확립하고 이혼으로 인해 손상된 자존감을 회복하는 것이 중요하다. 특히 이혼을 예상하지 못했던 사람은 심리적인 충격을 받는다. 이혼으로 개인적 인생의 실패감, 거부감 등을 경험하게 되는데, 이혼을 제안하지 않은 사람은 더 심하게 거부당하는 것으로 여겨지게 되므로 약해지고 열등감이 커지게 된다. 따라서 이혼을 원하는 상태가 아니었다면, 전 배우자와 정서적으로 이혼할 수 있도록 상담 및 교육을 통하여 지지받도록 한다.

다섯째, 이혼을 통해 부부간의 결합은 해체되지만 자녀가 있는 경우 부모자녀관계는 해소되지 않는다. 재혼을 하더라도 두 가정을 오고 가는 자녀를 통해 여전히 가족으로서의 유대감은 존속되며 부모역할은 계속되는 것이다. 자녀들이 겪어야 하는 이중생활의 어려움을 인식하면서, 이러한 문제에 부모가 자녀를 이용하지 않도록 한다.

여섯째, 무엇보다도 가장 중요한 것은 자신에 대해 알 수 있는 시간을 가져야 하며, 스스로 무엇을 좋아하고, 무엇을 싫어하는지, 무엇이 자신에게 평화를 가져다 주는지, 기쁨을 주는 것은 무엇인지, 자신 스스로가 어떤 사람인지, 다른 사람의 경험에서 멀어져서 자기 스스로 경험하기를 시작해야 한다는 것이다(성정현, 2001).

이혼 시 고려할 사항

1. 이혼 후 행복감이 증가될 것인가?
2. 이혼 후 현재의 생활보다 더 편안해질 것인가?
3. 이혼 후 새로운 기회(예 재혼)가 있을 것인가?
4. 이혼 후 여러 가지 스트레스나 힘든 일들(일상생활이나 직업의 변화들)이 생기게 되는데, 이것들이 좋은 방향으로 해결될 수 있는가?
5. 자녀들에 대한 나쁜 영향은 방지될 수 있는가?
6. 부모, 친척, 친구들 및 사회활동에 대한 나쁜 영향은 방지될 수 있는가?
7. 이혼 후 부부가 서로에 대해 지니고 있는 남아 있는 애정문제를 후회 없이 해결할 수 있겠는가?
8. 재산의 분할은 부부 각자에게 큰 손해를 주지 않겠는가?
9. 이혼자의 사회적 낙인(인생실패자)에서 오는 심적 부담을 극복할 수 있겠는가?

출처 홍대식(2009). 잘사는 부부, 못사는 부부. pp. 304-305.

(2) 자녀를 위한 방안

이혼하는 부부가 직면하는 어려운 일 중의 하나는 이혼에 대해 자녀에게 어떻게 접근하는가이다. 자녀들에게는 부모의 이혼 자체만으로도 충격이 되므로 자녀가 이해할 수 있고 마음의 준비를 할 수 있도록 도와주어야 하고 세심한 배려가 필요하다. 구체적으로 이혼에 대해 자녀와 어떤 방식으로 대화를 시도해야 할지 살펴본다(성정현 외, 2006; 이원숙, 2007).

첫째, 부모의 이혼을 언제 설명할지 고려해야 한다. 부모의 이혼사실은 자녀에게 충격을 주므로 이런 충격을 최소화할 수 있는 방법으로 이혼사실을 알린다. 그렇다면 부모가 이사하기 일주일 혹은 그 전에 자녀에게 얘기하는 것이 중요하다. 자녀가 준비되기 전에 한쪽 부모가 이사한다면, 예고되지 않은 떠남으로 인해 심각한 스트레스 상황이 될 것이고 자신의 신용이나 자녀의 신뢰를 다시 얻기 쉽지 않을 것이다.

둘째, 이혼에 대해 구체적으로 설명한다. 부모는 자녀에게 예상되는 일을 알게 하는 것뿐 아니라 왜 이혼이 발생하게 되었는지 설명해야 한다. 즉 부모가 왜 헤어지는지 이해하도록, 이혼은 어른들의 결정이라는 것과 아이들이 이혼에 대해 책임지거나 비난 받을 이유는 없다는 것을 전하고, 분리 불안을 경감시키고 한쪽 부모로부터의 소외를 예방하도록 도울 수 있다. 또한 한쪽 부모가 모든 이야기를 하는 것보다는 부모가 나누어서 설명해 준다면 이혼이 부부의 공동결정임을 보여주는 데 도움이 될 것이다.

셋째, 앞으로 예상되는 일을 자녀에게 말한다. 어머니와 아버지가 이혼하게 되고 더 이상 함께 살지 않을 것이라고 자녀에게 말해야 한다. 자녀는 떠나가는 부모가 언제 이사 갈 것인지 그리고 언제 아버지나 어머니를 만날 수 있는지 들을 수 있다. 자녀에게 또한 양쪽 부모와의 지속적인 만남에 대해 확신을 제공해야 한다.

넷째, 자녀에게 양쪽 부모와의 지속적인 관계에 대한 확신을 준다. 즉 자녀들은 자신 때문에 부모가 이혼을 한다고 생각하는 경우도 많으므로, 자녀 때문에 부모가 이혼하는 것이 아니라는 사실을 이해시키는 것이 매우 중요하다. 자녀들이 함께 있기 원하면 떠나지 않을 것임을 반복적으로 확신하게 하면서 자녀의 분리 불안을 경감시킬 수 있다.

이혼 시 자녀에 대한 규칙: 부모님께 드리는 부탁

1. 저의 한쪽 부모에 대해서 나쁘게 말하지 마세요.
2. 이혼이라든가 어른끼리의 이야기를 저에게 하지 마세요.
3. 돈이나 양육비에 대한 이야기를 하지 마세요.
4. 다른 쪽 부모하고 즐겁게 지내는 것 자체가 제가 나쁜 아이가 된다는 생각이 들지 않게 해주세요.
5. 제가 다른 쪽 부모를 방문하거나 전화로 이야기 나누는 것을 막지 말아 주세요.
6. 제 앞에서(혹은 제가 듣는 곳에서) 두 분이 전화로 다투지 말아 주세요.
7. 제가 다른 쪽 부모 집에 있을 때 엄마(아빠)를 위한 스파이 노릇을 하지 않게 해주세요.
8. 다른 부모에게 비밀을 지켜 달라고 말하지 마세요.
9. 다른 쪽 부모의 생활이나 함께 있었던 시간에 대해 꼬치꼬치 캐묻지 말아 주세요.
10. 이혼한 사건이나 생활 중에 발생한 사건에 대해서 다른 쪽 부모를 비난하지 말아 주세요.
11. 다른 부모에게 말 심부름 시키지 말아 주세요.
12. 제게는 하나가 아닌 두 가정이 있다는 사실을 명심해 주세요.
13. 제가 두 분 모두를 사랑하게 해 주시고, 가능한 한 오래 두 분을 만나게 해주세요. 정기적인 일정이 아닌 경우에라도 융통성을 가져 주세요.

| **출처** | Susan Blyth Boyan & Ann Marie Termini. 홍경자 외 역(2009). 이혼 · 별거 가정의 부모역할. pp. 44-45. 부분 발췌.

03 가정폭력

인간발달의 근원으로서, 정서적 충족지로서 가족이 가지는 기능성에 가장 많이 도전하는 주제가 가정 내에서 발생하는 폭력이라 하겠다. 가정폭력은 개인에게 있어서 절박한 생존의 문제가 되며, 체계로서의 가족의 해체를 가져올 뿐만 아니라 나아가 미래사회의 폭력에 대한 허용태도를 지니게 됨으로써 사회의 안정성을 저해하게 되는 심각한 문제이다.

가정폭력의 개념과 실태 및 특징들을 살펴보고 나아가 가정폭력의 예방방안들에 대하여 고려해보고자 한다.

1) 가정폭력의 개념과 실태

어떤 폭력행위가 합법적이고 비합법적인지를 누가 결정할 것인가? 만약 아이를 신체적인 상처자국 없이 때리는 것은 물리적 행위인 반면에, 때려서 멍든 자국이 생기게 하는 것은 폭력행위인가? 그 결정을 맞는 사람에게 맡겨야 하는가, 때리는 사람에게 맡겨야 하는가, 또는 경찰, 사회복지사, 판사와 같은 사회통제기관에 맡겨야 하는가? 결국 어떤 행위가 폭력행위이고 어떤 행위가 신체적이지만 비폭력적인 행위인지를 규정하기 어려운 이유는 특정 행위의 수용 가능성이 문화적 또는 하위 문화적 관점에 따라서 다르기 때문이다. 신체적 고통은 찰싹 때리는 것과 같은 가벼운 고통에서 살인까지 광범위하다(Richard J. Gelles, 1997; 이동원 외, 1998 재인용).

가정폭력학자인 스트라우스(Straus, 1979)는 폭력의 경중도에 따라 ① 물건을 던지는 것, ② 밀치는 것, ③ 뺨을 때리는 것, ④ 발로 차거나 주먹으로 치는 것, ⑤ 몽둥이 같은 것으로 때리거나 때리려고 위협하는 것, ⑥ 마구 두들겨 패는 것, ⑦ 칼 같은 흉기로 위협하는 것, ⑧ 칼 같은 흉기를 사용하는 것에 이르기까지 등급으로 폭력범주를 제시하였다.

이에 대해 겔스(Gelles, 1980)는 학대의 개념을 보다 광범위한 의미로 정의하면서 폭력과 구별하고 있다. 즉 폭력은 신체적인 힘으로 다른 사람을 공격하는 행위이며 학대는 해를 입힐 수 있는 신체적 공격과 그 이외의 부당한 행위를 모두 포함하는 행위라고 정의하고 있다. 그러나 아내학대와 아내폭력이 모두 아내에 대한 남편의 의도적 공격을 의미하듯이 학대와 폭력은 서로 구별되지 않고 상호교환적으로 사용되기도 한다.

현재 우리나라의 「가정폭력범죄의 처벌 등에 관한 특례법」 제2조 1항에 의하면 가정폭력은 가정구성원 사이의 신체적, 정신적 또는 재산상 피해를 수반하는 행위라고 정의하고 있다. 여기에서 가정구성원은 사실상 혼인관계에 있는 배우자 또는 배우자관계에 있었던 자, 사실상 양친관계를 포함하는 자 또는 배우자의 직계존비속 관계에 있거나 있었던 자, 계부모와 자의 관계 또는 적모와 서자의 관계에 있거나 있었던 자, 동거하는 친족관계에 있는 자 등이라고 규정하고 있다(제2조 2항). 즉 혼인관계를 전제로 현재 혹은 과거에 그러한 관계에 있었던 사람들과의 사이에 일어나는 폭력을 가정폭력으로 정의하고 있다. 이와 같이 가정폭력은 가해자와 피해자가 매우 밀접한 관계에 있으며, 함께 생활하고 있다는 측면에서 일반적 폭력과는 다르다.

2010년 전국 가정폭력 실태조사 결과(65세 미만 부부대상)를 보면, 지난 1년간 신체적 폭력 발생률은 16.7%로 우리나라 65세 미만 부부 6쌍 중 1쌍이 1년에 한 번 이상 배우자로부터 신체적 폭력을 당하거나 행한다는 것이다. 또한, 부부간 신체적 폭력, 정서적 폭력, 경제적 폭력, 성학대, 방임을 모두 포함한 부부폭력 전체 발생률은 53.8%로 나타났다. 이는 지난 1년간 신체적 폭력률이 2004년 15.7%, 2007년 11.6%, 2010년 16.7%로 2007년 조사보다 5.1% 높아졌고, 부부폭력률도 2004년 44.6%, 2007년 40.3%, 2010년 53.8%로 2007년보다 13.5% 높아졌다. 이는 65세 미만 기혼여성이 남편으로부터 신체적 폭력을 당한 피해율이 15.3%로, 영국(3.0%, 2007년)이나 일본(3.0%, 2001년)에 비해 5배 이상 높은 것으로 보고되고 있다. 그러나 부부폭력 피해를 경험한 여성 중 62.7%는 외부에 도움 요청을 하지 않은 것으로 나타났다. 도움 요청을 한 경우에도 도움 대상이 가족과 친척인 경우가 17.7%로 가장 많았고, 공적 지원체계를 이용한 경우는 극히 적었다. 경찰에 신고하지 않은 이유를 살펴보면, '폭력이 심각하지 않다고 생각해서'가 29.1%로 가장 높았으며 '집안 일이 알려지는 것이 창피해서'가 26.1%, '배우자를 신고할 수 없어서'가 14.1%, '자녀 생각에' 10.9%로 나타나, 가정폭력을 가정 내 사건으로 치부하는 경향이 높았다.

가정폭력에 대한 인식도를 보면, 아내에 비해 남편의 가정폭력 인식수준이 낮게 나타났다. 배우자의 인격을 모독하는 행위(86.7%)나 배우자를 경제적으로 고립시키는 행위(82.9%), 배우자에게 무관심하게 대하는 방임(69.0%), 성관계 강요와 같은 성적 폭력(85.3%)에 있어서 남편들의 가정폭력 인지도는 아내들보다 낮게 나타났다. 이러한 특성들이 바로 가정 내의 폭력을 허용하는 요인으로 작용하는 것으로 볼 수 있겠다.

2) 가정폭력의 특징 및 유형

가정폭력의 심각성은 폭력이 장기화될수록 한 가족구성원에게 심각한 정신적, 신체적 문제를 일으켜 피해자뿐 아니라 전체 가족구성원에게 병리적 현상을 보인다는 것이다. 즉 피해여성은 물론 자녀의 정서적, 심리적 장애로 인해 심각한 경우 반사회적 후유증을 낳게 된다는 점에서 가족폭력은 더 이상 개인의 문제가 아닌 사회의 문제라 하겠다. 다음에서는 이러한 가족폭력의 특징과 유형에 대해 구체적으로 살펴보고자 한다(김영화 외, 2010).

(1) 가정폭력의 특징

가정폭력이 가지는 특징은 다음과 같다.

첫째, 은폐성이다. 가족관계에서 발생하는 가족 내 폭력은 사회 속에서 발생하는 다른 폭력에 비해 문제가 외부로 잘 노출되지 않는 특성이 있다. 가정폭력에 대한 사회적 통념은 '맞을 짓을 했으니 맞지'라는 선입견과, '남의 가정 일에 끼어들면 안 된다', '부부싸움은 칼로 물 베기'라는 잘못된 인식이 지배적이었다. 이러한 이유로 가정폭력의 가해자들이 배우자나 자녀에게 폭력을 행사해도 아무런 사회적 비난이나 처벌을 받지 않았고, 피해자들은 사회적으로 개입할 수 없는 가족이라는 밀폐된 공간 속에서 폭력에 희생되면서도 오히려 '맞을 짓을 하였다'라는 식으로 주입됨으로써 피해자를 비난하는 낙인과 구타가 노출되는 것에 대한 수치감으로 억압되어 왔다.

둘째, 연속성을 지니고 있다는 것이다. 모든 학대가 가장 경미한 것에서부터 가장 심각한 수준에 이르기까지 일련의 연속선상에 배열되면서 확대되어 간다. 신체적, 정서적, 성적 학대 연속성은 각각의 학대행위가 초기에는 가벼운 구타에서 시작하여 연속적으로 더욱 심각해지는 수준으로 발전해 가는 속성을 지녔을 뿐 아니라, 이들 학대 행위가 서로 중복되거나 혼합되어 확대되는 양상을 보이게 되는 특성을 지니고 있다. 예를 들어 초기의 꼬집기나 비틀기와 같은 경미한 신체적 학대가 나중에는 무기를 사용하여 때리거나 살해하기로 발전해 가는 경우나, 혹은 신체적 감금이나 상처를 내겠다고 위협하거나 굴욕적 창피주기 같은 정서적 학대를 통해 저항을 하지 못하게 한 다음 성적 학대를 가하는 행위 등이다.

학대의 연속성

학대의 연속성이라 일컫는 모형들은 가장 경미한 것에서부터 가장 심각한 것까지 하나의 연속선상에 배열되는 학대적 행동을 나타내는 것이다. 세 가지 공통적 연속성은 신체적 학대 연속성, 성적 학대 연속성 및 심리적 학대 연속성이다.

1 | 가정폭력의 학대 연속성

신체적	정서적 또는 심리적	성적
꼬집기	무시하기	성적 대상으로 다루기
비틀기	품위 떨어뜨리기	성적 욕구 경시하기
밀치기	사랑 안 주기	성욕 비판하기
흔들기	감정 경시하기	강박적 질투
구석에 몰아넣기	비웃기	원치 않는 접촉
감금하기	소리 지르기	성적 명칭 부르기
물건 던지기	소외시키기	성 요구하기
뼈 부러뜨리기	조롱하기	억지로 벗기기
내적 상처	비난하기	성적 난잡함
의료치료 거부	굴욕적 창피주기	성 강제로 보게 하기
무기 사용하기	귀중한 물건 망가뜨리기	원치 않는 행동 강제하기
신체손상	정신이 온전한지 문제제기	구타 후 성행위하기
불구자 만들기	애완동물 상처 낸다고 위협하기	강제 성행위하기 위해 무기 사용하기
살해	버린다고 위협하기	성행위 중 상처내기
	폭력을 쓰겠다고 위협하기	

| 출처 | Alam Kemp. 이화여자대학교 사회사업연구회 역(2001). p. 38. 재인용.

셋째, 상습성이 있다는 것이다. 가정폭력의 초기 단계에서는 일단 남편이 아내에게 폭력을 행하고 난 뒤에는 즉각 사과하는 경향이 있으나, 폭력이 반복될수록 혹은 가해자와 피해자 간 화해의 단계가 줄어들거나 없어져 가는 경향이 있을 뿐 아니라 폭력의 주기가 빨라지게 된다고 보고되고 있다. 가정폭력의 심각성은 바로 이런 지속성과 반복성에 있다. 상습적으로 폭력을 경험하는 피해 여성과 자녀는 폭력에 대한 공포와 불안, 우울, 낮은 자아존중감, 상황에 대한 양가감정 등의 학습된 무기력에 시달리게 된다. 이러한 경험으로 인하여 여러 가지 정신장애나 일탈행동의 가능성을 갖게 된다.

넷째, 세대 전수성을 갖는다는 것이다. '한국여성의 전화'의 통계에 의하면, 아내와 아이를 구타하는 남성의 성장배경 중 아동기에 가정폭력을 경험한 경우가 50.6%를 차지하는 것으로 나타났다. 이는 가정폭력을 경험한 아동이 자라서 성인기에 다시 가정폭력을 자행하는 경우가 상당히 많음을 알 수 있다. 또한 한국 남녀 대학생 1,290명 대상으로 한 '한국 대학생들의 데이트 폭력과 피해 분석' 연구에 의하면, 성장 과정에서 부모로부터 학대를 당했거나 부모가 서로에게 폭력을 쓰는 장면을 목격한 학생이 이성과 사귀면서 상대방을 때리거나 언어폭력을 포함한 심리적 폭력을 행사할 가능성이 컸다는 것이다. 성장기 부모로부터 물리적 학대를 경험한 학생일수록 성별을 불문하고 모두 교제 과정에서 상대방에게 심리적 · 물리적 폭력을 행사하거나 또는 반대로 그 피해자가 될 확률이 크다는 것이다(연합뉴스, 2010. 9. 21.). 이처럼 성장 과정에서 폭력을 경험한 사람은 어느 상황에 노출되면 폭력을 행사한다는 것을 알 수 있다.

파트너 학대척도

■ 이 척도는 당신의 현재 관계에서의 폭력과 학대에 대한 가능성을 예측하기 위해 고안되었다. 옳고 그른 대답은 없다. 각 문장을 주의 깊게 읽은 후 적절한 숫자에 동그라미를 하시오.

항목	내용	1	2	3	4	5
1	나는 쉽게 짜증을 낸다.					
2	적어도 나의 부모 중 어느 한쪽이 상대방에게 학대적이다.					
3	어린 시절에 학대받았다.					
4	나의 파트너를 때리고 싶은 욕구를 가지고 있다.					
5	나는 때때로 자신을 통제할 수 없음을 느낀다.					
6	나는 늘 많은 압박을 받고 있다.					
7	나는 술을 많이 마신다.					
8	술을 마실 때 자제력을 잃어버린다.					
9	나는 파트너를 때리고 싶은 강한 충동을 느낀다.					
10	나의 기분을 통제하는 것이 어렵다.					

* 1 – 결코 아니다(Never). 2 – 드물게 그렇다(Rare).
3 – 가끔 그렇다(Often). 4 – 자주 그렇다(Frequently) .
5 – 매우 자주 그렇다(Very Frequently).

채점방법

동그라미 친 숫자를 전부 더한다. 1은 학대할 가능성이 가장 낮은 것을 나타내고, 5는 학대할 가능성이 가장 높은 것을 나타낸다. 당신의 전체 점수가 낮으면(10이 가장 낮은 점수이다) 당신의 관계에서 학대의 기회가 낮은 것이고, 점수가 높으면(50이 가장 높은 점수이다.) 학대의 기회가 높은 것을 나타낸다. 30점은 학대와 비학대 관계의 중간을 의미한다.

| **출처** | 김정옥 외(2002). p. 249. 재인용.

(2) 가정폭력의 유형

가정폭력은 친밀한 관계에서 발생하는 폭력으로 그 대상의 폭이 확대되었을 뿐 아니라 내용 면에서도 가정폭력의 범위가 확대되고 있다. 즉 과거에는 가정폭력을 흔히 신체적 폭력에 초점을 두고 접근하였는데, 오늘날에는 신체적 학대 이외에도 성학대, 정서적 학대, 심리적 학대 그리고 경제적 학대까지 논의되고 있다.

일반적으로 가정폭력 유형은 신체적 학대, 정서적 학대, 성적 학대로 나누어진다.

① 신체적 학대

가정에서의 신체적 학대는 결코 부부간의 '칼로 물 베기'가 아니며 심각한 신체적 · 정신적으로 손상을 주는 학대행위이다. 신체적 학대는 뺨을 때리고 물건을 던지는 데서부터 살인까지 포함되는 아내학대의 가장 흔한 유형이다. 말하자면 발로 차는 것, 때리는 것, 밀어내는 것, 목을 조르는 것, 침 뱉기, 꼬집고 물기, 머리채를 잡아 끌거나 삭발, 감금, 담뱃불로 지지는 등의 신체적 고통을 주는 고문 등이 해당된다(이용란, 2006).

대부분의 아내들은 남편의 첫 손찌검에 대해 실수로 간주하려는 경향이 있으나 신체적 학대는 일단 한 번 일어나면 반복적 · 습관적이 되기 쉬우며 가해의 정도가 점점 깊어지면서 규칙적이고 반복적인 주기성을 띤다는 특성이 있다. 따라서 처음 폭행을 당했을 때 단호한 대처로 학대가 반복되고 습관화되는 것을 막는 것이 중요하다.

이와 같이 신체적 학대행위는 전형적인 학대유형으로 피해자를 영원히 치료 불가능한 불구로 만들거나 목숨까지 잃게 하는 일이 종종 있기 때문에 다른 유형의 학대들에 비해서 가장 위험하고 심각하다고 볼 수 있다.

② 정서적 학대

정서적 학대는 지속적이고 반복적인 학대 행위와 관련되기도 하며 단일 학대 형태로 나타날 수도 있다. 신체적으로 가학적인 남편은 아내를 지배하기 위한 방안으로 정서적 학대를 함께 행하는데 자녀학대를 통한 공포 분위기 조성, 위협, 협박, 고함지르기, 가구 부수기, 가두기, 내쫓기, 소외시키기, 망신주기, 공공연한 모욕, 비난, 강한 비판 등 다양한 행동으로 여성에게 분노와 증오감을 갖도록 한다. 정서적 손상은 불안, 공포, 수면장애, 위축감, 좌절감, 고립감, 심한 자존감 손상, 무기력증, 자살 충동, 자아상실감, 우울증 등의 형태로 나타날 수 있는데 특히 우울증과 불안은 매우 일반적인 증세이다. 이러한 결과 정서적으로 침묵하고 분노의 감정을 억눌러 혼돈되며 독립심이 상실되어 맞아 죽더라도 남편에게 의지하고 살 수밖에 없다고 체념한다(한국여성개발원, 1993). 따라서 많은 전문가들은 정서적 학대가 신체적 학대보다 오히려 피해자에게 더 큰 영향을 미친다고 한다.

③ 성적 학대

성적 학대는 성적 만족이나 지배를 목적으로 성적 접촉을 포함하여 다른 사람에 대해 부적절하게 사용하는 것을 말한다. 성적 학대와 신체적 학대는 남성의 주된 폭력행위로 상호 연결되는 경우도 매우 많은 것으로 보고 있다. 부부간 성적 학대가 일어날 때 부부강간이라고 한다. 폭행 후 강제적으로 강간하거나 원치 않는 성적 행동을 강요하는 등의 행위, 그리고 물건이나 흉기 등을 사용한 강제적 성학대 등이 있다. 무엇보다 성적 학대는 학대받는 여성에게 특히 자괴감과 모멸감을 느끼게 한다.

이렇듯 가정폭력에는 다양한 형태의 폭력이 발생하게 되는데, 초기에는 폭력이라고 생각하지 않는 행동들이 시간이 갈수록 강도가 높아지면서 아주 심각한 수준까지 나타나게 되는 일련의 과정을 포함하고 있다.

다음은 부부가 폭력에 얼마나 노출되어 있는지 파악하고자, '폭력성향' 을 점검해 볼 수 있는 체크리스트이다.

부부폭력성향 체크리스트

■ 아래 문항들은 결혼 이후 당신의 가정이 '가정폭력'에 얼마나 노출되어 있는지를 파악하고자 하는 질문입니다. 해당되는 항목을 선택해주시기 바랍니다. 아래의 범주에서 "거의 없다"는 1년에 1번, "가끔 있다"는 1년에 2~3번 정도, "종종 있다"는 1년에 4~5번 정도, "늘 있다"는 1년 6회 이상을 의미합니다.

항목	내용	0	1	2	3	4
1	배우자가 물건을 던지면서 위협적인 분위기를 조성했다.					
2	배우자와의 싸움으로 뺨을 맞는 등 상처나 타박상을 입었다.					
3	배우자가 발로 차거나 주먹으로 때렸다.					
4	배우자가 흉기를 사용하여 때렸다.					
5	배우자가 지르는 고함소리에 위협을 느꼈다.					
6	배우자가 아이들 앞에서 자신을 비난했다.					
7	배우자가 말하지 않고 밖으로 나가버렸다.					
8	배우자에게 욕이나 인격적으로 무시하는 말을 들었다.					
9	배우자가 경제권을 쥐고 생활비를 주려 하지 않았다.					
10	배우자가 원하지 않는 성행위를 강요했다.					

* 0 – 전혀 없다. 1 – 거의 없다.
2 – 가끔 있다. 3 – 종종 있다.
4 – 늘 있다.

채점방법

전혀 없다(0), 거의 없다(1), 가끔 있다(2), 종종 있다(3), 늘 있다(4)의 점수를 합산하여 2.5를 곱해 폭력성향 점수를 계산한다.

- **0점:** 타인의 의견을 존중하고 합리적 방법으로 문제를 해결할 줄 아는 성숙한 타입이다.
- **1~25점:** 배우자가 효과적이지 않은 방법으로 문제를 해결하려는 타입이다. 대화와 타협의 합리적 문제 해결법을 부부가 함께 의논하고 연습하는 것이 필요하다.
- **26~50점:** 배우자가 자신도 모르는 사이에 정신적 폭력을 가하고 있다. 문제해결을 위해 상담이 필요하다.
- **51~75점:** 배우자는 이미 가정폭력의 가해자이다. 문제해결을 위해 전문가의 상담이 필요하며, 경찰 신고도 고려해 보아야 한다.
- **76~100점:** 위험수위이다. 경찰에 신고해야 하는 수준이다.

| **출처** | 여성가족부. 가정폭력 체크리스트.

3) 가정폭력 피해자와 가해자의 특징

가정폭력에서 나타나는 피해자와 가해자 특징은 다음과 같다.

(1) 피해자의 일반적 특징

가정폭력의 피해여성들은 자신이 좋아하였던 과거 남편의 이상적인 모습에 집착하는 경향이 있다. 따라서 학대받는 여성은 외부에서의 새로운 변화가 없으면 자신의 힘으로는 폭력의 순환에서 벗어나기 힘들게 된다. 부부폭력 피해여성들은 오랜 기간 동안 폭력에 시달리면서 이로 인한 충격으로 일정한 특징을 보이는 것으로 나타나고 있다(Paul Hegstrom, 1999; 이남종, 2008 재인용).

첫째, 아주 낮은 자존감을 갖고 있다. 오랜 기간 남편의 구타로 인해 자존감에 커다란 손상을 입었기 때문에 자신은 아무것도 할 수 없다는 등 자신의 능력을 과소평가하는 신념을 갖게 된다.

둘째, 폭력을 행하는 남편의 행동에 대해서 자신이 죄의식을 가지며, 만일 자신이 변하게 되면 그의 행동도 변화될 것이라고 믿는다.

셋째, 폭력적 부부관계와 관련된 잘못된 믿음을 모두 믿는다.

넷째, 가정에 대해서 보수적이다. 즉 가족이 깨어져서는 안 된다는 기준을 신봉하고 있으며 여성으로서의 역할에 대해 규정대로 따른다.

다섯째, 폭력을 가하는 남편의 행동에 대한 책임을 자신이 지려고 한다.

여섯째, 고통을 당하면서도 남편에 의해 잘못 형성된 죄의식으로 인해 당하고 있는 공포심이나 분노감을 인정하지 않으려 한다.

일곱째, 세상에 대해서는 수동적인 모습을 갖고 있지만 심한 폭력을 막고 피해를 당하지 않도록 하는 환경을 만드는 일에는 매우 적극적인 자세를 취한다.

여덟째, 심리적, 육체적으로 불만을 품고 심한 신경질적 반응을 보인다(예 피곤, 두통, 우울, 염려, 의심 등).

아홉째, 섹스를 친밀함을 유지할 수 있는 방법으로서 사용한다. 즉 가해자와 친근감을 갖기 위해 성관계를 하는 것으로, 이러한 행동은 자신 외에는 누구도 자신의 상태를 해결하지 못한다고 믿고 체념적이 되거나, 폭력이 '정상' 적인 것처럼 행동하는 왜곡된 성적 관계 형성 등 관계상의 장애를 보이는 것이다(김영화 외, 2010).

열 번째, 자신을 제외한 그 누구도 자신의 곤경을 해결하는 데 도움을 줄 수 있다고 생각하지 않는다. 즉 가정폭력에 대해 아내들에게 폭력의 책임을 물어 왔기 때문에 피해여성들은 자신이 구타당한 것을 부끄럽게 여겨 스스로를 고립시킨다. 이러한 고립 과정에서 자신의 문제는 혼자 해결할 수밖에 없다고 생각하며, 사회적 지원체계를 전혀 이용할 수 없게 된다.

열한 번째, 아주 잘 속으며 다른 사람들에게 잘 의지한다.

피해여성들이 매 맞으면서 들었던 말

1. 맞을 짓을 하니 맞는 거야!
2. 네가 건드리니까 때리지, 참았으면 안 그랬지.
3. 왜 내 속을 뒤집니? 무슨 여자 목소리가 그렇게 크냐? 그러니까 맞지!
4. 병신같이 가만히 있지 맞을 짓을 해요.
5. 네가 나를 화나게 했어.
6. 어디서 남편한테 대들어!
7. 남편을 남편으로 안 봐. 너 같은 것 만나 내 꼴이 이렇게 되었어.
8. 네가 말을 안 들어서 때린다!

| **출처** | 이원숙 외(2010) 가정폭력 프로그램. p. 241.

(2) 가해자 특징

가족 내에서 폭력을 행사하는 가해자들은 자신의 분노를 조절하지 못해서 피해자를 가해한 것이 아니라 배우자인 여성을 통제하기 위한 수단으로 자신의 지위와 힘을 남용하여 폭력을 행사하는 것이다. 폭력적인 남성들의 일반적 특징은 다음과 같다(Paul Hegstrom, 1999; 이남종, 2008 재인용).

첫째, 낮은 자존감을 갖고 있다.

둘째, 폭력적 부부관계에 관한 잘못된 믿음을 가지고 있다.

셋째, 남성적 우위와 가정에서의 고정관념적 남성 역할을 신뢰하고 있는 보수주의자이다.

넷째, 자신의 행동에 대해 조언하는 다른 사람들을 오히려 비난한다.

다섯째, 지나친 질투심을 갖고 있다(예 늘 아내를 감시, 의심되는 사건에 언어적 폭력 등).

여섯째, 이중적 인격을 나타낸다.

일곱째, 심한 스트레스의 반응을 보이는데, 이때 술을 마시고는 아내를 때리거나 괴롭힌다.

여덟째, 자신의 자존감을 높이기 위한 공격적 행위로서 성관계를 이용한다.

아홉째, 자신의 폭력적 행동이 어떠한 부정적인 결과를 가져올 것이라고 믿지 않는다.

열 번째, 자기 부부가 문제를 가지고 있다는 사실은 부정하고 만일 자기 아내가 이 사실을 바깥에 알리면 격노한다.

열한 번째, 과잉 행동의 모습을 보여준다.

열두 번째, 인격은 왜곡되어 있다.

4) 가정폭력의 예방 및 대책

이러한 폭력에 대해 근본적으로 대처하기 위해서 어떠한 것들을 고려해야 할지 살펴본다.

(1) 폭력에 대한 예방대책

사회구조적 대처방안으로 가정폭력의 사회적 심각성을 고려하여 근본적으로 사회적, 제도적 변화가 이루어져야 하고, 실질적인 정책에 대한 홍보를 강화시키고, 궁극적으로는 가정폭력에 대한 예방 프로그램이나 관련교육 등이 강화되어야 한다(여성가족부, 2008).

① 사회문화적 규범개선

가정폭력의 발생은 성에 따른 불평등의 사회화가 여성폭력을 유발하고 있으며, 다른 한편 부부폭력, 아동학대 등 가정폭력을 사적인 문제로 바라보는 시각이 팽배하여 경찰을 비롯하여, 이웃과 지역사회가 비교적 개입하지 않는 경향이 강하다.

가정폭력은 '가정 내 개인문제'가 아니라 심각한 '사회문제'임을 인식해야 하며, 이를 위하여 폭력문화 제거, 양성평등의식 제고를 위해 범국가적으로 의식개혁교육 및 운동을 전개하며, 가정폭력예방 교육을 '의무화'하는 방안도 고려해 볼 수 있다.

② 가정폭력정책 홍보 강화

가정폭력방지법에 대한 지속적인 홍보 · 계몽을 강화할 필요가 있다. 이를 위하여 홍보물(안내책자), 대중매체, 전광판, 캠페인 등을 활용한다.

③ 사회적 유대망 형성

부부폭력을 경험한 여성 중 62.7%는 외부에 도움을 청하지 않았고, 공적인 지원체계의 도움을 이용한 비율은 극히 적었다(여성가족부, 2010). 이처럼 가정폭력 발생 시 도움을 청하지 않고 혼자 해결하고 있다는 것은 여전히 가정폭력을 개인적인 차원에서 해결한다는 것이다. 친 · 인척 및 친구 · 이웃, 특히 지역사회 관계의 강화를 통한 사회적 유대망의 형성으로 가정폭력을 예방하는 접근방법이 필요하다.

④ 가정폭력 후유증의 심각성에 대한 인식강화

가정 내에서 발생하는 가정폭력을 심각한 사회문제로 통찰하는 인식전환을 위하여 홍보 및 교육을 강화하고, 이를 통해 가정폭력 발생신고를 제고한다. 이를 위하여 첫째, 지역사회 내 상담소, 보호시설, 사회교육기관 등을 중심으로 가정폭력에 대한 인식전환 교육 프로그램을 개발하여 실시한다. 둘째, 일반국민을 대상으로 홍보 및 캠페인을 통하여 가정폭력의 신고의식을 제고하여 신고를 유도한다. 셋째, 아동학대의 경우 신고의무자들을 대상으로 인식교육을 통하여 적극적인 신고 자세를 확립하고 인센티브제를 보완하여 아동학대에 대한 활발한 신고를 유도한다.

⑤ 일반국민 대상의 가정폭력 발생 시 대처방안 교육 강화

가정폭력이 발생될 경우 어떻게 대처하는 것이 바람직한지에 대한 교육이 제공될 필요가 있다. 구체적으로 제시하면 다음과 같다.

첫째, 폭력발생 시 대처방안의 교육은 아동 · 청소년, 여성, 남성, 노인 등에 따라 차별화되어 실시되어야 한다. 둘째, 가해자(행위자)의 특성과 폭력상황에 따라 대처

하는 방식을 다양하게 개발하여 교육한다. 셋째, 폭력의 유형(정서적 폭력, 신체적 폭력, 경제적 폭력, 방임, 성학대 등)과 개별 폭력행위에 따라 차별화된 대처방식이 제공되어야 한다.

⑥ 가정폭력 예방 프로그램의 강화

프로그램의 장기적인 효과를 볼 때에는 가정폭력 대처교육, 가족 또는 부부 단위의 상담이나 교육 등도 가정폭력 예방의 차원에서 중요하게 다루어져야 할 프로그램이다. 2010년 가정폭력 실태조사(여성가족부, 2010) 자료에 의하면, 부부간의 폭력 발생원인 중 '성격문제'에 의한 폭력이 가장 높게(아내폭력 41.0%, 남편폭력 43.1%) 나타났다. 실제 우리나라 부부들의 폭력성이 높다는 것을 고려할 때, 교육을 통하여 부부간 서로의 차이를 인정하고 부부대화법에 대한 프로그램이 마련되어져야 할 것이다. 또한 피해자들이 교육을 통하여 가해 남성들의 가부장적인 태도를 교정하는 것과 의사소통 기술의 개선을 중요한 것으로 지적하고 있다는 사실도 고려할 필요가 있다.

가정폭력 가해자 '홈런 프로그램' 실시

가정폭력 가해자에 대한 인지행동 치유 프로그램인 '홈런(Home run), 행복한 가정 만들기'가 광주에서 첫 운영되고 있다. 홈런 프로그램은 야구 경기에서 타자가 친 공은 멀리 날아가지만 타자는 다시 홈으로 돌아온다는 데 착안한 것으로, 가정폭력 대상자들이 새로운 마음으로 가족에게 돌아온다는 의미를 담고 있다.

교육생들은 가정폭력 사건으로 40시간의 수강명령 처분을 받아 현재 광주보호관찰소에서 수강명령을 이행 중인 30대에서 50대 성인 남성들이다. 이들은 가정폭력에 대한 이해와 역할극 등을 통해 폭력행동에 대처하는 기술을 습득하고, 집단 상담 등을 통해 스트레스 조절능력을 향상시켜 폭력적 행동을 중단할 수 있는 요령 등을 배웠다.

김 모 씨는 "여러 가지를 생각하게 하는 교육이었다"며 "사랑하는 자식과 가족의 행복을 위해 서로 아껴주던 시절로 돌아가 새로운 삶을 살고 싶다"고 말했다. 또 다른 참가자는 "죄의식 없이 무심코 행사한 폭력으로 시퍼렇게 멍들었던 가족과 자식들의 가슴을 어루만져 이제라도 행복한 가정을 만들고 싶다"고 밝혔다.

| **출처** | 뉴시스(2010. 7. 6.).

(2) 폭력에 대한 근본적인 변화

가정폭력으로 인한 현재와 미래의 피해자의 삶을 보호하고 그들의 복지를 위하여 처우는 필수적이다. 그러나 효과적인 처우 프로그램의 시행이 이루어진다고 해도 가정폭력과 친밀한 사이의 폭력원인으로 작용하는 문화적 규범과 가치의 악순환을 근절할 수는 없을 것이다. 특정관계가 폭력적, 학대적으로 될 위험성을 증가시키는 사회적 특성이나 가정적 특성을 처우 프로그램만으로는 변화시킬 수 없다. 가정폭력에 대한 프로그램과 정책의 중심적인 목표는 폭력을 예방하는 것이다. 먼저 가치와 신념에 근본적인 변화가 일어나지 않으면 친밀한 관계에서 나타나는 폭력의 감소 효과를 볼 수 없다(Richard J. Gelles, 1997; 이동원 외, 1998 재인용).

첫째, 가정과 사회에서 폭력을 정당화하고 미화하는 규범을 제거한다.

육아의 한 방법인 볼기짝 때리기의 근절, 학교에서의 체벌 근절, 사형의 폐지, 폭력을 정당화 또는 미화하는 대중매체의 폭력 제거 등이 필요한 조치일 것이다. 간단히 말해서 사회에서 폭력허가증을 없애는 것이다.

둘째, 폭력을 불러일으키는 사회적 산물인 스트레스를 줄인다.

가정폭력이 어떤 사회계층에서 특별히 더 발생하는 것이 아니라는 결과가 상당히 제기되고 있지만 빈곤, 실업과 같은 불평등 조건은 개인에게 스트레스를 주며, 이 스트레스는 가정폭력을 유발하는 데 영향을 미친다. 따라서 각 가정이 식생활, 주거, 의료 등 기본적 생활에 필요한 조건을 적절하게 영위할 수 있도록 정부가 국가 경제관리를 제대로 운영하는 것도 가정폭력을 예방하는 데 도움을 준다(최외선 외, 2003).

셋째, 가정을 친척과 지역사회의 네트워크에 통합시킨다.

사회적 고립을 줄이는 것은 스트레스를 줄이고 가정의 스트레스 관리능력을 향상시키는 데 도움이 되는 중요한 조치가 될 수 있다.

넷째, 성차별적인 사회적 특성을 변화시킨다.

우리 사회에 만연되어 있는 가부장적 가치관에 의해 여성은 남성보다 능력이나 기타 모든 면에서 열등한 존재라고 여겨지며, 그런 사회적 지위와 불리한 역할을 수행하도록 오랫동안 강요되어 왔다. 이러한 성불평등이 가정 내 폭력을 가능하게 한다. 남성의 일과 여성의 일이라는 구분을 제거하는 것이 가정 안팎에서 평등을 이루는 중요한 조치가 될 수 있다. 근본적으로 성평등을 이루어야만 가정폭력을 예방할 수 있다.

다섯째, 가정에서 폭력의 악순환을 근절한다.

사랑하는 사람을 때리는 것이 적절하다고 배우는 이상 폭력은 예방될 수 없다. 아마도 아동에 대한 체벌은 가정에서 폭력을 가르치는 가장 효과적인 수단이 될 것이다. 그것을 제거하는 것은 폭력예방에 있어서 가장 중요한 일차적 조치라 하겠다.

13

Chapter

결혼과 가족의 지원과 전망

1 결혼과 가족향상을 위한 지원

2 결혼과 가족의 전망

01 결혼과 가족향상을 위한 지원

현대사회에서 다양한 가족생활의 변화 및 예상하지 못했던 비규범적인 변화 그리고 사회변화에 따라 가족이 변화하도록 요구되는 사회적 압력 등으로 현대사회의 가족은 이전의 가족보다 더 많은 능력과 자원을 가지고 변화에 적절히 대응해야 한다. 그러나 개별가족이 지니고 있는 자원은 미약하며 가족마다 이러한 모든 문제를 다룰 수 있는 능력도 부족한 편이다. 물론 건강한 결혼과 가족을 유지하기 위해서는 가족구성원의 끊임없는 노력과 합리적인 선택이 따라야 할 것이다. 그러나 이러한 시도와 선택이 좀 더 긍정적인 방향으로 가기 위하여는 적절한 사회적, 국가적 지원이 필요하다.

본 장에서는 이러한 지원을 위한 접근방법으로 크게 가족복지정책, 가족생활교육, 가족상담치료의 세 가지의 내용으로 구분하여 살펴보도록 한다.

1) 가족복지정책

2005년 건강가정기본법이 시행되면서 가족단위의 가족정책에 대한 관심이 집중되고 있다. 가족구조의 다양성, 결혼연령 상승, 혼인율 감소, 재혼율, 동거커플, 동성애커플 등은 21세기 주요한 가족변화이다. 이러한 변화에 부응한 가족행위에 국가가 어느 정도로 관여해야 하는가에 대해서는 여전히 많은 논란이 있으나 가족기능강화를 위한 정책은 전 세계적인 추세이다. 대만, 미국, 영국, 독일, 캐나다 등 많은 나라에서 가족관련정책을 중요 국정과제로 설정하여 가족의 삶의 질 향상을 목표로 지원하고 있다(정현숙, 2006).

현재 여성가족부(2011)에서 시행하고 있는 가족정책의 기본방향은 다음과 같다.

가족정책의 기본방향(여성가족부)

1| 가족 기능 강화

- 경제위기로 약화되기 쉬운 가족 기능의 역량강화 주력
- 가족 돌봄을 위한 다양한 서비스 확대
- 다문화가족의 사회통합을 위한 사회적응서비스 제공
- 가족에 대한 보편적 · 예방적 지원서비스 확대
- 가족으로부터 이탈된 요보호 아동 등에게 건강한 가정 마련 서비스 지원제공

2| 가족친화적 사회 환경 조성

- 지역사회 중심의 통합적 가족지원 네트워크 강화
- 기업의 가족친화 경영 활성화 유도
- 가족친화 지역 환경 조성 촉진
- 가족에 대한 보편적 · 예방적 지원서비스 확대

3| 관련 서비스 연계 및 효율화로 가족정책 체감도 향상

- 다양한 민 · 관 서비스 전달체계의 효율화
- 대상별 기능별 관련 서비스와 연계 강화

| **출처** | 여성가족부 홈페이지(2011).

이러한 가족정책을 기본적으로 하여 추진할 핵심과제는 다음과 같다(여성가족부, 2011).

첫째, 가족기능강화지원으로 아이돌보미 서비스를 통한 가족양육지원, 가족에 대한 상담, 교육, 문화사업 확대이다.

둘째, 다양한 가족의 자립역량 강화지원으로 다문화가족의 생애주기별 서비스 지원, 한부모 · 조손가족의 자녀양육지원, 보호가 필요한 아동 등에게 건강한 가정 마련 지원이다.

셋째, 일과 가정의 양립지원으로 가족친화적 직장 분위기 조성, 가족친화적 지역사회 조성이다.

넷째, 가족정책 인프라 확충 지원으로 가족서비스 전달체계 효율화, 지역사회 관련기관 가족 돌봄 자원의 연대 구축이다.

이를 기초로 종합해 보면, 다음과 같이 제언할 수 있다.

첫째, 오늘날 독신가족, 한부모가족, 이혼가족과 재혼가족, 다문화가족 등 가족의 형태가 다양해지고 이러한 가족에 대한 지원을 확대해야 하고, 또한 다양한 가족에서 발생하는 욕구를 차별 없이 반영하도록 해야 한다. 여성가족부는 2011년 현재 다문화가족지원센터를 200개로 확대하는 등 다문화가족을 위한 정책은 점차 확대 진행되고 있으나, 한부모가족, 재혼가족, 독신가정, 싱글맘가족, 동성애가족, 공동체가족에 대한 지원은 미비한 실정이다. 가족의 복잡하고 다양한 변화를 고려하여 가족 유형별 정책이 좀 더 차등 있게 지원되어야 할 것이다.

둘째, 현재 건강가정기본법이 시행되고 있으나, 가족의 형성과 해체 등 변형 과정에 대한 일관된 정책은 부족하다(이인정, 2004). 따라서 결혼과 관련된 교육을 선택적 사항이 아닌 의무적으로 실시하여 제도화시켜야 한다. 우리 사회는 객관적으로 현명하게 배우자 선택을 할 수 있도록 도움을 주는 기관이나 프로그램이 부족한 상태에서 보통 젊은이들은 낭만적 사랑이나 조건에 치우친 배우자 선택을 하고 있다. 그 결과 결혼준비가 부족한 채 결혼하게 되며, 실제 결혼생활에 대한 심리적 · 정서적 준비보다는 결혼식과 혼수준비에 더 많은 시간을 할애하고 있다고 볼 수 있다. 따라서 실제 결혼생활에서 오는 많은 문제와 갈등에 대처할 수 있도록 결혼 전에 결혼 관련 교육이나 상담을 통하여 건강한 결혼을 지원하는 제도적 정책이 마련되어져야 한다.

셋째, 가족복지정책은 가족구성원들이 성과 연령의 경계를 뛰어넘어 상호 간에 평등한 관계를 형성하고 자유로이 의사소통을 할 수 있도록 지원하고, 가족원들이 다양한 형태로 상호협력하고 정서적으로 지지할 수 있는 건전한 삶의 여건 조성이 필요하다(김영화 외, 2006). 그러나 현재 정책은 전 가족성원을 고려하지 못하고 있는 점을 지적해 볼 수 있다. 일반적으로 가족복지의 대상으로 남성이 거의 빠져 있음으로 가정문제의 원인 제공자로서의 남성을 고려한 예방책과 재활대책은 거의 없는 상황이다. 건강가정지원센터에서 필수 사업으로 지정 시행하고 있는 아버지교육, 다문화가족지원센터의 가족관계통합교육으로서의 남편교육은 남성이 중요한 가족의 변화 주체임을 인식하는 시도로 볼 수 있지만 여전히 남성들의 참여와 의식은 부족한 상태이다. 이를 위하여 남성의 일터와 연계하는 아버지교육, 남성교육의 활성화를 위한 가족친화기업의 지원이 더욱더 요구되어진다.

넷째, 여성들의 사회활동으로 인하여 일과 가정의 양립이 힘든 상황에서, 돌봄에 대한 적극적인 개입이 필요할 것이다. 즉 다양한 가족형태에 따른 돌봄서비스를 위하여 지역공동체 형태 중심의 양육서비스가 지원되어야 하며, 또한 남성들의 자녀양육 개입을 위하여 정책적으로 탄력적인 직장문화를 시행하여야 할 것이다. 프랑스나 스웨덴의 출산율 제고는 남성의 육아휴직제도의 활성화 및 여성의 일과 가정양립이 가능한 양성평등한 문화조성에 있음을 기억해야 할 것이다.

다섯째, 현행 가족복지 정책은 명시적으로 가족복지 영역으로 한정하여 제시된 내용이 없고 그 한계도 매우 모호하다. 일반적으로 가족복지 내용에 포함될 수 있다고 보는 공적부조 제도나 아동 · 부녀자 · 노인복지 제도 등이 사회복지 정책의 일부 분야로 시행되고 있어 결과적으로 가족에게 영향을 미치는 비의도적 정책으로 볼 수 있다. 그러나 가족복지의 기본개념에 들어맞는, 즉 가족 전체를 지향하고 목적으로 하는 제도적이고 정책적인 대안수립이 이루어지지 않고 있고, 실제적으로도 가족의 기능강화를 꾀할 수 있는 체계적이고 포괄적인 실천적 사업들이 여전히 부족한 실정이다(유영주, 2008). 전체가족을 포함할 수 있는 가족생애주기교육과 이를 위한 실천적 대안이 좀 더 활성화되어야 할 것이다.

앞으로 우리나라에서 가족복지 이념이 충실히 수행되기 위해서는 가족복지 관련 전문가의 확충 등을 통해 체계로서의 가족을 다룰 수 있는 조직이 강화되어야 하며, 가족생활교육, 가족상담 등을 통해 가족의 변화 양상에 탄력적으로 적용될 수 있는 정책의 예방적 · 치료적 기능이 강화되어야 할 것이다.

2) 가족생활교육

급격한 사회적 변화가 가족에게 미치는 영향을 고려해 볼 때, 건강한 가족을 유지하기 위해서는 가족구성원이 끊임없이 변화에 대응하여야 한다. 따라서 가족의 기능적인 역할을 강화시키는 결혼과 가족생활교육에 대한 관심이 점차 높아지고 있다. 가족생활교육은 가족문제가 발생하기 이전에 예방차원에서 이루어지는 성격이 강하다. 가족생활교육의 필요성과 관련 내용 및 가족생활교육의 활성화 방법에 대해 알아보고자 한다.

(1) 가족생활교육의 필요성

가족구성원으로서 개인과 가족 전체가 행복한 삶을 영위할 수 있는 능력을 배양하고 변화하는 사회에서 겪을 수 있는 가족문제를 예방하기 위한 차원에서 광범위한 가족구성원을 대상으로 한 조직적인 가족생활교육이 필요하다.

현대 산업사회의 도래 이후에 물질주의, 인간의 획일화, 인간성 상실이라는 문제에 봉착하게 되어 새로운 가치체계 확립의 필요성이 요청되고 있다. 이러한 사회의 변동은 가족에 대한 규범과 가치관을 변화시키므로 가족구성원의 역할도 과거의 위치나 자세에서 크게 전환되어야 한다. 우리는 오랫동안 가정이 산업화와 도시화가 초래한 사회 내의 빠른 변화에 대처할 수 있으며 대처하게 될 것이라고 가정해 왔다. 그러나 오늘날 급속하게 변모하는 사회에 대처할 수 없게 된 수많은 가족의 긴장과 불안정의 증거를 무시할 수 없게 되었다. 특히 부부갈등 문제, 자녀에 대한 가정교육 기능의 약화, 노인문제, 문화전달의 단절 등의 가정문제가 돌출되고 있으며, 이혼율도 세계 상위 수준을 유지하고 있어 가정 기능 결손의 문제들이 등장한다(유영주, 2008). 이러한 가정의 여러 가지 문제를 해결하고 현명하게 대처하며 예방하기 위해서는 끊임없는 가정의 재사회화 교육이 시행되어야 할 것이다. 따라서 결혼과 가족생활교육은 지속적인 평생교육과 새로운 교육이라는 점에서 더욱 강조될 수 있으며, 평균수명의 연장으로 인해 부부가 함께 살아야 하는 시기는 계속 늘어가고, 다양한 가족 등을 고려한다면 전반적인 가족생활교육이 절실히 필요한 시점이라 하겠다.

2005년 건강가정기본법 제정으로 현재 전국 137개소 건강가정지원센터에서 일반가정을 대상으로 한 대상별, 주기별에 따른 다양한 가족생활교육의 시행은 가정의 기능성 강화에 상당한 효과를 거두고 있을 것으로 보인다.

자녀교육 면허증

부모들은 자신의 자녀들을 어떻게 대하고 다뤄야 하는지 체계적으로 배운 적이 없다. 이전 부모들이 자신들을 다룬 방식이나 주변에서 들은 이야기들을 가지고 자녀를 가르칠 뿐이다. 부모교육 전문가들은 "자동차 운전을 위해서 '면허증'이 필요하듯, 부모가 되려면 일정 수준의 '면허증'이 필요하다"고 말한다. 자녀를 제대로 키우려면 부모로서 최소한의 지식과 방법을 배워야 한다는 것이다.

한국지역사회교육협의회 박성희(61) 부모교육 수석지도자는 "부모 노릇 하기가 점점 어려워지는 세상"이라며 "부모를 바라보는 자녀의 시각이 빠르게 달라지고 있다"고 말했다. 부모의 '권위'가 예전 같지 않다는 지적이다. 오늘날 부모가 자녀를 제대로 가르치려면 시대 변화에 따른 새로운 부모 구실을 배워야 한다는 것이다. 『아이는 사춘기 엄마는 성장기』를 쓴 이윤정(44) 부모교육 강사는 "부모교육이란 부모 됨을 돌아보고, 나와 자녀가 함께 행복해지는 방법을 찾는 것"이라며 "자녀교육의 초점이 '자녀'에게 있다면, '부모교육'의 초점은 '부모 자신'에게 있다"고 말했다. 한국코칭하우스센터 김지영(36) 소장은 "부모교육은 부모가 자녀를 하나의 독립된 인격체로 존중하기 위해 배워야 할 정서적, 지적 소양교육"이라며 "자녀를 건강하고 올바르게 인도하기 위해 부모 스스로 성찰하는 법을 배워야 한다"고 말했다.

| **출처** | 한겨레신문(2010. 9. 5.).

(2) 가족생활교육의 내용

가족생활교육의 영역 및 그 내용은 시대적 흐름에 따라 변화하여 왔는데, 전통적인 주제 영역으로는 대인관계 기술, 의사결정 기술, 가족 상호작용, 자녀양육 및 지도, 가족자원 관리, 결혼, 가족구성원의 역할 및 책임 등에 치중하여 왔다. 최근에는 부모됨과 성교육, 가족의 변화양식에 관련된 내용이 중요하게 부각되고 있으며, 가족의 위기와 관련된 내용도 증가하고 있어 전체적으로 성교육, 부모교육, 부부교육, 소비자교육 등이 일반적인 내용으로 중시되고 있다(Harriman, 1986; 유영주, 2008, 재인용).

전반적으로 가족생활 교육내용에 포함될 수 있는 영역들을 제시하면 다음과 같다.

① 인간발달: 인간발달(태내~노인) 각 단계의 발달 과정 및 문제, 사회화 및 재사회화, 복지 정책, 인간성에 대한 이해 등

② 가족과 사회: 가족의 중요성과 기능, 가족의 변화와 미래, 가족과 환경, 가족복지 및 정책, 가족과 법, 가족문제, 가족과 직업, 매스컴과 가족, 가족상담 등

③ 결혼과 성: 성역할, 성특성 및 성행동, 성문제, 이성교제, 배우자 선택, 결혼의례 등

④ 부부관계: 성공적 결혼, 부부갈등, 부부의사소통, 부부역할과 권력, 부부폭력, 이혼과 재혼 등

⑤ 부모됨: 가족계획, 부모의 책임과 의무, 자녀양육 방법, 올바른 교육열, 부모자녀 간의 갈등, 아동학대, 자녀의 독립, 부모자녀 간의 의사소통, 자녀의 사회화, 매스컴과 자녀 등

⑥ 노인과 가족: 노화의 특성, 성인부모자녀 관계, 조부모손자녀 관계, 노인부양, 노인복지, 세대 간 문화전달 등

⑦ 특수가족: 미혼모, 저소득계층, 한부모세대, 장애아가족, 치매노인가족 등

⑧ 가족자원 관리: 시간과 에너지 관리, 가계관리, 소비행동, 소득증대, 의사결정, 주거관리, 환경문제 등

⑨ 여성문제: 여성의 역할변화, 맞벌이 가족문제, 여성의 사회활동 등

또한 현재 높은 이혼율을 감안한다면 무엇보다 결혼 전에 교육을 받아야 하는 '결혼준비' 교육 등이 강화되어야 할 것이다. 적정연령에 이르면 누구나 당연히 결혼해야 한다는 생각에서 벗어나 결혼을 선택하는 과정에서 결혼준비교육은 필요하다. 결혼준비교육의 내용은 일반적으로 결혼만족 요인과 동질혼 등에 대한 정보 습득, 의사소통이나 문제해결 등의 기술 개발, 결혼기대나 역할에 대한 가치태도 탐구 등을 포함할 수 있다(이기숙 외, 2009).

(3) 가족생활교육 활성화 방안

가족생활교육의 취지에 부합하도록 결혼과 가족생활교육을 활성화시키는 몇 가지

방안을 제시해 보면 다음과 같다.

첫째, 가족생활교육이 예방적 성격을 가지는 만큼 그 내용 구성에 있어서 미래의 가족생활 변화 국면을 수용할 수 있는 폭넓은 내용으로 다양화시켜야 한다(김정옥 외, 2002). 현재 가족생활교육은 주로 이혼가족, 한부모가족, 재혼가족을 중심으로 실시되고 있으나, 점차 증가하고 있는 독신 · 동거가족 · 싱글맘가족 · 동성애가족을 위한 프로그램 개발이 있어야 한다. 프로그램 내용이 포괄적인 성격을 가지기보다는 좀 더 독특하고 개별적인 가족형태에 맞추어 보다 효과적이면서 구체화된 내용으로 구성하려는 노력이 필요할 것이다.

둘째, 교육 방법의 다양성이 요구된다. 지금까지 정보와 지식 전달 위주인 기존의 교육자 주도형 방법에서 스스로 가족들과 교육생들의 참여와 경험을 통한 역동적 교육 방법의 진행이 필요하다. 즉, 좀 더 예방적이고, 치료적인 교육효과를 위하여 집단상담 프로그램 형태로 진행한다면 훨씬 효과적이고, 자조모임을 통하여 그들이 가지고 있는 자원과 강점을 찾게 한다면 가족들의 자립을 촉진할 방안도 될 것이다.

셋째, 가족생활교육에 대한 참여 대상의 확대 및 교육 정책의 지원과 대책이 병행되어야 할 것이다. 현재 가족생활교육은 대학교육 내에서 전공 또는 교양 선택과목으로 이수되고 있거나, 사회나 종교 기관을 통해 교양교육의 성격을 띠고 있다, 뿐만 아니라 대부분의 경우 소정의 교육 프로그램을 이수한 후 가족발달의 다음 단계나 내용의 심화 단계로 이어지는 경향이 드물고, 일회성으로 그치는 경우가 많다(김정옥 외, 2002). 결혼준비교육 역시 전문적인 결혼지도자의 자격을 갖춘 사람이 교육을 진행하고 있지 않기에, 보다 훈련받은 전문가 교육이 필요할 것이다. 결혼을 하고 가족을 형성하는 것은 인간 누구나 겪는 생애 과정임을 감안할 때, 평생교육차원에서 중 · 고등학교 과정에 다양한 가족의 의미와 이성교제에 대한 내용 등을 다루게 함으로써 교육 대상의 범위를 확대시키고, 교육의 연속성을 고려할 필요성이 있다.

3) 가족상담치료

가족을 지원하기 위한 실천적 접근 방법으로써 가족상담치료를 소개해 볼 수 있다. 상담 및 치료는 예방적 성격이 강한 교육과는 달리 문제가 발생한 후에 가족의 역동성을 바꾸어 가족 간의 상호작용을 수정하는 접근방법이다.

다시 찾은 부부사랑

결혼 30년 차인 신익수(54) · 권순옥(52) 씨 부부. 열렬히 연애해 결혼에 골인했지만 6년 후 위기가 찾아왔다. 시댁 식구들과 살림을 합치면서다. 아내 권 씨는 스트레스를 남편에게 퍼부었고, 부부는 일주일씩 대화를 끊었다. 권 씨는 우울증에 빠졌고 결국 이혼을 선포했다. 부부의 연은 그렇게 끝나는 듯했다. 하지만 부부 대화법, 분노 치유 프로그램에 참여한 뒤 다시 사랑을 회복했다. 부부는 "다시 연애시절로 돌아간 것 같다. 정말 행복하고 만족한다"고 말했다.

■ **대화 · 치유의 기술 공부하는 것도 방법** 시들해진 사랑도 물을 주고 햇볕을 쪼여주면 다시 꽃피울 수 있다. 그렇다고 멀어진 부부 · 연인 관계가 자석처럼 갑자기 들러붙진 않는다. 부부상담 전문가인 송길원 박사(하이패밀리 대표)는 "뇌 호르몬에 이끌린 사랑의 단계가 지나면 전인격적 사랑으로의 모드 전환이 필요하다. 이때 부부관계에 도움을 주는 강좌를 듣거나 책을 읽어 사랑의 기술을 익히면 도움이 된다"고 말했다. 힐리언스 선마을 등에서 '행복 더하기 부부캠프(집단상담)'가 열리는 것도 그 일환이다.

| **출처** | 중앙일보(2011. 1. 10.).

미국에서는 1940년대 후반에서 1950년대 사이에 가족치료적 접근방법이 시작되었는데, 초기에는 정신분열증 환자와 그 가족에게 관심을 가졌으나 그 이후로는 다양한 정신질환까지 확대되어 적용하였으며, 결혼상담과 아동상담 분야에서도 개인보다는 가족관계를 중시하기 시작하였다. 우리나라에 가족치료의 개념이 도입된 것은 1970년대 초반부터이며, 점차적으로 실무분야와 대학교육 과정에 반영되기 시작하였다. 현재 각 시 · 군 · 구 건강가정지원센터에서는 가족상담치료 접근방법으로 다양한 상담지원을 하고 있다.

(1) 가족상담치료의 개념

여러 가지 심리적 장애, 문제 행동 등의 원인을 환자 개인으로만 보았던 지금까지의 관점을 이러한 원인으로 가족관계나 가족의 정서적 환경의 영향력이 더 큼을 인식하는 것이 가족치료의 기본관점이다. 즉 가족을 하나의 체계로 보고 그 체계 속의 상호작용 양상에 변화를 줌으로써 개인의 증상이나 행동에 변화를 가져오도록 하는 개입방법으로 전통적인 개인치료와의 차이를 정리해 보면 다음과 같다.

첫째, 문제의 원인을 개인에게 두고 정신 내면의 과정에 둔 전통적인 개인치료와는 달리 문제의 초점을 개인을 둘러싼 가족이나 사회체계에 둔다.

둘째, 가족치료자는 환자의 가족체계를 치료 대상으로 삼는다. 가족 안에서 증상을 앓고 있는 사람을 지적된 환자(Identified Patient)라고 부른다. 이들은 단지 가족으로부터 문제시되고 있는 사람일 뿐이다. 따라서 가족치료자는 IP와 다른 가족 간의 관계변화에 관심을 가지게 된다.

셋째, 문제시되는 개인을 둘러싼 맥락 속에서 구성원들과의 관계를 강조하는 대인관계적 모형을 강조하므로 치료단위로서 가족 전체론적인 관점이 중요하다.

넷째, 가족치료자는 개인의 오래된 갈등을 해결하기보다는 개인을 둘러싼 역기능의 상호작용에 의한 위기를 해결하는 것으로써 단기치료를 추구하는 경향이 있다.

(2) 가족치료의 접근방법

가족치료를 위한 접근방법들을 살펴보면 다음과 같다.

첫째, 구조적 접근방법이 있다. 이는 가족의 구조를 결정하기 위한 가족의 상호작용과 활동에 초점을 둔다. 가족구조를 변화시키기 위하여 어떻게, 언제, 누가 현재 문제에 관련되어 있는가를 이해하기 위하여 가족을 지배하고 있는 규칙을 찾아내는 것도 유익하다. 이러한 추상적 수준에서 가족을 이해하기 위한 매개적 개념으로 하위체계, 경계, 동맹, 세력의 문제를 검토한다.

둘째, 정서체계치료-세대적 접근방법이 있다. 3세대 혹은 그 이상 세대가족의 역동관계와 정신역동적 이론을 배경으로 치료에 개입하는 방법으로, 치료의 초점은 원가족과의 관계에서 '나'의 위치를 유지(자아분화)하는 것이다. 중요개념으로 자아분화, 가족투사 과정, 다세대전수 과정 등이 있다.

셋째, 경험적 접근방법이 있다. 실존적 인간주의 상담기법에서 전개되어온 기법으로 가족구성원 개개인에게 더욱 역점을 둔다. 가족구성원 개개인은 서로 간에 개인적인 경험을 나눌 수 있도록 하고 개인성장에 많은 초점을 둔다. 따라서 개별성, 선택의 자유, 개인의 성장이 주요 개념이다. 스트레스 상황에서 가족이 자주 사용하는 역기능적 의사소통을 회유형, 비난형, 초이성형, 산만형으로 유형화하여 이를 경험적 기법과 연결하여 의사소통을 향상시키고자 한다.

넷째, 행동적 접근방법이 있다. 행동적 접근방법은 사회학습이론과 사회적 모델과 더불어 조작적 조건이론을 통합하는 것으로, 가족문제를 비효과적인 강화패턴에 기인하는 것으로 본다. 가족이 바라는 적응적 행동에 대한 합리적이고 성취 가능한 목표를 선택하여 이를 강화하도록 돕는다. 주된 치료기법으로는 '봉사의 날' 연습, 의사소통기술 증진(적극적 경청, 무슨 요구를 하고 싶을 때 나라는 말로 시작하는 것, 긍정적 피드백, 잘한 행동에 대한 아낌없는 칭찬 등), 행동계약 등이 있다.

다섯째, 해결 중심적 접근방법이 있다. 내담자의 성공의 경험을 찾아내어 내담자를 지원하고 지지하는 접근방법으로, 상담에 오기 전 변화된 점 질문, 예외질문, 기적질문, 척도질문, 대처질문 등의 기법이 있다.

여섯째, 이야기 치료적 접근방법이 있다. 내담자가 가지고 있는 부정적인 주된 삶의 주제를 바꾸는 접근방법으로 증상(문제)의 외현화를 통하여 문제와 내담자의 정체성을 분리하며, 독특한 결과(일종의 예외 찾기)를 찾고, 이를 중심으로 이야기 진술, 재진술, 재진술의 재진술 등을 통하여 내담자의 주된 삶의 이야기를 다시 쓰는 접근방법이다.

일곱째, 현실치료적 접근방법이 있다. 개인이 가지고 있는 기본적인 욕구의 충족을 어떤 방식으로 충족하는가가 관계 갈등의 원인이 될 수 있다고 본다. 이를 위한 치료적 과정을 WDEP(원하는 것이 무엇인가? 원하는 것을 얻기 위해 무엇을 하고 있는가? 그렇게 하는 것이 도움이 되는가? 도움이 되지 않는다면 다른 무엇을 할 것인가? 등의 탐색질문)로 접근하는 방법이다.

이상으로 주요한 가족치료 접근법을 살펴보았다. 가족이 경험하고 있는 문제의 특성과 역사성, 맥락 등에 따라 가족의 역동성을 재구성하기 위한 접근 모델이 달라질 수 있다. 한편, 대부분의 가족치료 모델에서 가족의 건강성과 기능성 증진을 위해서는 먼저 부부체계의 강화와 함께 부모역할의 중요성이 선행되어야 함이 일차적으로 강조되고 있다. 그러나 이러한 접근방식은 다양한 가족형태에 따라서 그 가족의 건강성과 기능성 수준을 파악하는 기준으로 달라져야 한다. 어떤 정형화된 틀이 아니라 개별가족의 상황에 적절한 가족상호작용을 파악할 수 있는 가족상담치료적 적용이 필요할 것이다.

웬수에서 다시 찾은 반쪽으로

사랑을 하고 결혼을 하여 부부가 되었지만, 서로 다른 성장 과정과 가정 환경, 교육배경 등으로 결혼생활 과정에서 갈등은 자주 발생한다. 여성가족부가 위탁하고 있는 전국의 건강가정지원센터에서는 부부갈등을 해결하기 위한 방안으로 부부상담 프로그램 개발과, 법원연계 부부상담 프로그램 개발 및 이혼 전·후 상담을 통해서 위기에 놓인 가정의 건강성 회복을 위해 다양한 프로그램을 운영하고 있다.

A씨의 경우도 육아부담에서 오는 남편과의 갈등으로 이혼을 심각하게 고려한 경우이다. 남편의 늦은 퇴근과 육아의 비협조적인 태도로 스트레스를 받아온 A씨는 언젠가부터 남편과의 대화가 없어지고, 남편과 같이 있는 시간조차 즐겁지 않았다. 그러던 중 건강가정지원센터의 부부교육과 상담이 있다는 것을 알게 되었고, 남편과 함께 지속적인 상담을 받았다. 처음엔 문제의 심각성을 느끼지 못했던 남편도 점차 부부 사이의 문제를 인식하고 달라지기 시작했다.

건강가정지원센터의 2010년도 1/4분기 상담사례를 보면 전체 상담 23,641명 중 부부문제로 찾아온 사람이 4,691명, 자녀문제 4,678명 순으로 나타났다. 혼전 상담이 3,901명으로 가장 많았고, 뒤를 이어 위기가족 상담 1,749명, 이혼 후 상담이 1,022명으로 나타났다. 주요 상담내용은 성격, 가치관 차이로 인한 심리행동 상담이 9,550명(40%)으로 가장 많았으며, 내담자의 연령은 30대 6,901명, 40대 5,937명이었으며, 10대와 20대 자녀가 아버지와 어머니의 갈등문제를 상담해온 경우도 있었다. 한 번의 일회성 상담보다는 연속상담으로 이어지는 경우가 많았고, 상담을 받은 부부 중 많은 부부들이 건강가정지원센터의 부부 프로그램들을 이용하며, 처음보다 변화된 모습을 보였다.

바쁜 일상을 보내다 보면 부부의 소중한 의미를 잊고 지낼 때가 있지만, 평생의 동반자로 만난 인연인 만큼 서로가 최선을 다해 갈등을 극복하는 것은 중요하다.

둘이 하나가 되어 행복한 가정을 만들자는 의미의 부부의 날을 맞이하여 부부간의 새로운 관계맺음을 위해 가까운 건강가정지원센터를 방문해 보는 것도 좋은 방법일 것 같다.

| **출처** | 뉴시스 와이어 보도자료(2010. 5. 20.). 중앙건강가정지원센터 자료 제공.

02 결혼과 가족의 전망

우리에게 가족은 어떤 의미일까? 오늘날 가족은 결혼의 누적된 실패의 경험과 성역할 관계의 변화, 직업 및 교육가치의 상승, 생물학적 기술의 발달 등으로 가족에 관한 전통적인 틀이 무너지고 있다. 즉 가족의 개념이 달라지면서 가족을 형성하는 요건, 가족의 목표 등이 변화한다. 그렇다면 가족이 갖는 가치는 어떠할까?

어떤 이는 "메마른 가슴을 채우고 지친 몸을 달랠 수 있는 것은 가족이 유일하다"면서 "세상이 각박해지면서 가족의 중요성과 가치는 더욱 빛을 발한다"고 말했다. 물질적으로 풍요하고 개인주의가 발달한 서구일수록 가족의 가치가 더욱 높게 평가되는 것도 같은 맥락이다. 세라 페일린 미국 공화당 부통령 후보는 가족 사랑을 앞세운 전략으로 최고 인기를 누리고 있고, 2008 베이징 올림픽에서 금메달을 휩쓴 미국의 마이클 펠프스도 장애를 가족들의 헌신적인 노력으로 딛고 8관왕을 이뤘다. 심지어 1인 가족이 급속도로 늘고 있지만 흥미로운 점은 이들도 조사해 보면 가족지향성이 매우 높게 나온다는 점이다(한국여성정책연구원, 2007). 즉 인간은 기본적으로 가족을 그리워하고 동경하는 속성이 있는 것이다. 즉 가정이라는 시스템이 무너져도 가족은 영원하다고 볼 수 있다.

그렇다면 미래가족은 어떻게 변화할 것인가? 다양한 결혼 및 가족생활형태가 도입되리라는 기본 전제하에 가장 두드러지게 예상되는 현상을 옥선화 외(2000)는 다음과 같이 제시하고 있다.

첫째, 다양한 결혼형태의 시도로 새로운 부부관계, 부모자녀의 관계의 문제들이 도출될 것이다. 둘째, 부부취업가족이 일반화됨으로써 자녀양육과 집안관리 등의 지원으로 인한 부모세대 및 친족과의 유대가 연결된 변형된 확대가족의 출현이 있을 것이다. 셋째, 직장과 가정의 경계가 약화되는 전자주택의 시대로 인해 가족생활과 여가에 대한 요구가 높아지면서 부부관계의 친밀성이 강조됨으로써 오히려 가족의 기능이 더 강화될 것이다. 넷째, 가족이 다른 어떠한 대안적 제도보다 유용한 제도로 남겨질 것으로 보인다.

김정옥 외(1999)도 미래 가족생활의 변화로 첫째, 가족생활을 조직하는 대안적 형태들이 다양할 것이다. 그러나 가족생활 양식은 변함없이 자녀출산과 양육, 가치와 문화의 세대 간 전이, 감정적 유대관계, 갈등 과정들에서 유사성을 가지면서 어떠한 형태에서든 가족영역이 지속되리라고 보고 있다. 둘째, 정보화 및 전자시대에서는 인간관계 유형이 가족관계 중심으로 회귀할 가능성이 있다라고 하였다. 정보화시대에는 정서적 친밀감을 공유할 수 있는 대상이 축소됨으로 인하여 단절감 내지는 소외감의 증대로 가족 간의 정서적 욕구가 강화될 것으로 보인다. 셋째, 여성의 사회활동범위와 참여가 확대될 것이다. 이런 흐름에 병행하는 평등주의적 가족이념, 즉 가사노동의 사회화와 과학화, 부부역할의 공유화, 이를 지지해 줄 사회적 · 문화적 · 정책적 제도의 정착에 대한 요구가 커지게 될 것으로 본다.

이로 미루어 볼 때 가족의 형태는 달라지더라도 가족이라는 제도는 지속되어지며 때론 이전보다도 더 가족의 기능이 강화되리라는 것이 결혼과 가족에 대한 일반적 전망의 요지이다. 다만 우리가 변화하는 가족의 개념에 어떠한 틀을 부여할 것인가가 과제라 하겠다. 현재 다양한 가족을 나름대로의 기능성을 가진 새로운 가족으로 인식하여야 한다는 주장은 이미 오랜 전부터 제기된 시각이지만 아직도 이들에 대한 수용적인 태도는 부족하다고 볼 수 있다. 이를 위해서는 결혼과 가족의 기준을 가족의 구성보다는 구성원의 상호작용을 기준으로 삼아야 하며, 부부라는 개념도 커플이라는 개념으로 바뀌어야 한다는 주장(정현숙, 1996)도 제기되어진다. 즉 결혼과 가족은 누구와 사느냐보다는 구성원들의 '상호보호와 만족'에 대한 차원과 어떠한 기능을 수행할 것인가가 강조된다. 따라서 부부란 "결혼한 부부와 합의에 의해 함께 사는 부부 모두를 포함하는 것으로, 두 사람이 결혼하지 않았더라도 서로 결혼생활과 같은 관계를 가지며, 같은 집에서 살 때 합의에 의한 결합의 파트너로 이해되어야 한다"는 UN/ECE(1998)의 개념을 채택할 수 있겠다.

한편, 유영주 외(2008)는 미래사회를 예견하기는 매우 어렵지만 가족의 미래를 연구할 때 몇 가지의 예측을 토대로 해야 함을 제시하고 있다. 첫째 성행위나 결혼의 경험이 합법적으로 다양화되는 추세, 둘째 이들과 관련된 부정적 감정의 감소, 셋째 인간관계의 종류, 내용, 기간에 있어서 개인적 선택의 가능성 증가, 넷째 전체적으로 새로운 형태의 공동체나 공공생활 제도의 확대, 다섯째 변화하는 생활주기와 다단계

결혼 등이 그것이라고 하였다.

이와 같이 대다수 학자들의 공통적 의견은 가족의 미래는 불확실하지만 인간존재의 궁극적인 의미를 부여해 줄 수 있는 기능을 하는 한 가족은 존속되어질 것으로 보고 있다. 다만 변화하는 시대 속에서 가족의 의미와 기능을 재발견하려는 노력, 그리고 가족 속에서의 남녀 간의 평등주의적 가치의 실현에 대한 노력들이 병행되어져야 함을 과제라 하겠다.

결혼과 가족제도라는 것은 그 사회의 원형으로서 사회의 변화에 매우 민감하게 반응하기도 하고 때로는 그 힘이 사회의 변화추세에 저항하는 것이다. 우리 사회는 일반적으로 농경사회에서 산업사회로 넘어오면서 가족의 기능, 개념에서 상당한 변화를 경험한 것이 사실이다. 실제 여성가족부가 발표한(2010) '가족실태조사' 에 의하면 한부모의 자녀양육, 독신/비혼, 결혼을 전제하지 않은 성관계 등과 관련한 질문에서 전체적으로 약간 부정적인 편(5점 척도에 2.3~3.0점 사이)으로 나타났다. 다만, 연령이 낮을수록 이러한 경향이 약해져 인식이 점차 개방적으로 변화하고 있음을 보여주었다.

현대사회에서 나타나는 생활양식의 다양화와 개인의 개별화가 진행되고는 있지만 인간은 여전히 가족을 포기하지 않고 있음을 알 수 있다.

일생 동안 여러 번의 결혼을 통해서라도 가족 속에서 개인의 행복을 추구하려고 하는 노력들, 남편 없이 아내 없이도 부모 역할을 수행하면서 가족을 유지하는 한부모가정, 혈연은 아니지만 가족구성원으로 받아들이면서 새로운 가족을 구성해 보려는 재혼가정들과 다양한 공동체 가정들, 결혼이라는 제도적 구성요건은 갖추지 못했지만 자신의 자녀를 포기하지 않은 싱글맘가족, 결혼이 가지는 불합리한 구속을 거부했지만 이들은 커플로서의 대안을 시도하고 있는 동거 커플들에서 전형적인 가족의 모습은 해체되었지만 이들은 또 다른 시도로써의 분명한 가정의 모습이다.

전형적인 가족이 해체되는 이유는 기존의 가족구조 속에서 개인의 존중, 자아발달, 자아성취의 기능이 이루어지지 않기 때문임을 간과해서는 안 될 것이다. 분명 가족은 인간을 인간답게 육성시키고 안식과 휴식을 얻는 장소임이 분명하나 누가 누구에 의해 희생되거나 억압되어서는 안 되며 사랑과 평등, 인격존중이 선행되어야 한다. 가족은 기능적이고 생물학적인 측면이 아니라 올바른 관계 만들기라는 관점에서 이해되어져야 할 것이다. 우리가 지켜야 할 것은 가부장적이고 생물학적인 가족이 아니라 평등과 사랑을 바탕으로 한 인간관계인 것이다. 이는 가족 모두의 욕구가 충족되고 인간다운 삶을 보장하는 것을 목표로 하는 2005년에 제정된 「건강가정기본법」에 명시된 건강가족의 개념과도 일맥상통하는 것이다.

우리가 지금 가족에게 원해야 하는 것은 그리고 진정한 의미에서의 가족해체를 막기 위해서는 가족이 가져야 하는 최대한의 구성요건을 강요하고 규정해야 하는 것이 아닌, 가족이 지니고 있는 최소한의 요건을 받아들이면서 가족의 본질적 목표인 평등과 인간성이 보장되는 가족의 건강성과 기능성 강화라 하겠다.

우리의 과제는 가족의 건강성 증진과 기능성 강화라는 최종 목표를 어떤 가족형태에서도 이룰 수 있음을 기억하면서, 가족을 지원하기 위한 제도적, 실천적 접근방법에 대한 끊임없는 검토와 탐구라 하겠다.

가족형태는 다양하지만 그들은 행복했다

프랑스에서 참으로 다양한 가족형태를 만났다.

그 형태를 나열해보면, 결혼식을 올린 정식 부부, 일정 기간 동거 후 결혼식을 올린 부부, 동거만 하고 있는 연인(아주 일반적이다), 동거 후 아이를 출산한 연인, 아이를 둔 싱글맘, 한쪽은 아이가 있고(아빠), 한쪽은 아이가 없는(엄마) 사이에서 동거로 아이를 둔 연인. 가족의 형태는 다양했지만 자신이 살아가는 방식에 대해서는 매우 자랑스러워했고, 행복해 보였다. 프랑스는 법적인 결혼 이외에 다양한 가족형태로 아이를 출산하는 비중이 50% 가까이 된다고 알려져 있다. 이런 현상은 가족이라는 형태를 매우 경직되게 바라보는 한국의 시각으로는 쉽게 받아들이기 힘들다.

실제 한국 사회에서 이혼을 한다는 것은 주변의 시선, 육아의 고통, 생활고의 가중 등 사회적으로 일정 정도 불이익을 감수해야 한다. 게다가 싱글인 상태로 아이를 키운다는 것은 엄청난 희생을 각오해야만 가능한 일이다.

그렇다면 당신은 한국과 프랑스의 중요한 차이가 무엇이라고 생각하는가? 전통적 가족형태를 고수할 것인지, 프랑스와 같은 새로운 가족 행태를 지지할 것인지에 대해서 언급할 생각은 없다. 그것은 종교적, 사상적으로 철저히 자신의 선택에 맡겨져야 한다고 믿기 때문이다. 하지만 국가의 역할은 좀 달라져야 한다고 생각한다. 프랑스는 위에서 언급한 가족의 형태를 불문하고 생명 탄생 및 성장 과정에 전폭적인 지원을 하고 있었다. 실제 프랑스는 68혁명 이후 자유주의 바람이 불면서 여성의 권위가 성장했고, 가족의 형태가 다양해졌다. 그 이후 사회적 합의를 이룬 것은 아이가 어떤 부모에게서 태어났던지, 어디에서 왔던지, 가난에서 아이를 보호해야 한다는 것이다. 프랑스에서 태어난 아이 혹은 프랑스에서 살아가고 있는 아이들은 프랑스가 책임져야 한다는 인식이 자리 잡은 것이다. 물론 프랑스에서도 다양한 가족형태에 대해서 못마땅하게 생각하고 있는 사람들도 존재한다. 하지만 그들이 낳은 아이를 국가가 지원해야 한다는 것은 정치적으로 보수든, 진보든 크게 차이가 없다고 한다.

| **출처** | 오마이뉴스(2010. 3. 11.).

참고문헌

21세기 가족문화연구소 편역(2002). 행복한 결혼, 건강한 가족. 서울: 양서원.

강규남(2007). 결혼상담 기술. 서울: 이지출판.

강미경 역(2000). 셰리카터-스콧. 사랑이 게임이라면 규칙이 있다. 서울: 창해.

구명숙 · 홍상숙(2004). 독신생활에 대한 대학생의 인식. 여성연구 67호. 한국여성정책연구원.

권석만(1999). 인간관계 심리학. 서울: 학지사.

권진숙 · 신혜령 · 김정진 · 김성경 · 박지영(2006). 가족복지론. 경기: 공동체.

기든스 애터니. 김미숙 · 김용학 · 박길성 · 송호근 역(1998). 현대사회학 제3판. 서울: 을유문화사.

조은(1999). 가족제도의 운명과 새로운 공동체의 가능성. 창작과 비평, 103호. 45-61.

김명자 · 계선자 · 김연화 · 박미금 · 박수선 · 송말희 · 유지선 · 이미선(2006). 아는 만큼 행복한 결혼, 건강한 가족. 서울: 숙명여자대학교 출판국.

김병후(2003). 우리 부부 정말 괜찮을까. 서울: 중앙 M & B.

김상원(2008). 성교육 · 성상담의 이론과 실제. 서울: 교육출판사.

김소연 역(2004). 주디스 올로프. 좋은 운명을 끌어들이는 포지티브에너지. 서울: 한언.

김소희 역(2010). 로버트 스턴버그 · 카린 웨이스 편저. 심리학, 사랑을 말하다. 경기: 21세기 북스.

김승권 · 조애저 · 이삼식 · 김유경 · 송인주(2000). 2000년 전국출산력 및 가족보건실태조사. 서울: 한국보건사회연구원.

김승권 · 양옥경 · 조애저 · 김유경 · 박세경 · 김미희(2004). 다양한 가족의 출현과 사회적 지원체계 구축방안. 서울: 한국보건사회연구원.

김양호 · 배선희 · 송말희(2001). 중년남성 대상 가족생활교육 프로그램 개발 및 평가-평등한 부부관계 정립을 목적으로. 한국가정관리학회지, 19(2).

김영애(2002). 사티어 의사소통 훈련 프로그램. 서울: 김영애가족치료연구소.

김영화 · 이진숙 · 이옥희(2010). 성인지적 가족복지론. 경기: 양서원.

김예정 · 김득성(1999). 대학생들의 데이팅 폭력에 영향을 미치는 변인들(II)-피해자를 중심으로. 한국가정관리학회지, 제17권 제3호. 187-202.

김용미 · 서선희 · 옥경희 · 정혜정(2002). 결혼과 가족의 의미. 경기: 양서원.

김운회(2006). 가정폭력범죄-그 이론과 실제. 서울: 백산.

김은수 · 공일근 · 김동학 · 김수영 · 박종임 · 서혜희 · 오승은 · 이경호 · 이임순 · 이재석 · 임윤규 · 전상학 · 정진복 · 조경상 · 조명환 · 조세형 · 최양규 · 한정수 역(2010). 성 과학의 이해. 서울: 라이프사이언스.

김인자 역(2009). 마틴 셀리그만. 긍정심리학. 경기: 물푸레.

김정옥(1999). 새로 보는 결혼과 가족. 서울: 학지사.

김정옥 · 박경규 · 구향숙 · 한동희 · 류도희 · 전형미 · 이현혜 · 이은경 · 정복희 · 김성희 · 장보임 · 엄인숙(2002). 결혼과 가족. 서울: 신정.

김정옥 · 옥선화 · 김태현 · 김득성 · 박충선 · 구향숙 · 류도희 역(2006). 마게리 로젠 · Ladie' s Home Journal의 편집자. 행복한 결혼의 7가지 비밀. 서울: 신정.

김중술(1994). 사랑의 의미. 서울: 서울대학교 출판부.

김중술(2000). 신 사랑의 의미. 서울: 서울대학교 출판부.

김태현(2005). 가치관 변화와 저출산. 보건복지포럼, 4월호. 16-24.

김태현 · 이성희(1991). 결혼과 사회. 서울: 성신여자대학교 출판부.

김태현 · 전길양 · 김양호(2003). 사회변화와 결혼. 서울: 성신여자대학교 출판부.

김한곤(1991). 한국여성의 지위와 출산력: 1966-1985. 한국사회학, 25(겨울호). 177-198.

김한곤(1993). 여성의 지위와 출산력에 관한 미시적 분석: 1974-1985. 인문연구, 15(1). 259-282.

김혜선 · 박혜인 · 옥선화(2008). 가족관계학. 서울: 한국방송통신대학교.

김혜경 · 도미향 · 문혜숙 · 박충선 · 손홍숙 · 오정옥 · 홍달아기(2006). 가족복지론. 경기: 공동체.

김희성 외(2010). 가족생활교육론. 경기: 공동체.

나선숙 역(2002). 스티븐 카터. 사랑을 움직이는 9가지 사소한 습관. 서울: 베텔스만.

도미향 · 채경선(2008). 여성학의 이해. 경기: 양서원.

류현수 · 이정숙 · 김주아(2007). 가족관계와 복지. 서울: 동문사.

민희철 · 우석진 · 김현숙 · 김혜원 · 류덕현 · 옥우석(2007). 저출산 극복 및 성장 잠재력 확충을 위한 가족친화정책: 조세, 재정, 보육 · 교육, 여성노동 분야에서의 정부의 역할. 서울: 한국조세연구원.

박민자(1992). 여성한국사회연구회 편. 부부관계의 평등성, 한국가족의 부부관계. 서울: 사회문화연구소.

박숙자(2001). 낙태의 선택권과 입법과제. 한국여성학회 제17대 춘계발표 자료.

박영창(2005). 저출산관련 정책평가 및 입법과제. 서울: 한국법제연구원.

박주희(2007). 젠더, 가정생활, 일의 양립. 서울: 구상.
변혜정(2006). 섹슈얼리티 강의 두 번째. 경기: 동녘.
변화순(1996). 이혼가족을 위한 대책 연구. 서울: 한국여성개발원.
보건복지가족부(2009). 다문화가족실태조사.
부산 여성사회교육원(1997). 성 바로 알기. 서울: 의암출판.
서희연 역(2009). 로베르트 비스바스 · 디너 · 벤딘. 긍정심리학 코칭. 아시아코치센터.
선안남(2009). 심리학, 사랑에 빠지다. 서울: 스타북스.
성정현 · 박한샘 · 김희수(2006). 이혼가정 자녀 어떻게 돌볼 것인가. 서울: 청목.
성정현(1998). 이혼여성들이 경험하는 심리사회적 문제와 대처전략. 사회복지연구, 제11호.
성정현 역(2001). 크레이크 에버릿. 이혼, 언제라도 너는 행복해야 한다. 서울: 함께 읽는 책.
송관재(2003). 성 차이의 심리. 서울: 선학사.
송웅달(2007). 900일간의 폭풍, 사랑. 경기: 김영사.
송정아(2006). 성역할 사회화에 관한 문헌고찰. 진리논단, 14. 충남: 천안대학교.
송진숙 · 권희경 · 김순기(2006). 결혼과 가족 그리고 부모됨. 서울: 창지사.
신라대학교 가족상담센터(2007). 행복가족레시피. 서울: 창지사.
신상숙(2009). 젠더와 몸 그리고 소통. 서울: 한국양성평등교육진흥원.
양유성(2008). 외도의 심리와 상담. 서울: 학지사.
양창순(2008). 나는 왜 사랑을 못 하나. 서울: 예담.
양해림 · 유성선 · 김철운(2001). 성과 사랑의 철학. 서울: 철학과 현실사.
여성가족부(2010). 전국 가정폭력 실태 조사.
여성을 위한 모임(1992). 일곱가지 여성 콤플렉스. 서울: 현암사.
여성을 위한 모임(1994). 일곱가지 남성 콤플렉스. 서울: 현암사.
옥선화 · 성미애(2004). 20, 30대 이혼 남녀의 이혼과 이혼 후 적응 실태에 관한 조사 연구. 대한 가정학회지, 42(12). 141-160.
옥선화 · 정민자 · 고선주(2006). 결혼과 가족. 서울: 하우.
우애령 역(2000). 윌리엄 글라써. 결혼의 비밀. 서울: 하늘재.
우애령 역(2008). 윌리엄 글라써. 결혼의 기술. 서울: 하늘재.
유영주 · 서동인 · 홍숙자 · 전영자 · 이정연 · 오윤자 · 이인수(2000). 현대 결혼과 가족. 서울: 신광.
유영주 · 강희중 · 김밀양 · 김순기 · 김연 · 박정희 · 배선희 · 손정영 · 안재희 · 양순미 · 오윤자 · 이인수 · 이정연 · 이창수 · 전영자 · 최희진 · 홍성례 · 홍숙자(2004). 새로운 가족학. 서울: 신정.
유영주 · 김순옥 · 김경신(2008). 가족관계학 제2개정판. 경기: 교문사.
유영주 · 김순옥 · 김경신(2000). 가족관계학. 서울: 교문사.
윤근섭(1995). 여성과 사회. 서울: 문음사.

은기수 · 전광희 · 윤홍식 · 김수정(2005). 외국 저출산 대응정책 효과성 분석 및 우리나라 도입방안 연구. 서울대 국제대학원.
이기숙 · 김득성 · 공미혜 · 김은경 · 전영주 · 손태홍 · 오경희(2009). 결혼의 기술. 서울: 신정.
이기숙 · 고정자 · 권희경 · 김득성 · 김은경 · 김향은 · 옥경희(2009). 현대 가족관계론. 서울: 파란마음.
이기숙 · 공미혜 · 김득성 · 김은경 · 손태홍 · 오경희 · 전영주(2001). 결혼의 기술. 서울: 학지사.
이삼식(2005). 출산율 회복을 위한 정책적 제언. 저출산 대책 전문가 정책 간담회.
이삼식 · 최효진(2008). 최근의 출산율 증가 원인과 정책적 함의. 저출산 대응 정책과제개발 · 확산을 위한 다제학적 연구. 저출산대책포럼.
이성희(2010). 가족해체와 대안가정의 현주소. 2010 추계학술대회. 21세기기독교사회문화아카데미. 27-32.
이성희 · 한희선(2009). 여성과 가족. 서울: 파란마음.
이숙진(2009). 해체냐 복원이냐, 기로에 선 한국가정과 가족.
http://blog.naver.com/sbh5304?Redirect=Log&logNo=20089978075.
이시원 · 김영기 · 이성진(2006). 우리나라 지방자치단체의 출산감소요인에 관한 연구. 한국행정논집, 18(1). 83-103.
이영돈(2006). (KBS 특별기회 다큐멘터리) 마음. 서울: 예담.
이영실 · 이윤로(2008). 정신건강론. 서울: 창지사.
이용란(2006). 가정폭력 재발억제 요인에 대한 사례연구: 가정폭력 행위자 집단상담 프로그램 수료자를 중심으로. 대전대학교 석사학위논문.
이원숙 · 박미선(2010). 가정폭력 프로그램. 서울: 학지사.
이원숙(2007). 가족복지론. 서울: 학지사.
이재경 · 조영미 · 민가영 · 박홍주 · 이혜경 · 박혜경 · 이은아(2007). 여성학. 서울: 미래인.
이정연(2009). 미혼독신 세대의 실태와 전망. 여성연구, Vol. 8.
이철우(2008). 심리학이 연애를 말하다. 서울: 북로드.
이혜숙(2010). 여성과 사회. 경남: 경상대학교 출판부.
이은희 역(2008). 한스 요아힘 마츠. 심리학이 들려 주는 사랑의 기술. 서울: 중앙북스.
임인숙(1999). 미국 학계의 가족변화 논쟁. 가족과 문화, Vol. 11. No.1. 한국가족학회.
임정빈 · 정혜정(1997). 성역할과 여성. 서울: 학지사.
장상희(1992). 성역할 사회화. 부산대학교 여성연구소.
장선철(2008). 21세기 현대사회와 정신건강. 서울: 동문사.
장혜경(2005). 가족실태조사. 여성가족부.
전북발전연구원(2007). 전라북도 저출산관련정책 평가. 미간행.

전북발전연구원(2007). 전라북도 출산관련 정책개발을 위한 전문가 간담회 자료. 미간행.
정문자 · 이현수 · 김연희(2000). 가족생활주기별 내담자의 문제와 가족치료기법 분석. 한국 가족치료학회지, 8권 1호. 3-29.
정문자 · 정혜정 · 이선혜 · 전영주(2007). 가족치료의 이해. 서울: 학지사.
정옥분 · 정순화 · 홍계옥(2009). 결혼과 가족의 이해. 서울: 시그마 프레스.
정유성(2005). 대학생의 자기 노출과 이성관계 만족감. 단국대학교 교육대학원 석사학위논문
정현숙 · 유계숙(2001). 가족관계. 서울: 신정.
정현숙 · 최연실 · 유계숙(1998). 결혼학개론. 서울: 상명대 출판부.
정현숙(2003). 결혼학. 서울: 신정.
정현숙 · 옥선화(2008). 가족관계. 서울: 한국방송대학교 출판부.
정희진(2001). 저는 오늘 꽃을 받았어요. 서울: 또 하나의 문화.
조경수 역(2008). 프리츠 리만. 사랑하는 능력. 서울: 북폴리오.
조병구 · 조윤영 · 김정호(2007). 출산지원정책의 타당성 및 지원효과 분석. 서울: 한국개발연구원.
조성연 · 백경숙 · 옥경희 · 전효정 · 전연진(2009). 가족관계. 경기: 양서원.
조정문(1997). 정보사회에서의 가족 및 세대공동체. 사회조사연구, 12(1). 46-71.
조흥식 · 김인숙 · 김혜란 · 김혜련 · 신은주(2002). 가족복지학. 서울: 학지사.
존 가트만. 남은영(2007). 내 아이를 위한 사랑의 기술: 감정코치. 서울: 한국경제신문사.
최규련(2001). 행복한 결혼생활을 위한 부부대화법. 서울: 신정.
최규련(2007). 가족관계론. 경기: 공동체.
최선화(2007). 여성복지론. 경기: 학현사.
최숙희 · 김정우(2006). 저출산 대책, 무엇이 핵심인가?. CEO Information 557. 서울: 삼성경제연구소.
최외선 · 현은민 · 전귀연 · 이기숙 · 김득성 · 손낙주 · 구순주 · 배기조 · 홍상욱 · 박혜인 · 최보가(2003). 결혼과 가족. 대구: 정림사.
최윤정(2010). 한국의 저출산 대응복지정책에 관한 연구. 고려대학교 대학원 석사학위논문.
최정혜 · 구명숙(2010). 결혼과 가족탐구. 경남: 경상대 출판부.
최혜경 · 신수진 · 강진경(2004). 사랑학. 서울: 교문사.
추부길 · 김정희(1999). 충만한 가정만들기 초급시리즈. 서울: 한국가정사역연구소.
캐서린 한 역(2004). 마셜 B. 로젠버그. 비폭력대화. 서울: 바오.
한국보건사회연구원(2007). 다문화가족 실태조사.
한국여성개발원(1993). 한국가족폭력의 예방과 대책에 관한 연구.
한기연(2001). 분노 스스로 해결하기. 서울: 학지사.

함인희(2002). 한국가족의 위기: 해체인가 재구조화인가? 가족과 문화, Vol.14. No. 3. 163-184.
허라금(2000). 한국여성철학회 엮음. '몸으로 다시 꾸며보는 여성주체'. 여성의 몸에 관한 철학적 성찰. 서울: 철학과 현실사.
홍대식(2002). 연애와 결혼의 심리학. 서울: 박영사.
홍대식(2007). 잘사는 부부, 못사는 부부. 서울: 시그마북스.

CNB 뉴스(2009. 12. 28.)
PASS 홈페이지(낙태 후 스트레스 증후군)
YTN(2009. 8. 9.)
국정알리미(2006. 9. 14.)
결혼지능연구소
경제비타민(2008) KBS 2TV 경제비타민 제작팀
경향신문(2009. 7. 22.)
경향신문 & 경향닷컴(2010. 1. 15.)
공감코리아(2010. 12. 28.)
국민일보 쿠키뉴스(2010. 4. 22.)
뉴스와이어(2010. 8. 13.)
뉴시스(2010. 7. 6.)
뉴시스와이어(2010. 5. 20.)
다음 블로그 무터킨더(http://blog.daum.net/pssyyt)
다음 카페 열린부부문제연구소(http://cafe.daum.net/opencoupleinstitute).
매일경제(2010. 8. 30.)
매일경제(2011. 1. 14.)
새우리말 큰사전(2000)
세계일보(2007. 4. 6.)
세계일보(2010. 10. 12.)
스포츠조선(2010. 12. 9.)
아시아경제(2010. 8. 18.)
아주대학교 성폭력상담센터
여성가족부 홈페이지
여성신문 968호(2008. 2. 15.). 특집/기획.
여성신문 1108호(2010. 11. 12.). 오피니언.
여주신문(2010. 7. 5.)
연세대학교 성폭력상담소

연합뉴스(2008. 2. 26.)
연합뉴스(2009. 3. 4.)
연합뉴스(2010. 9. 21.)
연합뉴스(2011. 1. 13.)
오마이뉴스(2010. 3. 11.)
월간중앙(2007. 5. 1.)
인구보건복지협회
조선닷컴(2011. 1. 23.)
조은뉴스(2010. 3. 13.)
천지일보(2011. 1. 20.)
충청타임즈(2010. 12. 28.)
통계청 인구동태통계
통계청(2006). 인구주택 총 조사 자료.
통계청(2010). 혼인통계.
프레시안 뉴스(2009. 11. 26.)
한겨레21(2005. 10. 13.). 제580호.
한국가정법률상담소
한국경제(2010. 3. 6.)
한국경제닷컴(2010. 10. 12.)
한국여성민우회 홈페이지
한국일보(2010. 12. 5.)
한국일보 닷컴(http://news.hankooki.com/). 이웅진의 화려한 싱글은 없다.
헤럴드 경제(2010. 10. 12.)

Adams, B. N.(1995). *The Family*. San Diego: Harcourt Brace Collge Publishers.
Alam Kemp. 이화여자대학교 사회사업연구회 역(2001). 가족학대, 가족폭력. 서울: 나남.
Christiane Northrup. 강현주 역(2000). 여성의 몸 여성의 지혜. 서울: 한문화.
David Olsen & Douglas Stephens et al. 신희천 · 한소영 · 윤미혜 역(2009). 부부 연인보다 아름답게 사는 법. 서울: 학지사.
Douglas K. Snyder, Donald H. Baucom, Kristina Coop Gordon. 권정혜 · 오현주 · 정정숙 역(2010). 다시 행복할 수 있을까. 서울: 학지사.
Duvall, E. M.(1980). *Marriage and family development(5th ed)*. Philadelphia: Lippincott.
Gauthier, Anne, and J. Hatzius(1997). "Family benefits and fertility in Europe". in Kaufmann, F. X. and Schulze, H. J.(eds). *Family Life and Family Policy in*

Europe. Vol. 12. Oxford University Press.

Glenn Willson. 김정범 역(2009). 사랑의 미스테리 성 심리학으로 풀다. 서울: 미래문화사.

Goode, W.(1982). *The Family(2nd ed).* Engiewood Cliffs: Prentice Hall.

John Bradshaw. 오제은 역(2006). (진정한 나를 찾아 떠나는 심리여행) 가족. 서울: 학지사.

J. Udry(1971). *The Social Context of Marriage.* Lippincott company.

Lamanna, M. A. & Riedman, A.(1991). *Marriages and families.* CA: Wadsworth Pub. Co.

Margaret Mead(1935). 조혜정 역(1988). 세 부족사회에서의 성과 기질. 서울: 이화여자대학교 출판부.

OECD(2008). OECD in Figures 2007. OECD.

Paul Hegstrom(2008). 이남종 역(1999). 가정폭력 치유교과서. 서울: 글샘.

Richard J. Gelles(1977). 이동원 · 김지선 역(1998). 가정폭력의 허상과 실상. 서울: 길안사.

Stenberg, R. J.(1986). A trianglar theory of Love. *Psychological Review, 93.* 119-135.

Sundstrom, Marianne(1991). "Sweden: Supporting Work, Family, and Gender Equality". *Child Care, Parental Leave, and the Under 3s.* CT: Greenwood Publishing Group.

Susan Blyth Boyan & Ann Marie Termini. 홍경자 · 차영희 · 최태산 역(2009). 이혼 · 별거 가정의 부모역할. 서울: 학지사.

UN(2006). *World Population Policies 2005s.* United Nations Publications.

이 성 희

성신여자대학교 대학원 졸업 (가족학 박사)
현) 우석대학교 아동복지학과 교수 (가족학 전공)
전북가족복지교육원 원장
완주군 건강가정지원센터 센터장
완주군 다문화가족지원센터 센터장

한 희 선

성신여자대학교 대학원 박사과정 수료 (가족학 전공)
현) 한민대학교 사회복지학과 겸임교수 (가족학 전공)
전북가족복지교육원 교육위원장
대전시 건강가정지원센터 전문상담위원
완주군 건강가정지원센터 운영위원

결혼과 가족

초판 1쇄 인쇄 2011년 2월 19일
초판 1쇄 발행 2011년 2월 26일

지은이_ 이성희 · 한희선
펴낸이_ 황호철
펴낸곳_ 도서출판 파란마음
주소_ 140-845 서울시 용산구 원효로1가 43-9 | 전화_ (02) 3275-2110~1 | 팩스_ (02) 3275-2199
등 록_ 2006년 4월 24일 · 제302-2006-00024호

ISBN 978-89-92546-76-8 93330
값 17,000원